21 世纪高职高专教材·计算机系列

计算机网络基础项目化教程

主　编　叶沿飞
副主编　曹炯清

清华大学出版社

北京交通大学出版社

·北京·

内 容 简 介

本教材主要针对计算机网络技术知识进行介绍，主要内容有初识计算机网络、OSI/RM 与 TCP/IP 模型、物理层与数据通信技术、数据链路层与局域网组网技术、网络层与网络互连、传输层与数据传输、应用层服务与协议、网络管理与网络安全。所有教学内容采用项目结合实训的编排方式，共有项目 8 个、实训 24 个。

本教材秉承由浅及深、循序渐进的教学思路，对教学内容进行精心编排，侧重于基础理论和实践操作，大部分理论教学内容都配有相应的实训内容进行验证，实现理论支持实践、实践印证理论、理实相互结合。通过学习本教材，读者可以系统地掌握计算机网络的基础知识和基本技能，更好地做到理论与实践相融合，达到学以致用的目的。

本教材可作为高等职业院校计算机大类专业平台课程"网络基础"的教材，也适合用作网络技术方面的培训教材。此外，也可供网络工程技术专业人员参考使用。

图书在版编目（CIP）数据

计算机网络基础项目化教程/叶沿飞主编；曹炯清副主编．—北京：北京交通大学出版社：清华大学出版社，2022.8

ISBN 978-7-5121-4753-9

Ⅰ．①计…　Ⅱ．①叶…　②曹…　Ⅲ．①计算机网络-教材　Ⅳ．①TP393

中国版本图书馆 CIP 数据核字（2022）第 115879 号

计算机网络基础项目化教程

JISUANJI WANGLUO JICHU XIANGMUHUA JIAOCHENG

责任编辑：谭文芳

出版发行：清 华 大 学 出 版 社　　邮编：100084　　电话：010-62776969　　http://www.tup.com.cn
　　　　　北京交通大学出版社　　邮编：100044　　电话：010-51686414　　http://www.bjtup.com.cn
印　刷　者：北京时代华都印刷有限公司
经　　销：全国新华书店
开　　本：185 mm×260 mm　　印张：19.75　　字数：505 千字
版 印 次：2022 年 8 月第 1 版　　2022 年 8 月第 1 次印刷
印　　数：1~3 000 册　　定价：59.00 元

本书如有质量问题，请向北京交通大学出版社质监组反映。对您的意见和批评，我们表示欢迎和感谢。
投诉电话：010-51686043，51686008；传真：010-62225406；E-mail：press@bjtu.edu.cn。

前　言

随着 Internet 在世界范围内的迅速普及，计算机网络技术已广泛应用于办公自动化、企业管理、电子商务、信息服务等各个领域，计算机网络正在改变人们的工作方式和生活方式。

本教材在结合当前计算机网络最新技术和成果、选择具有代表性的网络技术知识、并遵循职业教育特点的基础上进行编写。在内容的选取、组织与编排上，本教材强调先进性、技术性和实用性，突出实践，强调应用。本教材秉承教材编者多年实际网络工程经验和教学经验，按照教学规律和实际网络工程技术相结合的思路，使用简捷明快的语言，采用大量的图解和实例，通过通俗易懂的讲解，针对所需的理论知识进行循序渐进的介绍，并根据每个项目中涉及的理论知识，安排相应的实训项目。通过学习本教材，学习者既能从中学习计算机网络的基础知识，又能掌握基本的局域网、虚拟局域网、无线局域网的组建，掌握 IP 数据包转发过程，学会抓取和分析 IP、TCP、UDP 等报文格式，掌握典型网络服务的使用，理解网络管理与网络安全的基础知识，充分体现了较强的职业岗位针对性。

关于本教材的课时安排，建议理论教学安排 50 学时，实践教学安排 30 学时，可采用教学做一体化的教学方式，理论教学和实践教学交叉进行。教学参考学时分配如表 1 所示。

表 1　参考学时

项　目	项 目 名 称	理　论	实　践
项目 1	初识计算机网络	4	2
项目 2	OSI/RM 与 TCP/IP 模型	4	2
项目 3	物理层与数据通信技术	8	2
项目 4	数据链路层与局域网组网技术	8	6
项目 5	网络层与网络互连	10	8
项目 6	传输层与数据传输	6	2
项目 7	应用层服务与协议	6	6
项目 8	网络管理与网络安全	4	2
	合计	50	30

本教材概念简洁、结构清晰、图文并茂、由浅入深、易学易用、实用性强。使用本教材，读者可以较系统地掌握计算机网络的基础知识和基本技能，更好地做到理论与实践相结合，达到学以致用的目的。

本教材由贵州电子信息职业技术学院叶沿飞担任主编，贵州电子信息职业技术学院曹炯清担任副主编。其中，项目 1~2 由曹炯清编写，项目 3~8 由叶沿飞编写。全书由叶沿飞负责项目规划、知识与技能架构设计和统稿。

由于编者水平有限，教材中难免有不妥和疏漏之处，敬请各位专家、读者不吝指正，联系 QQ 号码 761413349，特此为谢。

编　者

2022 年 5 月

目　　录

项目 1　初识计算机网络

【学习目标】

☑ 了解：计算机网络的定义与组成、计算机网络的形成与发展、计算机网络的结构。
☑ 理解：计算机网络的分类。
☑ 掌握：常见的网络拓扑结构、网络工具软件的使用。

【知识导图】

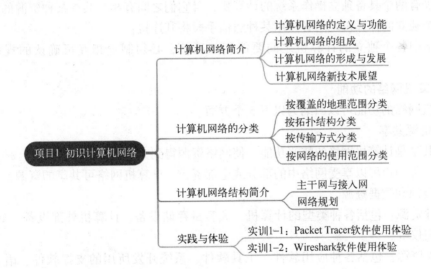

【项目导入】

　　计算机网络是计算机技术与通信技术相结合的产物。目前，计算机网络技术已广泛应用于办公自动化、企业管理、金融、信息服务等各个领域。计算机网络已经成为社会生活中不可缺少的信息处理和通信工具，人们借助计算机网络实现信息的交流和共享，互联网全面渗透到经济社会的各个领域，计算机网络正在改变人们的工作方式和生活方式。计算机网络究竟是什么呢？其形成与发展、组成、结构又是怎么样的呢？在本项目中我们将一起走进计算机网络的世界。

【项目知识点】

1.1　计算机网络简介

1.1.1　计算机网络的定义与功能

1. 计算机网络的定义

计算机网络的定义没有一个统一标准，随着计算机网络的发展，人们提出了各种不同的观点。目前，比较认同的计算机网络定义为：将分布在不同地理位置的具有独立工作能力的计算机及其外部设备，通过通信设备和通信线路连接起来，按照某种事先约定的规则（通信协议）进行信息交换，以实现资源共享的系统。

因此一个计算机网络必须具备 3 个基本要素：

- 至少有两个具备独立操作系统的计算机，且它们之间有相互共享某种资源的需求；
- 两个独立的计算机之间必须用某种通信手段将其连接；
- 网络中各个独立的计算机之间要能相互通信，必须制定相互可确认的规范标准或协议。

2. 计算机网络的功能

计算机网络的功能可以归纳为以下 5 个方面。

（1）资源共享

资源共享是计算机网络的核心功能，使网络资源得到充分的利用。"共享"是指网络中的部分或全部用户可以享受网络中的部分或全部资源，计算机网络可共享的资源包括硬件资源、软件资源和数据资源。

- 硬件资源：包括各种类型的计算机、大容量存储设备、计算机外部设备，如打印机、绘图仪等。
- 软件资源：包括各种应用软件、工具软件、系统开发所用的支撑软件、语言处理程序、数据库管理系统等。软件共享在保持数据完整性和统一性的前提下，允许多个用户同时调用服务器的各种软件资源。
- 数据资源：包括数据库文件、数据库、办公文档资料、企业生产报表等。

（2）网络通信

网络通信是计算机网络最基本的功能，它用来快速传送计算机与终端、计算机与计算机之间的各种信息，包括文字信件、新闻消息、咨询信息、图片资料等。

（3）集中处理和综合信息服务

在网络中可以把已存在的许多联机系统有机地连接起来，进行实时集中管理，从而提高系统的处理能力，并实现在一套系统上提供集成的信息服务。

（4）提高系统的可靠性

单台计算机或系统难免会出现暂时的故障，致使系统瘫痪。通过计算机网络，可以提供一个多机系统的环境，实现两台或多台计算机间的互为备份，使计算机系统有冗余备份的功能。另外，当某线路或局部线路出现故障而不能传输信息时，用户还可以将信息通过其他线路迂回传输到目的地。

（5）负载均衡和分布处理

负载均衡的意思就是将任务分摊到多个操作单元上进行执行，如 Web 服务器、FTP 服务器、企业关键应用服务器等，从而共同完成工作任务。负载均衡需要建立在网络结构之上，它提供了一种廉价、有效、透明的方法扩展网络设备和服务器的带宽、增加吞吐量、加强网络数据处理能力、提高网络的灵活性和可靠性。分布处理是指把处理任务分散到各个计算机上运行，而不是集中在一台大型计算机上。这样，不仅可以降低软件设计的复杂性，而且还可以大大提高工作效率和降低成本。

1.1.2　计算机网络的组成

1. 计算机网络的逻辑组成

计算机网络要完成数据处理与数据通信两大基本功能，那么从它的结构上必然分成两个部分：负责数据处理的计算机和终端，负责数据通信的通信控制处理机和通信线路。典型的计算机网络从逻辑功能上可以分为两个子网——通信子网和资源子网，如图 1-1 所示。

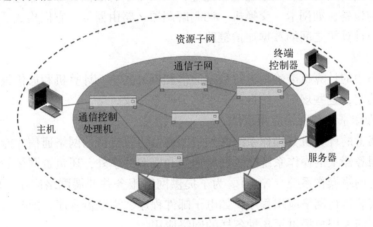

图 1-1　通信子网和资源子网

（1）通信子网

由通信控制处理机、通信线路和其他网络通信设备组成。负责完成网络数据传输、转发等通信处理任务。通信控制处理机负责将源主机报文准确地发送到目的主机，通信控制处理机一般为路由器或交换机等通信设备，通信线路有电话线、双绞线、同轴电缆、光缆、无线通信、微波与卫星通信等。采用通信子网后，可使入网主机不用去处理数据通信，也不用具有远程数据通信的功能，而只需要负责信息的发送和接收，这样就减少了主机的通信开销。另外，由于通信子网是按统一软、硬件标准组建的，可以面向各种类型的主机，方便了不同机型间的互联，减少了组建网络的工作量。

（2）资源子网

由主机系统、终端、终端控制器、连网设备、各种软件资源与信息资源组成。负责全网的数据业务处理，向网络用户提供各种网络资源与网络服务。主机、服务器、智能终端是资源子网的主要组成单元。

通过资源子网，用户可以方便地使用本地计算机或远程计算机的资源。由于它将通信子网的工作对用户屏蔽起来，使用户使用远程的计算机资源就如同使用本地资源一样方便。

2. 计算机网络系统组成

计算机网络是一个复杂的系统，由许多计算机软件、硬件和通信设备组成，根据这些网络组成部分在网络中的功能、类型、角色的不同，通常可以把计算机网络分成不同的组成部分，如图 1-2 所示。

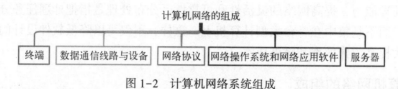

图 1-2　计算机网络系统组成

（1）终端

是网络的主体，计算机、手机、电视机顶盒等。

（2）数据通信线路与设备

用于数据传输的双绞线、同轴电缆、光缆，以及为了有效而准确可靠地传输数据所必需的各种通信控制设备，如网卡、交换机、调制解调器、路由器等，它们构成了计算机与通信设备、计算机与计算机之间的数据通信链路。

（3）网络协议

为了使网络中的计算机准确地进行数据通信和资源共享，计算机和通信设备必须共同遵循一组规则和约定，这些规则、约定或标准称为网络协议。

（4）网络操作系统和网络应用软件

连接在网络上的计算机其操作系统必须遵循通信协议支持的网络通信才能使计算机接入网络。运行在服务器上的操作系统除了网络通信和资源共享外，还负责网络的管理工作。这种操作系统称为网络操作系统（NOS）。为了提供网络服务并开展网络应用，服务器和终端计算机还必须安装运行网络应用程序，如电子邮件程序、浏览器程序、即时通信软件、网络游戏软件等，它们为用户提供了各种各样的网络应用。

（5）服务器

在网络中，核心是服务器，服务器是计算机网络向其他计算机或网络设备提供服务的计算机，并按提供的服务冠以不同的名称，如文件服务器、打印服务器、数据库服务器、邮件服务器、Web 服务器等。

1.1.3　计算机网络的形成与发展

计算机网络是计算机技术与通信技术相结合而形成的一种新的通信形式。计算机网络始于 20 世纪 50 年代。在 20 世纪 50 年代中期，美国的半自动地面防空系统（semi-automatic ground environment，SAGE）开始了计算机技术和通信技术相结合的尝试。SAGE 系统把远程距离的雷达和其他测控设备的信息经由线路汇集到一台 IBM 计算机上，集中处理与控制。

世界上公认的、最成功的第一个远程计算机网络，是在 1969 年由美国国防部高级研究计划署（Advanced Research Project Agency，ARPA）组织研制的 ARPANET（阿帕网），它就是现在 Internet 的前身。

几十年来，计算机网络得到了飞速发展，大致经历了四代。

1. 第一代计算机网络

20 世纪 60 年代中期之前的计算机网络属于第一代计算机网络，主要是以单个计算机为中心的远程连机系统。典型的应用是由一台由计算机和全美范围内 2 000 多个终端组成的飞机订票系统。终端是一台计算机，其外部设备包括显示器和键盘，无 CPU 和内存。由于所有的终端共享主机资源，因此终端到主机都单独占用一条线路，线路利用率低。由于主机既要负责通信，又要负责数据处理，因此主机的效率低，而且这种网络组织形式是集中控制，其可靠性较低。主机一旦出现问题，所有终端都会被迫停止工作。

随着远程终端的增多，在远程终端集聚的地方设置一个终端集中器，把所有的终端聚集到终端集中器，主机只负责数据处理，而不需要负责通信工作，从而大大提高了主机的利用率，集中器主要负责从终端到主机的数据集中及从主机到终端的数据分发。

当时，人们把计算机网络定义为"以传输信息为目的而连接起来的，实现远程信息处理或进一步达到资源共享的系统"，这样的通信系统已具备了网络的雏形，如图 1-3 所示。

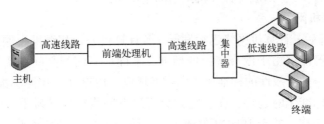

图 1-3　第一代计算机网络

2. 第二代计算机网络

20 世纪 60 年代中期到 70 年代中期，随着计算机技术和通信技术的发展，形成了将多个单处理机联机终端网络互连起来，以多处理机为中心的网络，并利用通信线路将多台主机连接起来，为用户提供服务。

这个时代的网络连接主要有两种形式，第一种形式是通过通信线路将主机直接连接起来，主机既承担数据处理又承担通信工作；第二种形式是把通信任务从主机分离出来，设置通信控制处理机（communication control processor，CCP），主机间的通信通过 CCP 的中继功能间接完成，如图 1-4 所示。

CCP 负责网上各主机间的通信控制和通信处理。由它们组成了带有通信功能的内层网，被称为通信子网。主机负责数据处理，是计算机网络资源的拥有者，而网络中的所有主机构成了网络的资源子网。通信子网为资源子网提供信息传输服务，资源子网上的用户的通信建立在通信子网的基础上，两者共同组成了资源共享的网络。

这个阶段网络的典型代表是 ARPANET。20 世纪 60 年代后期由美国国防部提供经费，许多大学和公司参与，共同进行多主机互连的计算机网络研究。1969 年 ARPANET 投入运行，有 4 个结点。ARPANET 后来连接了数以百计的计算机，范围从美国到欧洲，跨越了大半个地球，ARPANET 是被公认的第一个真正意义上的计算机网络，是现代网络和 Internet 的雏形。这个阶段的网络存在着不少弊端，它们主要由科研单位、大学和计算机网络公司各自研制，缺乏统一的标准，实现大范围的连接是一件非常困难的事情。

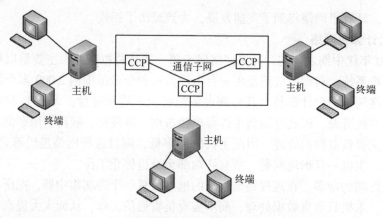

图 1-4　第二代计算机网络

这个时期，计算机网络被定义为"以能够相互共享资源为目的的互联起来的具有独立功能的计算机之集合体"，形成了计算机网络的基本概念。

3. 第三代计算机网络

ARPANET 兴起后，计算机网络迅猛发展，各计算机公司相继推出网络体系结构及实现这些结构的软硬件产品。由于没有统一的标准，不同厂商的产品间要实现互联是非常困难的，人们迫切需要一种开放性的标准化实用网络环境。1977 年，国际标准化组织（ISO）为适应网络开放性和标准化的趋势，在研究和分析已有网络结构基础上，研发"开放式系统互连"的网络标准结构。并于 1984 年发布了著名的 ISO/IEC 7498 标准，它定义了网络互联的 7 层框架，也就是开放系统互连参考模型（open system interconnection reference model，OSI/RM）。为此后研究、开发网络技术及产品提供了一个统一视角，为网络技术的标准化及不同厂商间设备的互连奠定了重要的基础。

20 世纪 80 年代，随着通信标准的确定及微型计算机的推出，局域网技术也开始被普遍应用。1980 年 2 月，局域网标准 IEEE802 发布，局域网产生初期标准已制定，各成熟计算机网络厂商按照标准制造设备，极大地促进了局域网的发展。在网络互连阶段，网络中的结点不再是具体的设备，而是一个网络，此时的计算机网络更像是一个由网络组成的网络，如图 1-5 所示。

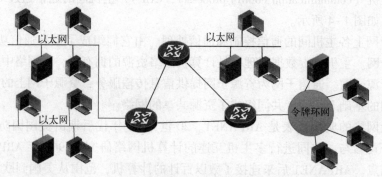

图 1-5　第三代计算机网络

4. 第四代计算机网络

20 世纪 90 年代末至今的第四代计算机网络，由于局域网技术发展成熟，出现光纤及高速网络技术、多媒体网络、智能网络，整个网络就像一个对用户透明的、大的计算机系统，发展为以 Internet 为代表的网络，如图 1-6 所示。

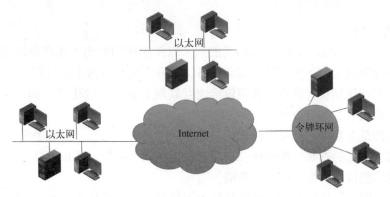

图 1-6 第四代计算机网络

互联网的普及和发展对通信领域也产生了巨大的影响。许多应用不同的通信技术也逐步与互联网融合。例如，目前广泛使用的网络有电话网络、计算机网络和有线电视网络三类网络，随着技术的不断发展，新的业务不断出现，作为其载体的各类网络也不断地融合，目前广泛使用的三类网络正逐渐向单一的 IP 网络发展，也就是人们所说的"三网融合"。

图 1-7 三网融合与移动互联网的普及

网际协议（IP）已成为各种网络的"共同语言"，通过互联网，特别是移动互联网，不仅可以实现计算机之间的通信，还可以实现电话通信、电视播放，并且已经扩展到了手机、家用电器、智能楼宇等多个方面，如图 1-7 所示。

1.1.4 计算机网络新技术展望

当今世界，计算机网络技术日新月异，数字经济蓬勃发展，深刻改变着人们的生产、生活方式，对企业经济、社会发展、全球治理系统、人类文明进程都影响深远，计算机网络新技术不断涌现。

1. IPv6

IPv4 地址不够用是 IPv6 出现的直接原因，IPv4 迄今为止已经使用了近半个世纪。最早的时候，互联网只是设计给美国军方使用，根本没有考虑到网络变得如此庞大，成为全球互联网。尤其是进入 21 世纪后，随着计算机和智能手机的迅速普及，互联网开始爆发性发展，越来越多的上网设备出现，越来越多的人开始连接互联网，这就意味着需要越来越多的 IP 地址。

IPv4 地址一共有 2^{32} 个 IP 地址，也就是约 42.9 亿个。现在，IPv4 地址接近枯竭，根本无法满足互联网发展的需要，人们迫切需要更高版本的 IP 和更大数量的 IP 地址。而 IPv6 地址有 2^{128} 个，这是一个庞大的数字，即使是给地球上的每一粒沙子都分配一个 IP 地址，也完全够用。

推进 IPv6 可以推动通信设备标准化建设，为 5G 打基础，为物联网打基础，为工业 4.0 打基础，尤其是物联网，目前已进入高速发展阶段，地址需求量非常大，迫切需要 IPv6 地址进行支持。

2. 移动互联网

随着智能手机的普及，4G 和 5G 时代的到来以及应用的推出，在产业链各方的推动下，互联网已经从计算机走向手机及其他移动设备，从办公室、书房走向口袋，移动互联网和有线互联网融合的速度加快，移动互联网较传统互联网有着巨大的优势，如可实现及时沟通、随时获取所需的信息、携带方便等。

移动互联网是互联网的延伸，计算机只是互联网的终端之一，智能手机、平板电脑、电子阅读器已成为重要的终端，电视机、车载设备正在成为终端，冰箱、微波炉、照相机甚至眼镜、手表等穿戴设备，都可以成为终端。

在移动互联网、云计算、物联网等新技术的推动下，传统行业与互联网的融合正在呈现出新的特点，重构了移动端的业务模式。如医疗、教育、电子商务、交通、传媒等领域的业务改造。

随着移动宽带技术的迅速发展，更多传感设备、移动设备随时随地接入网络，加之云计算、物联网等技术的带动，我国的移动互联网也逐渐步入"大数据"时代，目前的移动互联网领域，仍然是以位置的精准营销为主，但随着大数据相关技术的发展，人们对数据挖掘的不断深入，针对用户个性化定制的应用服务和营销方式已成为发展趋势，也是移动互联网的另一片蓝天。

3. 云计算技术

随着网络的越来越发达，很多企业开始做信息化，存储相关的运营数据，进行产品管理、人员管理、财务管理等。对于有这样需求的企业，就需要购置服务器、存储、网络服务等。而随着企业的发展，一台服务器已经无法满足需求，这时候就需要购置运算能力更强的计算机或更多台服务器组成集群的数据中心。除了高额的初期建设成本之外，还有高额的计算机和网络的维护支出，这些对于中小企业来说难以承担，于是云计算的概念便应运而生。

2006 年 8 月 9 日，Google 公司首席执行官埃里克·施密特（Eric Schmidt）在搜索引擎大会上首次提出"云计算"（cloud computing）的概念。所谓云计算，核心需要理解的是到底什么是云？因为企业各自搭建服务器耗费巨大，于是就有人想到通过租用的方式，把自己的数据存储和计算在供应商的远端服务器上进行，事实证明是可行的，而这种在远端提供的基础设施称为"云"。

"云"中的资源在用户看来是可以无限扩展的，并且可以随时获取、按需使用、随时扩展、按使用付费。云计算就是一种把计算机服务与数据存储作为一种商品进行售卖或租赁，购买后可以在云端提供服务。有了云计算后，无论是企业还是个人，想要搭建网站或者软件平台，不再需要像以前那样非要有自己的服务器等硬件工具了，完全可以租用云服务器、调用云端计算资源等，这样，工作会变得比以前方便许多。这就是云计算给人们的生活和工作带来的便利。

云计算模式的普及使网络资源得到最大化的运用，而这种网络化资源是全球性的，个人的终端配置再高、硬盘容量再大，计算能力和存储量始终是有限的，有了云计算模式，全世界的资源就可以为我所用，而且这些信息不是在个人设备里，而是在云端服务器，云计算使得全球性的网络平台变成个人计算平台，成为网络通信基础设施。

4. 大数据

大数据（big data）就是巨量数据、海量数据，指的是所涉及的数据量规模巨大到无法通过人工在合理时间内达到截取、管理、处理，并整理成为人类所能解读的信息。

大数据可应用于各行各业，将人们收集到的庞大数据进行分析整理，实现资讯的有效利用。例如，在奶牛基因层寻找与产奶量相关的主效基因，可以首先对奶牛全基因组进行扫描，尽管能获得了所有表型信息和基因信息，但是由于数据量庞大，分析起来很困难，这就需要采用大数据技术，进行分析比对，挖掘主效基因。

大数据能对大量、动态、能持续的数据，通过运用新系统、新工具、新模型的挖掘，从而获得具有洞察力和新价值的东西。以前，面对庞大的数据，可能会一叶障目，不能了解到事物的真正本质，从而在科学工作中造成错误的推断，而大数据时代的来临，一切真相将会展现在人们面前。

5. 物联网

物联网（internet of thing，IoT），顾名思义，就是物物相连的互联网。物联网是利用局部网络或互联网等通信技术把传感器、控制器、机器、人员和物体等通过新的方式联在一起，形成人与物、物与物相联，实现信息化、远程管理控制和智能化的网络。物联网是互联网的延伸，它包括互联网及互联网上所有的资源，兼容互联网所有的应用，但物联网所有的元素（所有的设备、资源和通信等）都是个性化和私有化的。物联网是互联网的应用拓展，与其说物联网是网络，不如说物联网是业务和应用，也因此被称为继计算机、互联网之后世界信息产业发展的第三次浪潮。

6. 区块链

区块链（blockchain）是分布式数据存储、点对点传输、共识机制、加密算法等计算机技术的新型应用模式，区块链本质是一种去中心化的记账系统，是一种新的技术，它的核心在于去中心化。区块链可以应用到很多领域，民生、经济产业、政务、数字身份、卫生医疗、旅行消费、更便携的交易、产权保护艺术、金融领域等。

7. 5G 技术

1G 时代主要是模拟信号，人类实现了移动设备能打电话，没有屏幕的大哥大就是代表产品；2G 时代实现了数字信号的通话，功能机可以打电话和发短信；3G 时代智能手机兴起，实现了语音以外的图片等的多媒体通信，可以浏览和发送大图片；4G 时代有了短视频的交流，同时催生了移动支付的蓬勃发展；5G 技术即第五代移动通信技术，是具有高速率、低时延和大连接特点的新一代宽带移动通信技术，是实现人、机、物互联的网络基础设施。

1.2　计算机网络的分类

为了更有针对性地研究和学习计算机网络，通常会针对计算机网络进行分类。从不同的角度、按不同的方法，计算机网络可以分成不同的类型，例如，可以按覆盖的地理范围、网络拓扑、传输方式和用途等进行分类。

1.2.1　按覆盖的地理范围分类

按照网络覆盖的地理范围对网络进行分类，计算机网络可分成局域网、城域网、广域网，这是目前最为常用的一种计算机网络分类方法，之所以如此，是因为地理覆盖范围直接影响网络技术的实现与选择，并在技术实现和选择上存在明显差异。

1. 局域网

电气电子工程师协会（IEEE）的局域网标准委员会曾提出如下定义："局域网（local area network，LAN）中，通信一般被限制在中等规模的地理范围内，例如一座办公楼、一座工厂或一所学校，能够使用具有中等或较高信息传输速率的物理信道，且具有较低的误码率，局域网是专用的、由单一组织机构所使用。"

局域网结构简单，容易实现。自计算机网络诞生以来，局域网技术发展非常迅速，应用也日益广泛，成为计算机网络中最为活跃的领域之一。局域网的技术特点主要表现在：首先，局域网覆盖有限的地理范围，适用于政府机关、校园、工厂等有限范围内的计算机、终端和各类信息处理设备联网的需求；其次，局域网通常具有较好的性能，具体表现在局域网具有较高的数据传输速率（10 Mbps～10 Gbps）和较低的误码率；最后，局域网一般属于一个单位所拥有，相对易于建立、管理和维护，如图1-8所示。由于光纤技术的出现，局域网实际的覆盖范围已经大大增加。

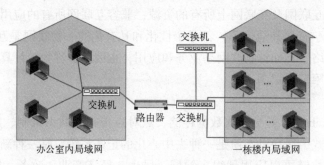

图1-8　局域网

2. 城域网

城市区域网络简称城域网（metropolitan area network，MAN），覆盖范围约为几千米到几十千米，是介于局域网和广域网之间的一种高速网络。城域网具有公共网络性质，面向多用户提供数据、语音、图像等多业务的传输服务，它的设计目标常常要满足一个城市范围内大量的企业、公司、机关、学校和住宅区等多个局域网互联的需求，例如将一个城市中所有大学的校园网互连起来的网络称为教育城域网，如图1-9所示。

3. 广域网

广域网（wide area network，WAN），又称远程网，其最为显著的特点是网络覆盖范围巨大。广域网的覆盖范围从几十千米到几千千米不等。可以覆盖一个国家或地区，甚至可以横跨几个洲，形成国际性的远程网，如图1-10所示。常用的广域网有公用电话网、公用分组交换网、公用数字数据网、宽带综合业务数字网和大量的专用网。Internet就是一种典型的广域网。

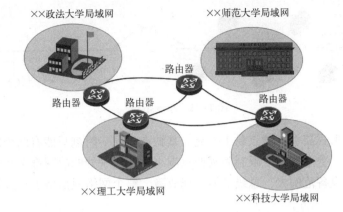

图 1-9　教育城域网

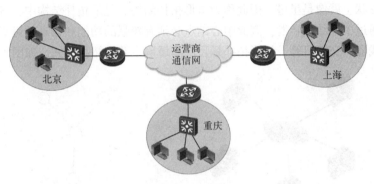

图 1-10　广域网

广域网所采用的技术、标准与局域网、城域网有着很大的不同。广域网的主要特点是数据传输率差别较大，错误率相对较高，采用不规则的网络拓扑结构，属于公用网络。局域网与广域网最大的区别就是局域网需要向外界的广域网服务提供商申请广域网服务。

1.2.2　按拓扑结构分类

在计算机网络中，为了便于对计算机网络结构进行研究或设计，按照拓扑学的观点，将工作站、服务器、交换机等网络单元抽象为"点"，网络中的传输介质抽象为"线"，那么计算机网络系统就变成了由点和线组成的几何图形，它表示了通信媒介与各结点的物理连接结构，这种结构称为网络拓扑结构。简单来说，网络拓扑就是由网络结点设备和通信介质构成的网络结构图，使人们对网络整体有明确的全貌印象。

网络拓扑结构影响整个网络的设计、功能、可靠性和通信费用等许多方面，是决定网络性能的重要因素之一。常见的网络拓扑结构有总线、星形、环形、树状、网状。

1. 总线拓扑

总线拓扑中采用一条公共传输信道传输信息，所有结点均通过专门的连接器连到这个公共信道上，这个公共的信道称为总线，如图 1-11 所示。为防止信号反射，一般在总线两端连有终结器匹配线路阻抗。

总线拓扑的数据传输是广播式传输，任何一个结点发送的数据都能通过总线进行传播，同时能被总线上的所有其他结点收到，一般用于局域网架设，但现在用得较少。

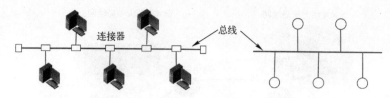

图 1-11　总线拓扑

　　总线拓扑结构形式简单，结点易于扩充。其缺点是同一时刻只能有两个网络结点进行通信，访问控制复杂，受总线长度限制而延伸范围小，任何一处的故障都会影响整个网络的通信。受故障影响的设备范围大，总线电缆出现故障，整个网络通信就无法进行。

2. 星形拓扑

　　星形拓扑中有一个中心结点，其他各结点通过点对点线路与中心结点相连，形成辐射型结构，在物理形状上就像是星星，因此称为星形拓扑结构。星形拓扑结构中，各结点间不能直接通信，需要通过中心结点转发，因此中心结点必须有较强的功能和较高的可靠性。中心结点设备一般有集线器、交换机等。星形拓扑是目前局域网主要的拓扑形式。如图 1-12 所示。

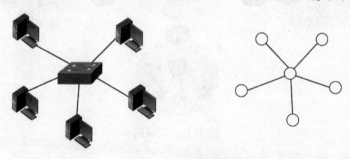

图 1-12　星形拓扑

　　星形拓扑的优点是结构简单，组网容易，控制相对简单，维护起来比较容易，受故障影响的设备少，能够较好地处理通信介质故障（只需要把故障设备从网络中移去就可处理故障）。其缺点是需要的连接线缆比总线拓扑结构多，且一旦中心结点发生故障，网络将不能工作。

3. 环形拓扑

　　在环形拓扑中，各结点和通信线路连接形成一个闭合的环，如图 1-13 所示。环中的数据按照一个方向沿环逐个结点传输，或顺时针方向，或逆时针方向。发送端发出的数据，经环绕行一周后，回到发送端，并由发送端将该数据从环上删除。任何一个结点发出的数据都可以被环上的其他结点所接收。FDDI 网络就是环形拓扑结构。

　　环形拓扑的结构简单，系统中各工作站地位相等；建网容易，增加或减少结点时，仅需简单的连接操作；能实现数据传输的实时控制，可预知网络的性能。在单环拓扑中，任何一个结点发生故障都会导致环中的所有结点无法正常通信。在实际应用中一般采用多环结构，这样在单点发生故障时，可以形成新的环，继续正常工作。环形拓扑的一个缺点是当一个结点要往另一个结点发送数据时，它们之间的所有结点都得参与传输，这样比起总线拓扑来说，更多的时间被花在替别的结点转发数据上。

4. 树状拓扑

　　树状拓扑是一种分层结构，可以看成是星形拓扑的一种扩展，适用于分级管理和控制的网

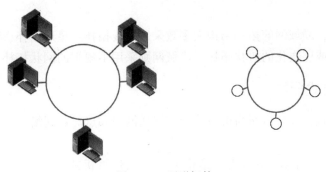

图 1-13　环形拓扑

络系统。如图 1-14 所示。一般适用于局域网中包含结点比较多的情况，通过增加中心结点，实现中心结点的级联，与简单的星形拓扑相比，在结点规模相当的情况下，树状拓扑中通信线路的总长度较短，从而成本低，易于推广。树状拓扑结构也是局域网中应用广泛的一种形式。

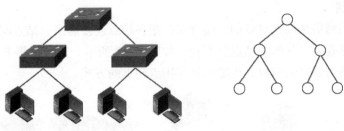

图 1-14　树状拓扑

5. 网状拓扑

网状拓扑又称为无规则拓扑。结点间的连接是任意的，不存在规律。网状拓扑由分布在不同地点的计算机系统互相连接而成，并且任何一个结点都至少与其他两个结点相连，结点之间的连接是任意的，每个结点都可以有多条线路与其他结点相连。这使得结点之间存在多条可选的路径，所以网状拓扑结构的网络具有较高的可靠性，但其实现起来费用高、结构复杂、不易管理和维护。如图 1-15 所示，中心结点之间就使用了网状拓扑结构，保证了网络各结点对服务器访问的可靠性。

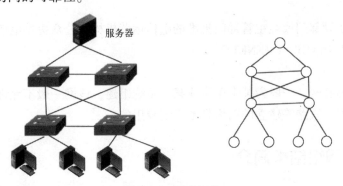

图 1-15　网状拓扑

网状拓扑可以充分、合理地使用网络资源，并且具有很高的可靠性，目前，实际存在和使用的广域网结构以及一些网络的核心层，基本上都采用了网状拓扑结构以提高服务的可靠性与传输质量。

在实际应用中，局域网的拓扑结构大多数采用总线拓扑、星形拓扑、环形拓扑3种，城域网通常采用环形或层次化的树状拓扑，广域网则采用不规则的网状拓扑。

1.2.3 按传输方式分类

如果按传输方式，计算机网络可以分为广播式网络和点对点网络。

1. 广播式网络

广播式网络（broadcast network）是指网络中的计算机或设备共享一条通信信道，如图1-16所示，所有的计算机都接到集线器上，共享信道。广播式网络的特点有两点：一是任一计算机发出的信息，其他计算机都能收到，接收到信息的计算机根据信息报文中的目的地址来判断是接收还是丢弃该报文；二是任何时间内只允许一个结点使用信道，从而在广播式网络中需要为信道争用提供相应解决机制。

2. 点到点网络

点到点传播的网络是以点对点的连接方式，把各结点连接起来。结点间发送数据，只有固定目的结点能够收到，其他的结点收不到。如图1-17所示。这种传播方式主要用于广域网中，广域网中路由器之间的数据传输就是采用点到点的方式。

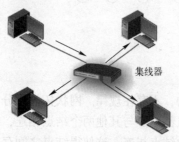

图1-16　广播式网络

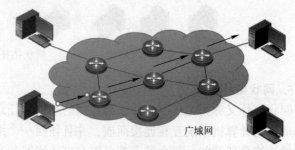

图1-17　点到点网络

1.2.4 按网络的使用范围分类

1. 公用网

公用网是由主管部门或经主管部门批准的电信运营机构为公众提供电信业务而建立并运行的网络，如CHINANET、CRENET等。

2. 专用网

专用网又称私有网，一般为某个单位或某一系统组建，该网一般不允许系统外的用户使用，如银行、公安、铁路等建立的网络是本系统专用的。

1.3 计算机网络结构简介

1.3.1 主干网与接入网

如图1-18所示，是一个典型的网络结构图，包含主干网、城域网、接入网等。

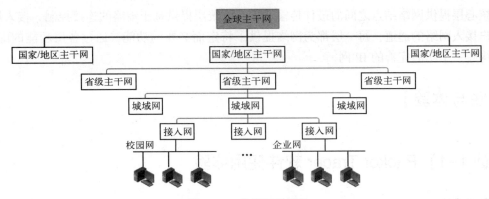

图 1-18　典型网络结构

主干网（backbone network），又称骨干网，是用来连接多个区域或地区的高速网络。每个主干网中至少有一个和其他主干网进行互联互通的连接点。不同的网络供应商都拥有自己的主干网，用以连接其位于不同区域的网络。主干网相当于城市间交通网中的高速公路，用来快速地传输大量数据。

目前我国拥有九大主干网，分别是中国公用计算机互联网（CHINANET）、中国金桥信息网（CHINAGBN）、中国联通计算机互联网（UNINET）、中国网通公用互联网（CNCNET）、中国移动互联网（CMNET）、中国教育和科研计算机网（CERNET）、中国科技网（CSTNET）、中国长城互联网（CGWNET）、中国国际经济贸易互联网（CIETNET）。

接入网（access network，AN）是近年来由于用户对高速上网需求的增加而出现的一种网络技术，它是局域网与城域网之间的桥接区。接入网提供多种高速接入技术，使用户接入Internet 的瓶颈得到某种程度上的解决。

1.3.2　网络规划

一个优秀的网络结构有助于增强网络性能，使网络更易于管理和实现。同时具备一定的网络吞吐能力、具有可管理性、高稳定性等特点。因此在网络规划时应遵循层次结构设计思想，以简化网络构建。通常网络设计分为核心层、汇聚层和接入层，如图 1-19 所示。其

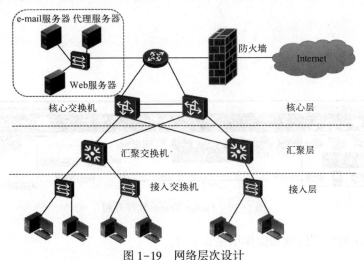

图 1-19　网络层次设计

中，核心层提供网络结点之间的最佳传输通道，汇聚层提供基于策略的连接控制，接入层提供用户接入网络的通道，每一层都为网络提供了特定而必要的功能，通过各层功能的配合，从而构建一个功能完善的 IP 网。

【实践与体验】

【实训 1-1】 Packet Tracer 软件使用体验

实训目的

Cisco Packet Tracer 是由思科（Cisco）公司发布的一款非常好用的模拟软件。其特点是界面直观、操作简单、功能强大，非常适合初学者用来设计、配置、排除网络故障的环境模拟。通过 Packet Tracer 使用体验，为后面学习分析网络相关原理打下基础。

实训步骤

1. 熟悉 Packet Tracer 软件界面

软件安装完成后，启动软件，界面如图 1-20 所示。

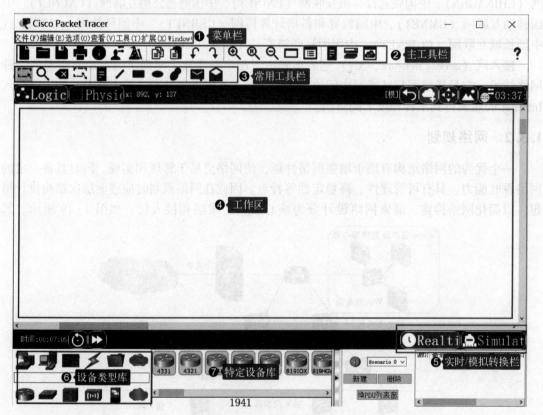

图 1-20　Packet Tracer 软件界面

Packet Tracer 软件各区域功能作用见表 1-1。

表 1-1　Packet Tracer 软件各区域功能作用

序号	区域名称	主要功能
1	菜单栏	有文件、编辑、选项、查看、工具等菜单项，在此可以找到一些基本的命令如打开、保存、打印和选项设置等
2	主工具栏	提供了菜单中命令的快捷方式
3	常用工具栏	提供了常用的工作区工具，包括：选择、整体移动、备注、删除、查看、添加简单数据包和添加复杂数据包等
4	工作区	此区域中可以创建网络拓扑，监视模拟过程查看各种信息和统计数据
5	实时/模拟转换栏	可以通过此栏中的按钮完成实时模式和模拟模式之间转换
6	设备类型库	包含不同类型的设备，如路由器、交换机、HUB、无线设备、连线、终端设备等
7	特定设备库	选择特定设备

2. 体验 Packet Tracer 的使用方法

下面通过搭建一个简单的局域网来体验 Packet Tracer 的使用方法。

（1）选择所需网络设备

首先我们在设备类型库中选择网络设备，特定设备库中单击“2960”交换机，然后在工作区中单击一下就可以把交换机添加到工作区中了。选择“终端设备”，用同样的方法再添加4 台 PC 主机，如图 1-21 所示。注意，可以按住 Ctrl 键再单击相应设备可以连续添加设备。

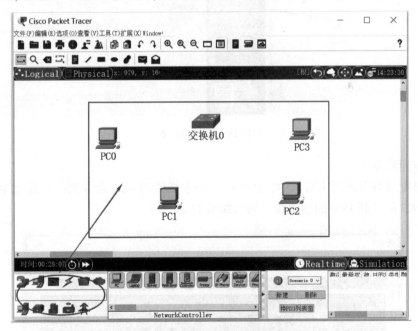

图 1-21　添加所需网络设备

（2）选取合适的线型将设备连接起来

可以根据设备间的不同接口选择特定的线型来连接，在这里选择直通线将 4 台 PC 与交换机实现连接。如果只是想快速建立网络拓扑而不考虑线型选择时，可以选择自动连线，可选线型如图 1-22 所示。

（3）配置主机的 IP 地址

双击 PC，在弹出的窗口中选择“桌面”选项中的“IP 配置”，为四台 PC 分别配置 IP

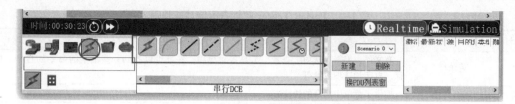

图 1-22　线型选择

地址为 192.168.1.1~192.168.1.4，子网掩码都为 255.255.255.0。图 1-23 所示为 PC0 的 IP 地址配置，其他的 PC 使用同样方法配置，这样主机 IP 地址就配置完成了。

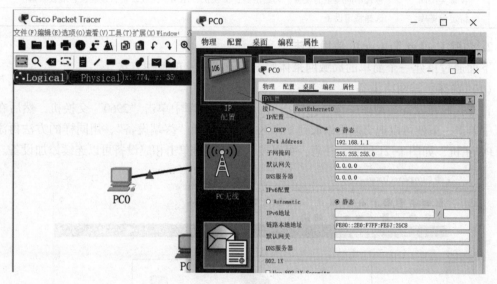

图 1-23　IP 地址配置

（4）连通性测试

IP 地址配置好后回到主窗口中，从任意一台主机使用 ping 命令测试与其他主机的连通性，如由 PC3 测试到 PC0 的连通性，结果如图 1-24 所示。

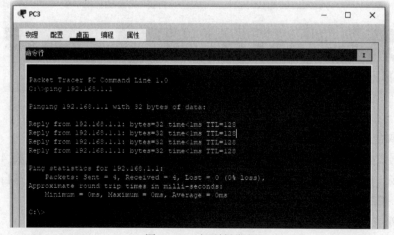

图 1-24　连通性测试

【实训 1-2】 Wireshark 软件使用体验

实训目的

Wireshark 是一个网络协议抓包分析软件，主要功能是抓取网络数据包，并尽可能显示出最详细的网络封包信息。在分析协议或者监控网络方面，这是一个比较好的工具。通过体验 Wireshark 软件使用，为后继学习打下基础。

实训步骤

1. 熟悉 Wireshark 软件界面

成功安装 Wireshark 软件后，启动软件，界面如图 1-25 所示。

图 1-25   Wireshark 启动界面

2. 体验抓包

如果要抓包，需要选择抓包的接口，双击该接口便启动了抓包功能；或者选择抓包接口，再点击工具栏中的最左侧的抓包按钮 进行抓包。在这里选择 WLAN 接口进行抓包。

开启抓包后，运行一些网络应用（如打开某一网站，使用 QQ 软件聊天等）便会把经过网卡接口的数据包捕获下来，如果要停止抓包，单击"停止正在运行的抓包"按钮 ，如图 1-26 所示。

3. 分析报文

图 1-26 中，抓取的数据包分为数据包列表区、数据包封装明细区和数据区三个区显示。其中抓取的所有数据包罗列在数据包列表区，单击列表区的一条数据，其详细信息显示在数据包封装明细区，数据包封装明细区显示的是数据包的组成结构，而数据包的二进制（或十六进制）数据显示在数据区。

4. 使用过滤器

如果抓取的数据包过多，可以采用过滤的方式筛选出想要的数据，如图 1-27 所示，在应用显示过滤框中输入过滤的字段，单击应用按钮 便可实现数据包的过滤。

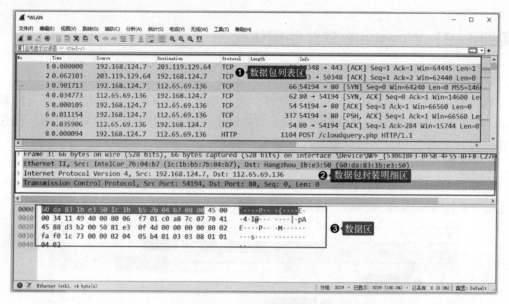

图 1-26　数据包抓取界面

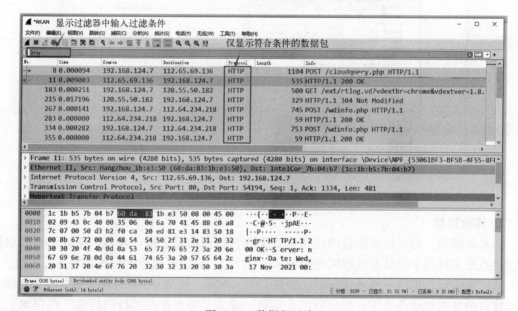

图 1-27　数据包过滤

【巩固提高】

项目 1 习题

一、单选题

1. 星形拓扑结构适用于（　　　）。

A. 广域网　　　　　　B. 互联网　　　　　　C. 局域网　　　　　　D. Internet

2. 目前遍布于校园的校园网属于（　　　）。

A. 局域网　　　　　　B. 城域网　　　　　　C. 广域网　　　　　　D. 混合网络

3. Internet 最早起源于（　　　）。

A. ARPANET　　　　B. 以太网　　　　　　C. NSFnet　　　　　　D. 环形网

4. 计算机网络中可共享资源包括（　　　）。

A. 硬件、软件、数据和通信信道　　　　B. 主机、外设和通信信道

C. 硬件、软件和数据　　　　　　　　　D. 以上都是

5. 计算机网络的主要目标是（　　　）。

A. 数据处理　　　　B. 文检检索　　　　C. 协同工作　　　　D. 资源共享

6. 以下不属于通信子网的是（　　　）。

A. 通信设备　　　　B. 传输介质　　　　C. 服务器　　　　　D. 通信控制处理机

7. 计算机网络是（　　　）相结合而形成的一种新的通信形式。

A. 计算机技术与通信技术　　　　　　　B. 计算机技术与电子技术

C. 计算机技术与电磁技术　　　　　　　D. 电子技术与电磁技术

8. 下列关于星形拓扑结构的描述中，错误的是（　　　）。

A. 结构简单，组网容易

B. 控制相对简单，维护起来比较容易

C. 集中控制，中心结点负载较轻

D. 受故障影响的设备少，能够较好地处理通信介质故障

二、填空题

1. 常见的网络拓扑结构有_____、_____、_____、_____。

2. 城域网，地理覆盖范围约为_____到_____，是介于局域网和广域网之间的一种高速网络。

3. 网络设计时，通常可将网络划分为_____、_____、_____三层结构。

4. 按传输方式，网络可分为_____和_____。

5. 按地理覆盖范围对网络进行划分，可将网络分为_____、_____和_____。

6. 在逻辑功能上，计算机网络可以分为_____和_____两大部分。

三、简答题

1. 简述计算机网络的定义和资源共享的类型。

2. 简述计算机网络的组成。

3. 简述计算机网络的发展历程。

4. 常用的网络拓扑有哪些？试分别描述其特点。

项目 2　OSI/RM 与 TCP/IP 模型

【学习目标】

☑ 了解：TCP/IP 各层协议。
☑ 理解：网络协议、网络体系结构分层概念。
☑ 掌握：OSI/RM 分层结构、OSI/RM 通信处理、TCP/IP 模型、TCP/IP 通信处理过程。

【知识导图】

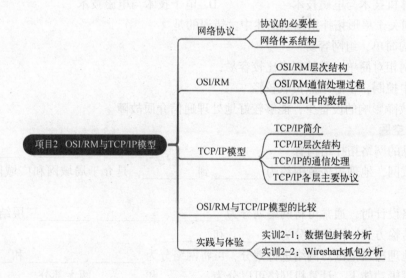

【项目导入】

　　计算机网络是一个非常复杂的系统，在技术层面上，它涉及计算机技术、通信技术等领域；在地理范围上，它的用户、设备遍布全球。若想保证这样一个复杂的系统能够高效、可靠的运行，系统中的每一部分必须有合理的分工，且要遵守严谨的规则。协议与体系结构就是计算机网络各部分遵循的规则与分工原则。

　　在计算机网络的众多概念中，分层次的网络体系结构是最基本、最重要、最抽象的概念之一。理解计算机网络的层次结构模型，有助于从整体上把握计算机网络的全貌。本项目将从基本概念入手，对网络中的协议与体系结构进行讲解。

【项目知识点】

2.1　网络协议

2.1.1　协议的必要性

　　首先来看一个生活中的场景，如图 2-1 所示，假如有 A 和 B 两个人，A 只会说汉语，B 只会说英语，那么他们是无法进行沟通的，因为语言不通。如果 A 还会说英语，那么 A 就可以使用英语与 B 进行交流。在这个例子中，A 和 B 相当于网络中的两台主机，汉语和英语相当于通信的协议，只的协议一致才可以相互通信。

图 2-1　语言与协议类比示例

　　从本质上讲，协议就是规则。规则的存在就是为了保障系统的正常、高效运行，如在交通系统中，行人、车辆需要遵循交通规则，以保障道路畅通；在生活中，人们要遵循相同的法律法规，以保障社会稳定。为了保障计算机能够正常、高效地通信，网络中计算机之间也要遵循同一套规则，即网络协议。

　　协议是计算机与计算机之间通过网络通信时事先达成的一种"约定"。一个协议就是一组控制数据传输的规则，这些规则明确地规定了所交换数据的格式和时序，这些规则使那些由不同厂商、不同操作系统组成的计算机只要遵循相同的协议就能实现相互通信。总结起来协议就是为网络数据交换而制定的规则、约定和标准。

　　网络协议由语法、语义和时序 3 个要素组成，它们的含义如下。

　　语法：用户数据与控制信息的结构与格式，即通信双方"如何讲"。

　　语义：需要发出何种控制信息，完成何种动作及做出何种应答，即通信双方"准备讲什么"。

　　时序：又称同步，指事件实现顺序的详细说明。即在实现操作时先做什么，后做什么。

　　协议的三要素比较抽象，现以两个人打电话为例来说明协议的概念。甲要打电话给乙，首先甲拨通乙的电话号码，对方振铃，然后甲乙开始通话，通话完毕后，双方挂断电话，在这个通信过程中，甲乙双方都遵守了电话的协议，电话号码为"语法"，电话振铃是一个信号，乙接电话是动作，这些为"语义"。因为甲拨通了电话，乙的电话才会振铃，乙听到铃声后才会接电话，这就是"时序"。

2.1.2　网络体系结构

1. 计算机网络的通信

为了使分布在不同地方且功能相对独立的计算机之间组成的网络能进行通信、实现资源共享，计算机网络系统需要设计和解决许多复杂的问题，如信号传输、差错控制、寻址、数据交换等，具体来说主要完成以下工作。

① 发起通信的计算机必须将数据通信的通路进行激活。激活就是要发出一些信令，保证要传送的数据能在这条通路上正确的发送和接收。

② 要告诉网络如何识别接收数据的计算机。

③ 发起通信的计算机必须查明对方计算机是否已准备好接收数据。

④ 发起通信的计算机必须弄清楚，在对方计算机中文件管理程序是否已做好文件接收和存储的准备工作。

⑤ 若计算机的文件格式不兼容，则至少其中的一个计算机应完成格式转换功能。

⑥ 对出现的各种差错和意外事故，如数据传送错误、重复或丢失，网络中某个结点出故障等，应当有可靠的措施保证对方计算机最终能够接收到正确的文件。

相互通信的两台计算机系统必须高度协调工作，每一个问题可能要考虑的因素和解决环节都是极其复杂的。于是网络设计师们提出了"分层"的方法。"分层"可以将庞大而复杂的问题转化为若干较小的局部问题，问题划分较小，易于研究和处理。

2. 层次关系举例

为了便于理解协议分层的概念，下面以物流系统为例对层次关系进行说明。在物流系统中，物品从 A 城用户 A 到达 B 城用户 B 经过以下流程。

① A 用户向物流公司下单，通知物流公司取件。

② 物流公司派出快递员 A 取件，快递员 A 收件并将其打包，附上寄/收件信息，送到货仓。

③ 物流公司将货仓的包裹按收件地址分拣，由货运员 A 将包裹送往运输部门。

④ 运输部门将包裹从 A 城运送到 B 城。

⑤ B 城的货运员 B 从运输部门将包裹送到货仓，交由分拣员分拣。

⑥ 快递员 B 取得包裹，按照收件人信息将包裹送给用户 B。

⑦ 用户 B 拿到包裹，拆开包装，取得物品。

整个物流过程如图 2-2 所示。

由图 2-2 可知，物品运输流程大致可划分为 4 层，这 4 层自顶向下依次为：

- 用户 A 与用户 B 所处层次（第 4 层）。
- 快递员 A 和快递员 B 所处层次（第 3 层）。
- 货运员 A 和货运员 B 所处层次（第 2 层）。
- 运输公司所在层次（第 1 层）。

物流系统中的各层都实现一定的功能，其中第 1 层的运输公司负责物品跨地域运输；第 2 层的货运员负责物品的短距离运输；第 3 层的快递员负责物品的收取与派送；第 4 层的用户仅负责提供/收取物品。

物流系统中各层只需对本层实现的功能负责，并向上提供服务，只要这两点得到满足，

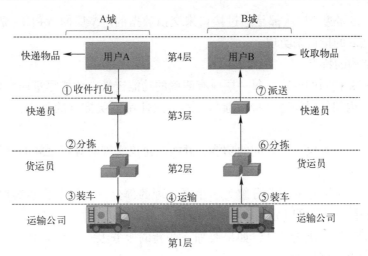

图 2-2   物品运输流程

整个系统便可正常运行，物流系统的分层简化了物流系统的结构，整个系统效率得到了提升。

3. 网络体系结构

将分层的思想或方法用于计算机网络中，就产生了计算机网络基本分层模型。如图 2-3 所示。功能完整的计算机网络系统需要使用复杂的协议集合，计算机网络的各层及其协议的集合称为网络体系结构。

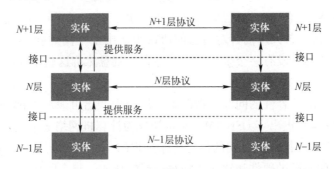

图 2-3   网络体系结构分层模型

（1）相关术语

① **实体**与**对等实体**。每一层中，用于实现该层功能的活动元素称为实体（entity），包括该层实际存在的所有硬件与软件，如终端、电子邮件系统、应用程序和进程等，不同机器上位于同一层次、完成相同功能的实体称为对等实体（peer entities）。如图 2-2 中，用户 A 和用户 B 就属于实体，由于他们实现的功能相同，又称他们为对等实体。

② **服务**。在分层体系结构模型中，每一层为相邻的上一层所提供的功能称为服务（service），N 层使用 $N-1$ 层所提供的服务，向 $N+1$ 层提供功能更强大的服务，N 层使用 $N-1$ 层所提供的服务时并不需要知道 $N-1$ 层所提供的服务是如何实现的，而只需要知道下一层可以为自己提供什么样的服务，以及通过什么形式提供。

③ **接口**。每一对相邻层次之间都有一个接口（interface），接口定义了下层向上层提供

的命令和服务，相邻两个层次都是通过接口来交换数据的。N 层向 $N+1$ 层提供的服务通过 N 层和 $N+1$ 层之间的接口来实现。

（2）分层结构的特点

① 各结点都有相同的层次，每一层应有明确的功能定义，功能尽量局部化。

② 同一结点内相邻层间通过接口通信，每一层使用下层提供的服务，并向其上层提供服务。

③ 不同结点的同等层具有相同的功能，并按照协议实现对等层之间的通信。

（3）分层的优点

① 它将建造一个网络的问题分解为多个可处理的部分，无须把希望实现的所有功能都集中在一个软件中，而是可以分几层，每一层解决一部分问题。

② 它提供了一种模块化设计，如果要加一些新的服务上去，只需修改一层的功能，并继续使用其他各层的功能即可。

2.2　OSI/RM

如今，人们可以方便地使用不同厂商的设备构建计算机网络，而不需要过多考虑不同产品之间的兼容性问题。而在 OSI/RM（open system interconnection reference model，开放系统互连参考模型）出现之前，实现不同设备间的相互通信并不容易。这是因为计算机网络发展初期，许多研究机构、计算机厂商和公司都推出了自己的网络系统，如 IBM 公司的 SNA，NOVELL 的 IPX/SPX，APPLE 公司的 AppleTalk，DEC 公司的 DECNET，以及广泛流行的 TCP/IP 协议等。同时，各大厂商针对自己的协议生产出了不同的硬件和软件，然而这些标准和设备之间互不兼容。没有一个统一的标准存在，就意味着这些不同厂家的网络系统之间无法相互连接。

为了解决网络之间兼容性的问题，帮助各个厂商生产出可兼容的网络设备，ISO（国际标准化组织）于 1984 年提出了 OSI/RM，它很快成为计算机网络通信的基础模型。

OSI/RM 是对发生在网络设备间的信息传输过程的一种理论化描述，它仅仅是一种理论模型，并没有定义如何通过硬件和软件实现每一层的功能，与实际使用的协议是有一定区别的。虽然 OSI/RM 仅是一种理论模型，但它是所有网络学习的基础。

开放：是一个公开的标准，指任何计算机系统只要遵守这一国际标准，就能同其他位于世界上任何地方的，也遵守该标准的计算机系统进行通信。

参考：不是强制性标准，可以遵照执行，也可以不予理会。只要遵照同一标准的系统之间能够达到互连互通的目的即可。

模型：因为仅仅提出了对于系统的体系结构、服务定义和协议规格说明的描述，并没有提出任何具体协议，也没有给出任何具体实现方法。

2.2.1　OSI/RM 层次结构

OSI/RM 将网络体系结构划分为物理层、数据链路层、网络层、传输层、会话层、表示层和应用层七层，每一层都负责完成某些特定的通信任务，如图 2-4 所示。

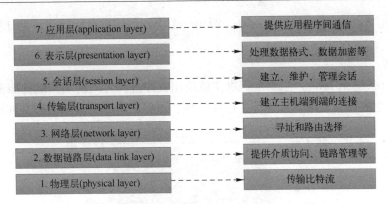

图 2-4　OSI/RM 七层结构

下面对 OSI/RM 中各层功能进行说明。

1. 应用层

应用层（application layer）是 OSI/RM 最接近用户的一层，是用户访问网络的接口层。其主要任务是提供计算机网络与最终用户的界面，提供完成特定网络服务功能所需的各种应用程序协议。

应用层确定进程之间通信的性质以满足用户的需要，因此，这一层的主要功能是负责网络中应用程序与网络操作系统之间的联系，包括建立和结束使用者之间的联系，监督、管理相互连接起来的应用系统和所使用的应用资源。同时，应用层还为用户提供各种服务，包括文件传输、电子邮件、远程登录及网络管理等，如图 2-5 所示。

2. 表示层

表示层（presentation layer）为应用进程之间传递的数据提供表示方法，包括编码方式、加密方式、压缩方式等。发送端和接收端必须使用相同的数据表示方法，才能保证数据的正常显示，否则将会产生乱码。表示层关注于所传输的信息的语法和语义，它把来自应用层与计算机有关的数据格式处理成与计算机无关的格式，以保证对端设备能够准确无误的理解发送端数据，如图 2-6 所示。

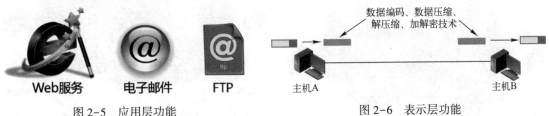

图 2-5　应用层功能　　　　　　　　　　图 2-6　表示层功能

3. 会话层

会话层（session layer）的主要功能是管理和协调不同主机上各种进程之间的通信，负责建立、管理和终止应用程序之间的会话，如图 2-7 所示。用户之间进行数据传输可以理解为用户之间进行对话，在传输层建立端到端连接的基础上，对话用户之间建立和释放会话连接，确保会话过程的连续性及实现管理数据交换等功能。会话的服务过程分为会话连接建立阶

图 2-7　会话层功能

段，数据传送阶段及会话连接释放阶段。例如一个交互的用户会话以登录到计算机开始，以注销结束。

4. 传输层

传输层（transport layer）主要是提供主机应用程序进程之间的端到端的服务，其基本功能有分割与重组数据，按端口号寻址、连接管理、差错控制和流量控制等，如图 2-8 所示。

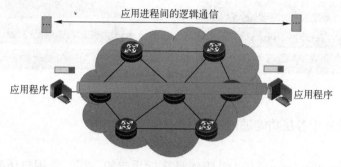

图 2-8　传输层功能

5. 网络层

网络层（network layer）决定数据包的最佳传输路径，其关键问题是确定数据包从源端到目的端，如何选择路由，如图 2-9 所示。网络层通过路由选择协议来计算路由。

6. 数据链路层

数据链路层（data link layer）负责建立逻辑连接、硬件地址寻址、差错校验等功能。数据链路层使用物理层提供的服务，接收来自物理层的比特流，并将比特组合成帧，在进行硬件寻址时通过 MAC 地址访问物理媒介，如图 2-10 所示。

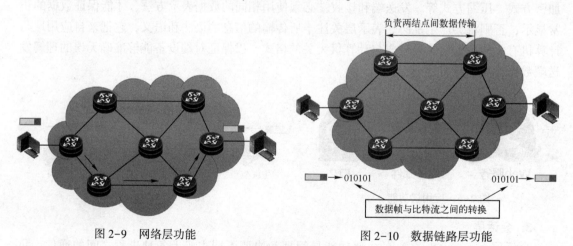

图 2-9　网络层功能　　　　　　图 2-10　数据链路层功能

7. 物理层

物理层（physical layer）涉及通信信道上传输的原始比特流，它定义了传输数据所需要的机械、电气、功能及规程的特性等，包括电压、电缆线、数据传输速率、接口的定义等。

物理层以比特流的方式传送来自数据链路层的数据，而不去理会数据的含义或格式，同样它接收数据后直接传给数据链路层。物理层负责将 0、1 的比特流与电压（高电平、低电平）或光等传输方式之间的互换，实现的是按位（bit）传输，保证按位传输的正确性，并向数据链路层提供一个透明的比特流传输，如图 2-11 所示。

在 OSI/RM 的层次结构中，上三层是面向用户应用的，即它们面向的是用户的应用程序，主要由操作系统来完成这三层的功能；下面四层是面向数据通信的，即它们定义数据如何在网络传输介质之间传送，以及数据如何通过网络传输介质和网络设备传输到期望的终端。

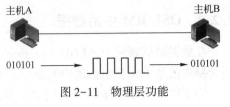

图 2-11 物理层功能

2.2.2 OSI/RM 通信处理过程

计算机利用协议进行相互通信。根据设计原则，网络中的两个不同的设备进行通信时，同等层次是通过附加该层的信息头来进行相互通信的。正如寄信时要在信纸外面套上信封并填写地址、邮编等信息后收件人才能收到信件一样。数据在发送过程中必须按照一定的格式在数据前面加上头部，仅有数据本身是无法在复杂的网络中通信的。数据头部一般包括发送方和接收方信息，并且由于应用层的数据量往往比较大（如一个文件、视频等），因此往往要将发送的数据分割为若干个数据块，再加上数据头部生成若干个数据包发送，这样生成的数据包便于在网络中传送，即使出现丢失或出错的情况也不需要全部重传。

一次数据通信过程，在通信的两端主要完成数据封装与解封装的过程。封装是指网络结点将要传送的数据使用特定的协议打包后传送，多数协议是通过在原来的数据之前加上封装头（header）来实现封装的，一些协议还要在数据之后加上封装尾（trailer），而原有数据此时便成为载荷（payload）。在发送方，OSI/RM 的每一层都对上层数据进行封装，以保证数据能够正确无误地到达目的地，而在接收方，每层又对本层的封装数据进行解封装，并传送给上层，以便数据被上层所理解。

OSI/RM 中的数据封装和解封装的过程如图 2-12 所示。首先，源主机的应用程序生成能被对端应用程序识别的应用层数据；然后数据在表示层加上表示层头，协商数据格式，是否加密，转化成对端能够理解的数据格式；数据在会话层又加上会话层头，以此类推。即数据经过每一层的时候加上相应层的信息完成数据的封装，在物理层转换为比特流，传送到网

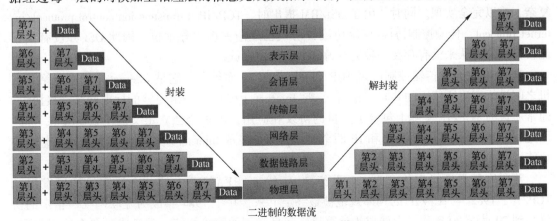

图 2-12 OSI/RM 数据封装与解封装

络上。比特流到达目的主机后，数据经过每一层的时候去掉相应层的信息完成数据的解封装。最终获得应用层数据提交给应用程序。

2.2.3　OSI/RM 中的数据

在数据通信领域中，PDU（protocol data unit，协议数据单元）泛指网络通信对等实体之间交换的信息单元，包括用户数据信息和协议控制信息等。

为了更准确地表示出当前讨论的是哪一层数据，在 OSI 术语中，每一层传输的 PDU 均有其特定的称呼。例如，传输层的数据称为段（segment），网络层的数据称为包（packet），数据链路层的数据称为帧（frame），如图 2-13 所示。

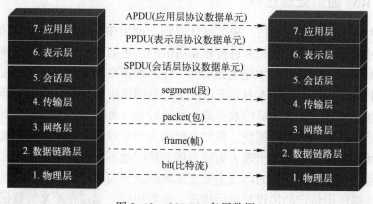

图 2-13　OSI/RM 各层数据

2.3　TCP/IP 模型

2.3.1　TCP/IP 简介

OSI/RM 的提出在计算机网络发展史上具有重大意义，它为理解互连网络、开发网络产品和网络设计带来了极大的方便。虽然 OSI 的概念比较清楚，理论比较完善，但由于它过于复杂，难以完全实现。同时，由于 OSI/RM 提出时，TCP/IP（transmission control protocol/internet protocol，传输控制协议/网际协议）协议已逐渐占据主导地位，因此 OSI 并没有真正流行开来，也从来没有存在一种完全遵守 OSI 的协议族。

TCP/IP 主要由传输控制协议 TCP 和网际协议 IP 而得名，它是 Internet 上所有网络和主机之间进行交流所使用的共同"语言"，是 Internet 上使用的一组完整的标准网络连接协议。通常所说的 TCP/IP 实际上包含了大量的协议和应用，由多个独立定义的协议组合在一起，因此，TCP/IP 并不是指 TCP 和 IP 两个协议，而是表示 Internet 所使用的体系结构或整个协议族。

互联网起源于 ARPANET，20 世纪 70 年代，ARPANET 中的一个研究机构研发出了 TCP/IP，1982 年 TCP/IP 的具体规范被最终定下来，并于 1984 年成为互联网唯一指定的协议。到 20 世纪 90 年代已发展成为计算机之间最常用的网络协议。现已成为"全球互联网"或"因特网"（Internet）的基础协议族。其特点有以下四个方面，如表 2-1 所示。

表 2-1　TCP/IP 体系结构的特点

特　点	内　容
开放的协议标准	可以免费使用，并独立于特定的计算机硬件与操作系统
独立于特定的网络硬件	可以运行在局域网、广域网，更适合于 Internet
统一的网络分配地址	使得整个 TCP/IP 设备在网络中都具有唯一的地址
标准化的高层协议	可以提供多种可靠的用户服务

2.3.2　TCP/IP 层次结构

TCP/IP 是一个四层体系结构，包括应用层、传输层、网际层和网络接口层。与 OSI/RM 的层次对应关系是，TCP/IP 的应用层对应 OSI 的高三层即应用层、表示层和会话层，传输层对应 OSI/RM 的传输层，网际层对应 OSI/RM 的网络层，网络接口层对应 OSI 的数据链路层和物理层。

从实质上来讲，TCP/IP 只有最上面的三层，因为最下面的网络接口层基本上和一般的通信链路在功能上没有多大的差别，对于计算机网络来说，这一层并没有特别新的具体内容，因此，为了便于理解计算机网络通信的整个过程并结合实际应用，将网络接口层所包含的数据链路层和物理层分开，在后继的项目中，按五层模型来进行讲解，网络体系结构对应关系如图 2-14 所示。

图 2-14　网络体系结构对应关系

TCP/IP 模型各层功能如下。

1. 网络接口层

TCP/IP 本身并没有详细描述网络接口层的功能，但是 TCP/IP 主机必须使用某种下层协议连接到网络，以便进行通信，所以网络接口层负责处理与传输介质相关的细节，为上一层提供一致的网络接口。该层没有定义任何实际协议，只定义了网络接口，任何已有的数据链路层协议和物理层协议都可以用来支持 TCP/IP。

典型的网络接口层技术包括常见的以太网、令牌网等局域网技术，用于串行连接的 HDLC、PPP 等技术，以及常见的 x.25、帧中继等分组交换技术。网络接口层的主要功能负责接收从网络层交来的 IP 数据报，并将 IP 数据报通过底层的物理网络发送出去，或者从底层物理网上接收物理帧，提取 IP 数据报，交给网络层。

2. 网际层

网际层是 TCP/IP 模型的第二层，主要功能是将源主机的信息正确地发送至目的主机，源主机和目的主机可以在同一个网络上，也可以在不同的网络上。

网际层使用 IP 地址标识网络结点，使用路由协议生成路由信息，并且根据这些路由信息实现数据包的转发，使数据包能够到达目的地。TCP/IP 网际层功能与 OSI 模型的网络层相似，如图 2-15 所示。

图 2-15　网际层功能

3. 传输层

传输层提供可靠的端到端的数据传输，确保源主机传送分组正确到达目标主机。为保证数据传输的可靠性，传输层协议也提供了确认、差错控制和流量控制等机制。

传输层最主要的功能是能够让应用程序之间实现通信，如图 2-16 所示，与 OSI/RM 传输层功能相似。在计算机内部，通常同一时间运行着多个程序，为此，必须分清哪些程序与哪些程序在进行通信，识别这些应用程序的是端口号。

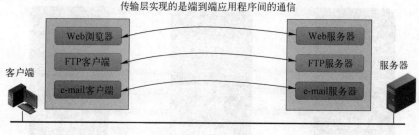

图 2-16　传输层功能

4. 应用层

TCP/IP 模型没有单独的会话层和表示层，其功能融合在 TCP/IP 模型应用层中。应用层直接与用户和应用程序打交道，负责对软件提供接口，以使程序能使用网络服务。

TCP/IP 应用的架构绝大多数属于客户-服务器模型，提供服务的程序称为服务端，接受服务的程序称为客户端，如图 2-17 所示。在这种通信模式中，提供服务的程序会预先被部署到主机上，等待接收任何时刻客户可能发送的请求，客户端可以随时发送请求给服务端。

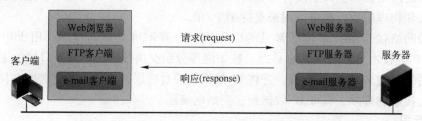

图 2-17　客户-服务器模型

2.3.3　TCP/IP 的通信处理

TCP/IP 体系结构通信过程与 OSI/RM 通信处理过程类似，也是经过发送端的封装与接收端的解封装两个过程，如图 2-18 所示。

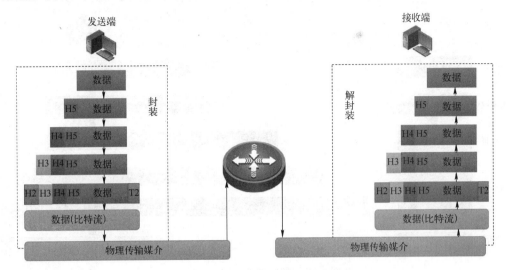

图 2-18　TCP/IP 模型通信处理过程

1. 发送端数据封装过程

在发送端，应用程序将数据交给应用层，应用层完成相应的处理（如编码、加解密等）后交给传输层，传输层附加相应的协议首部后把数据交给网络层，网络层将数据封装在一个报文内，该报文包含完成这个传输所需要的信息，如源地址、目的地址。然后交给数据链路层，数据链路层把网络层信息封装在一个帧内，帧头包含了用来完成数据链路功能要求的信息，如物理地址，最后物理层把数据链路层帧编码成能在介质中传输的"1"和"0"模式。如图 2-19 所示，为传输 TCP 应用数据的封装过程。

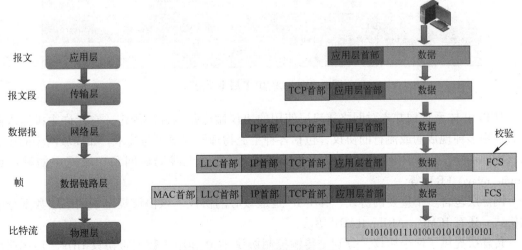

图 2-19　发送端数据封装过程

2. 接收端数据解封装过程

那么接收端又该怎么处理接收到的数据呢？如图 2-20 所示，接收端将接收的数据从
TCP/IP 体系结构的物理层开始依次去掉每一层相应的首部，最后还原成不带任何层次首部
和其他信息的数据报送给应用程序。

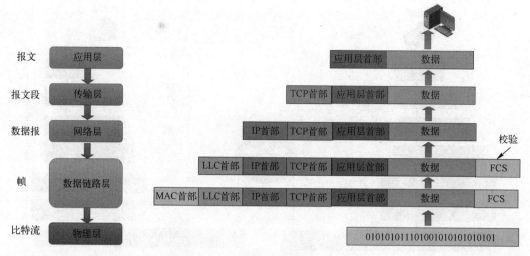

图 2-20　接收端数据解封装过程

2.3.4　TCP/IP 各层主要协议

TCP/IP 包含了一系列协议，称为协议族。而 TCP 和 IP 是其中两个最基本的、最重要
的协议。因此常用 TCP/IP 来代表整个协议系列。TCP/IP 各层主要协议如图 2-21 所示。

FTP、TELNET、HTTP、SMTP、POP				DNS	SNMP、TFTP、DHCP等	应用层
TCP					UDP	传输层
ARP、RARP		IP			ICMP、IGMP	网络层
ethernet	token ring	802.11	FDDI	HDLC、PPP、FR、SLIP		数据链路层
				RS232、V35等		物理层

图 2-21　TCP/IP 各层主要协议

TCP/IP 体系结构并未对网络接口层使用的协议做出强制性的规定，它允许主机连入网
络时使用多种现成的或流行的协议，包括各种主流物理网络协议与技术，如局域网中的以太
网（ethernet）、令牌环网（token ring network）、FDDI、无线局域网和广域网中的帧中继
（frame relay，FR）等。

网际层包含多个重要的协议，其中 IP 是最核心的协议。该协议规定了网络层数据分组
的格式，还有 ICMP、ARP、RARP 等。

传输层提供了两个协议，分别是传输控制协议 TCP 和用户数据报协议 UDP。应用层协
议主要实现各种网络服务，有 HTTP、FTP、Telnet、DNS、DHCP、SMTP、POP3 等。TCP/IP

各层主要协议和作用如表 2-2 所示。

表 2-2　TCP/IP 各层主要协议和作用

层次	协　议	中文名称	作　用
应用层	HTTP	超文本传送协议	实现 HTML 超文本传输
	FTP	文件传送协议	用于两台主机之间文件的传输
	Telnet	远程登录协议	远程登录并控制主机
	DNS	域名系统	提供域名到 IP 地址的转换
	DHCP	动态主机配置协议	管理并动态分配 IP 地址
	SMTP	简单邮件传送协议	用于发送和传输邮件
	POP/POP3	邮局协议	用于接收邮件
	TFTP	简单文件传送协议	提供不复杂、开销不大的文件传输服务
	SNMP	简单网络管理协议	用于在 IP 网络管理网络结点（服务器、工作站、路由器、交换机等）的一种标准协议
传输层	TCP	传输控制协议	提供可靠的面向连接的端到端的传输
	UDP	用户数据报协议	提供不可靠的面向无连接的端到端的传输
网际层	IP	网际协议	网络互连通信
	ICMP	互联网控制报文协议	用户传输差错及控制报文
	ARP	地址解析协议	将 IP 地址转换为物理地址
	RARP	反向地址解析协议	将物理地址转换为 IP 地址
	IGMP	Internet 组管理协议	运行在主机和组播路由器之间
网络接口层	ethernet	以太网	实现以太网数据通信
	token ring	令牌环网	实现令牌环网介质访问
	FDDI	光纤分布式数据接口	实现光纤分布式网络通信
	PPP	点到点协议	点到点链路的数据传输

2.4　OSI/RM 与 TCP/IP 模型的比较

TCP/IP 与 OSI/RM 都采用了层次结构的思想，两者相比存在不少共同点，区别也很大，两者都不是完美的，均存在一定的缺陷。

OSI/RM 的应用层、表示层、会话层的功能被合并到 TCP/IP 模型的应用层，网络的大部分功能存在于传输层和网络层，因而它们在 TCP/IP 模型中被保留在独立的层中，OSI/RM 中的数据链路层和物理层被合并到 TCP/IP 模型中的网络接口层。

OSI/RM 的出现推动了网络协议的研究，成为人们认识网络的重要工具。TCP/IP 的出现成功地推动了 Internet 的发展，反过来 Internet 的发展也推动了 TCP/IP 的发展。它不仅应用于广域网而且进入局域网，成为企业内部网和企业外部网的核心协议。OSI 的缺点在于庞大复杂，难以实现，对一些新问题和需求考虑不周；而 TCP/IP 是先干起来再说，其全局性较差，缺乏统一规划，显得有些混乱。

OSI/RM 与 TCP/IP 模型的异同点如下。

1. 共同点

① 采用了协议分层方法，将庞大且复杂的问题划分为若干个较容易处理的范围较小的

问题。

② 各协议层次的功能大体上相似，都存在网络层、传输层和应用层。

③ 两者都可以解决异构网络的互连，实现不同厂商生产的计算机之间的通信。

④ 两者都提供面向连接和面向无连接的两种通信服务机制。

2. 不同点

① OSI/RM 是七层模型，TCP/IP 是四层结构。

② TCP/IP 是在网络发展的实践中不断发展完善起来的，依据这个协议族的 TCP/IP 模型则是建立在自己的协议基础之上，协议和模型相当吻合。OSI/RM 的建立并不侧重于任何特定的协议。

③ 实际市场应用不同，OSI/RM 只是理论上的模型，并没有成熟的产品，而 TCP/IP 已经成为"实际上的国际标准"。

④ TCP/IP 建立之初就遇到网络管理问题并加以解决，所以 TCP/IP 具有较强的网络管理功能。OSI/RM 在后来才考虑到这个问题。

⑤ OSI/RM 定义并规范了服务、接口和协议的概念，使它们相互不混淆。TCP/IP 在这方面区分不清。

【实践与体验】

【实训 2-1】 数据包封装分析

实训目的

1. 熟悉 Packet Tracer 工作界面，能够搭建网络拓扑，模拟数据传输。

2. 模拟一个简单的网页访问，理解数据包封装过程。

实训步骤

1. 构建实训环境

在 Packet Tracer 中，搭建如图 2-22 所示的拓扑，使用一台普通 PC 和一台 Web 服务器，并完成客户机和服务器的 IP 地址配置，客户机的 IP 地址为 192.168.1.2，子网掩码为 255.255.255.0，Web 服务器的 IP 地址为 192.168.1.1，子网掩码为 255.255.255.0。

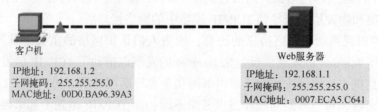

图 2-22　实训拓扑

2. 启用 Web 服务器的 HTTP 服务

单击 Web 服务器，选择"服务"选项卡，将 HTTP 服务设置为"开"即可，默认情况已开启，如图 2-23 所示。

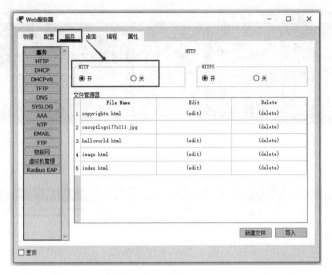

图 2-23　启用服务器的 HTTP 服务

3. 登录 Web 服务器

在模拟器中，单击"实时/模拟转换栏"按钮，将其转换到模拟模式，单击编辑过滤器按钮，只选择 HTTP，如图 2-24 所示。

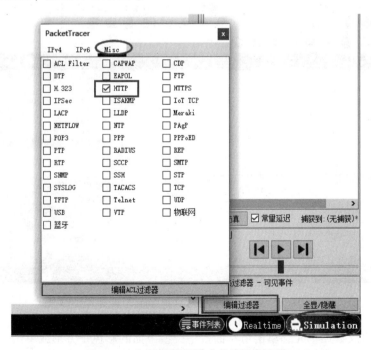

图 2-24　切换到模拟模式并编辑过滤器

单击客户机，在打开的窗口中选择桌面选项卡中的网页浏览器，打开模拟浏览器，输入服务器 IP 地址"192.168.1.1"，再单击"前往"按钮，如图 2-25 所示。

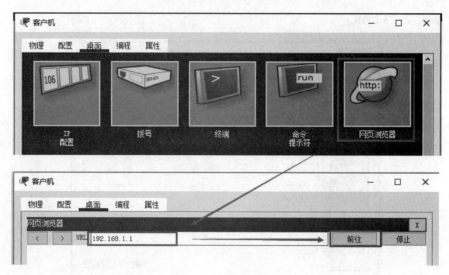

图 2-25　登录服务器

4. 观察各层协议数据单元

返回主场景，单击按钮 ▶️，就可以逐步观察数据包的传输情况，如图 2-26 所示。在仿真面板中，可以清楚地看到客户机和服务器之间完成了一次 HTTP 请求所要发送的报文的类型和所在设备。

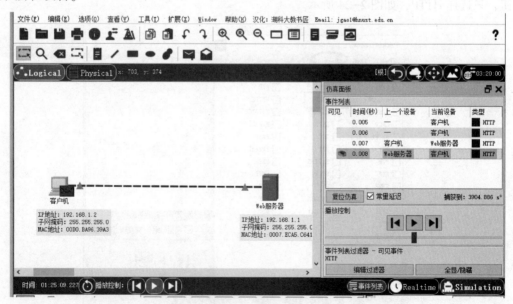

图 2-26　捕捉事件

观察各层协议数据单元，单击仿真面板中类型下面的彩色正方形或单击工作区中的动态数据包信封图样，都会弹出协议数据单元的信息窗口，在默认显示的"OSI 模型"选项卡中可以看到各层数据的概要信息，如图 2-27 所示为数据在服务器端的解封装和封装过程。由图 2-27 可以看到，一个 HTTP 报文分别在 OSI 模型的第七、四、三、二、一层被封装和解封装，单击某一层可以在窗口看到报文的真实含义。

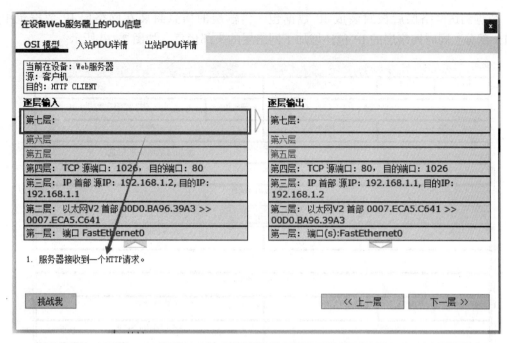

图 2-27　OSI 数据封装与解封装过程

5. 封装过程

客户机应用层发送 HTTP 请求给服务器，如图 2-28 所示。

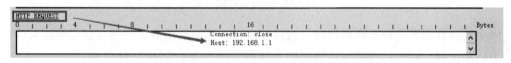

图 2-28　HTTP 请求

当数据到达传输层时被封装成数据段，如图 2-29 所示，其中 TCP 数据段信息中的 DATA 部分即为 HTTP 的信息，其余部分为 TCP 头部信息。

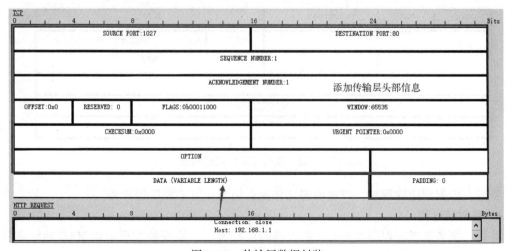

图 2-29　传输层数据封装

数据到达网络层后被封装成 IP 数据包，传输层的信息封装在网络层 IP 数据包中的 DATA 部分，同时网络层的 IP 包还增加了网络层的头部信息，如图 2-30 所示。

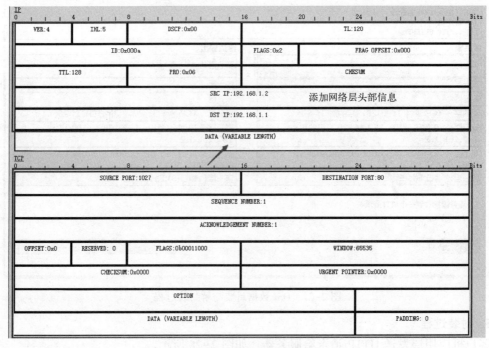

图 2-30　网络层数据封装

网络层的数据到达数据链路层后，被封装成帧，网络层信息被封装在数据链路层的数据帧中 DATA 位置，同时增加数据链路层的头部和尾部信息，如图 2-31 所示。

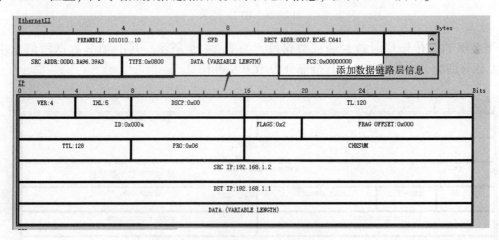

图 2-31　数据链路层数据封装

最后，数据到达物理层，以透明的比特流在物理介质上发送到对端。

6. 解封装过程

首先，服务器在物理层收到源主机发送的比特流后，检查帧发现本机 MAC 地址和目的 MAC 地址匹配，所以解封装该帧，如图 2-32 所示。

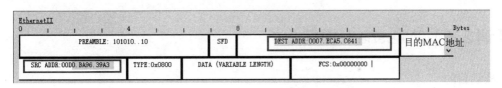

图 2-32　数据链路层的帧结构

当数据到达网络层时，服务器端匹配 IP 地址，解封装成网络层数据包，如图 2-33 所示。

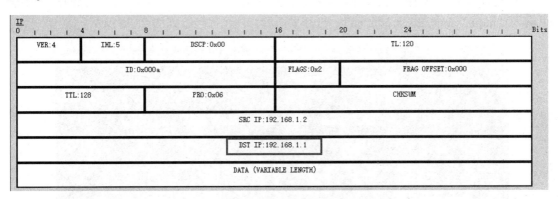

图 2-33　网络层的数据包

当数据到达传输层时，服务器端接收到源端口号 1027，目的端口号 80 的报文段，TCP 重组所有数据段并传递到上层，如图 2-34 所示。

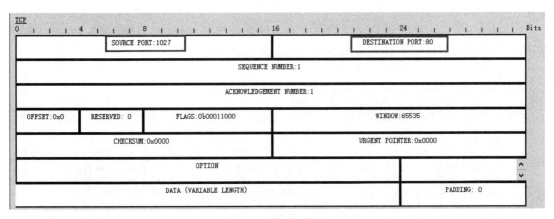

图 2-34　传输层数据段

当数据到达服务器的应用层时，服务器收到了 HTTP 请求，如图 2-35 所示。

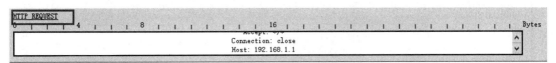

图 2-35　HTTP 请求

【实训 2-2】 Wireshark 抓包分析

实训目的

1. 熟悉 Wireshark 抓包软件的使用。
2. 通过网络抓包，理解网络体系结构及各层协议。

实训步骤

① 运行 Wireshark 抓包软件并启动抓包，打开浏览器，在地址栏中输入目标网址，在这里输入 "http://www.gzeic.edu.cn"。打开页面后，停止抓包，如图 2-36 所示。

图 2-36　访问 www.gzeic.edu.cn

② 编辑过滤器，在应用显示过滤器中输入过滤条件 ip.addr == 222.198.241.6（其中 IP 地址 222.198.241.6 为 www.gzeic.edu.cn 的 IP 地址），筛选后的报文如图 2-37 所示。

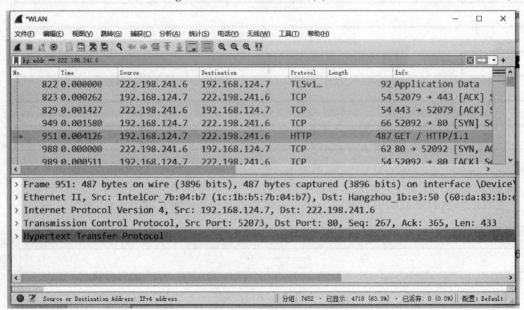

图 2-37　抓到的报文

③ 分析报文与体系结构的关系。如图 2-38 所示，可以看出该界面显示了五行信息，其中 Frame 代表物理层的数据帧概况；Ethernet II 代表数据链路层以太网帧头部信息；Internet Protocol Version 4 代表互联网层 IP 包头部信息；Transmission Control Protocol 代表传输层的数据段头部信息，此处是 TCP 协议；Hypertext Transfer Protocol 代表应用层的信息，此处是 HTTP 协议。

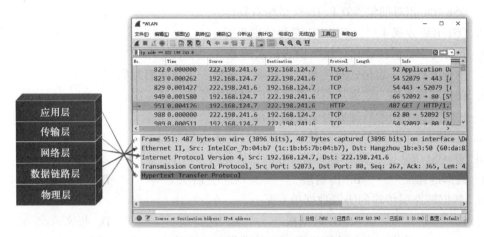

图 2-38　报文与体系结构的关系

【巩固提高】

项目 2 习题

一、单选题

1. 按照 OSI/RM 分层，其第 2 层和第 4 层分别为（　　）。

A. 网络层，数据链路层　　　　　　　　B. 网络层，物理层

C. 数据链路层，传输层　　　　　　　　D. 应用层，物理层

2. 物理层的传输数据单元是（　　）。

A. 帧　　　　　　　B. IP 数据报　　　　C. 比特流　　　　　D. 报文

3. ARP 协议的主要功能是（　　）。

A. 将 IP 地址解析为物理地址　　　　　B. 将物理地址解析为 IP 地址

C. 将主机域名解析为 IP 地址　　　　　D. 将 IP 地址解析为主机域名

4. 路由选择协议位于 OSI/RM 的（　　）。

A. 物理层　　　　　B. 数据链路层　　　C. 网络层　　　　　D. 传输层

5. 在 TCP/IP 模型中，与 OSI/RM 的物理层和数据链路层对应的是（　　）。

A. 网络接口层　　　B. 应用层　　　　　C. 传输层　　　　　D. 互联层

6. 在 OSI/RM 中，处于数据链路层与传输层之间的是（　　）。

A. 物理层　　　　　B. 网络层　　　　　C. 会话层　　　　　D. 表示层

7. 下面（　　）协议不属于应用层协议。

A. FTP   B. HTTP   C. POP3   D. ICMP

8. 下列关于 OSI/RM 和 TCP/IP 模型说法错误的是（　　）。

A. 定义 OSI/RM 和 TCP/IP 模型的目的都是实现网络的正常工作及不同网络的互连

B. OSI/RM 定义了每一层应完成功能，TCP/IP 协议定义了每一层功能的实现方法

C. OSI/RM 相对抽象，TCP/IP 模型相对具体

D. OSI/RM 分成 4 层，TCP/IP 模型分成 7 层

9. 下列关于数据封装和解封装说法错误的是（　　）。

A. 发送方按照一定格式封装数据，接收方按照一定格式解封数据

B. 在分层体系中，数据从顶层到底层的过程中要被封装多次

C. 封装时，上层的数据成为下层的头部

D. 上层的一个数据包有可能被封装成下层的多个数据包

10. 在 OSI/RM 中，提供端到端服务的层次是（　　）。

A. 数据链路层   B. 传输层   C. 会话层   D. 应用层

11. 数据链路层传输的协议数据单元是（　　）。

A. 帧   B. IP 数据报   C. 比特流   D. 报文

12. （　　）是指为进行计算机网络中的数据交换而建立的规则、标准或约定。

A. 接口   B. 网络协议   C. 层次   D. 体系结构

二、填空题

1. 在网络分层结构模型中，每一层为相邻的上一层所提供的功能称为＿＿＿＿＿＿＿＿。

2. 网络协议的三要素是指＿＿＿＿＿＿＿＿、＿＿＿＿＿＿＿＿、＿＿＿＿＿＿＿＿。

3. 相邻各层之间提供的服务是通过＿＿＿＿＿＿＿＿来实现的。

4. TCP/IP 是一个四层体系结构，包括＿＿＿＿＿＿＿＿、＿＿＿＿＿＿＿＿、＿＿＿＿＿＿＿＿、＿＿＿＿＿＿＿＿。

5. 传输层只有两个协议，它们是＿＿＿＿＿＿＿＿和＿＿＿＿＿＿＿＿。

6. 在每一层中，用于实现该层功能的所有硬件和软件统称为＿＿＿＿＿＿＿＿。

7. OSI/RM 的中文名称是＿＿＿＿＿＿＿＿。

三、简答题

1. 简述 OSI/RM 层次划分及每一层的主要功能。

2. 画出 OSI/RM 与 TCP/IP 模型的层次对应关系。

3. 简述 TCP/IP 体系结构中各层主要协议。

4. 简述 OSI/RM 的数据处理过程。

5. 简述 TCP/IP 通信处理过程。

6. 简述 OSI/RM 各层协议数据单元的名称。

项目 3　物理层与数据通信技术

【学习目标】

☑ 了解：物理层的作用、数据传输技术、数据编码与调制技术、多路复用。

☑ 理解：数据通信方式、宽带接入技术。

☑ 掌握：数据通信性能指标、传输介质。

【知识导图】

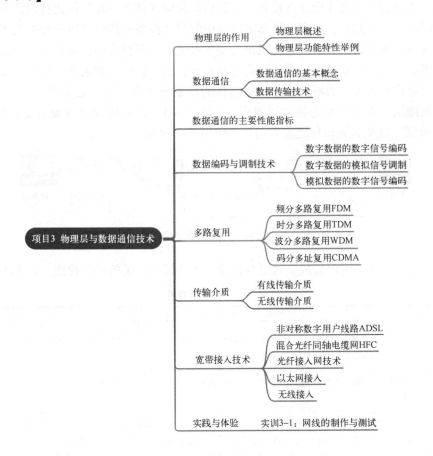

【项目导入】

通信是自人类社会形成以来便已存在的技术，早期人与人之间直接进行短距离通信；古代人们利用一些可见的"信号",如狼烟、旗语,或专职人员,如信使,实现远距离信息传递;近代人们发明了电报、电话,将通信机械化;如今,人们又将通信技术与计算机等技术相结合,实现了电子通信。通信技术的发展使社会产生了深远的变革,为人类社会带来了巨大的变化,在当今和未来的信息社会中,通信是人们获取、传递和交换信息的重要手段。在网络中,通信的目的是在两台计算机之间进行数据交换,而如何控制有效的数据交换,通信的技术又有哪些呢? 在本项目中将介绍数据通信相关技术、传输介质与宽带接入技术等。

【项目知识点】

3.1　物理层的作用

3.1.1　物理层概述

　　物理层考虑的是怎样才能在连接各种计算机的传输媒体上传输数据比特流,而不是指具体的传输媒体。大家知道,现有的计算机网络中的硬件设备和传输媒体的种类繁多,而通信手段也有许多不同方式。物理层的作用正是要尽可能地屏蔽掉这些传输媒体和通信手段的差异,使物理层上面的数据链路层感觉不到这些差异,这样就可使数据链路层只需要考虑如何完成本层的协议和服务,而不必考虑网络具体的传输媒体和通信手段是什么,如图 3-1 所示。用于物理层的协议也称为物理层规程(procedure)。其实物理层规程就是物理层协议,只是在"协议"这个名词出现之前人们就先使用了"规程"这一名词。

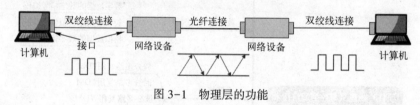

图 3-1　物理层的功能

　　物理层的主要任务可以看成是确定与传输介质的接口有关的一些特性,如表 3-1 所示。

表 3-1　物理层特性

特　性	作　用
机械特性	指明接口所用接线器的形状和尺寸、引脚数目和排列方式、接口机械固定方式等。机械特性决定了网络设备与通信线路在形状上的可连接性
电气特性	指明接口引脚中的电压范围,即用多大电压表示"1"或"0"。电气特性决定了数据传输速率和信号传输距离
功能特性	指明某条线上出现某一电平表示何种意义,即接口信号引脚的功能分配和确切定义。按功能可将接口信号线分为数据信号线、控制信号线、定时信号线、接地线和次信道信号线 5 种
规程特性	规定了使用接口线实现数据传输时的控制过程和步骤。不同的接口标准,其规程特性也不同

3.1.2 物理层功能特性举例

1. DTE 和 DCE

DTE（data terminal equipment，数据终端设备）指的是具有一定数据处理能力和数据发送接收能力的设备，包括各种 I/O 设备和计算机。由于大多数数据处理设备的传输能力有限，直接将相距很远的两个数据处理设备连接起来是不能进行通信的，所以要在数据处理设备和传输线路之间加上一个中间设备，即 DCE（data circuit-terminating equipment，数据电路终端设备）。DCE 在 DTE 和传输线路之间提供信号变换和编码的功能，典型的 DCE 设备是与模拟电话线路相连接的调制解调器，如图 3-2 所示。

图 3-2 DTE 通过 DCE 与通信设备连接

DTE 和 DCE 的接口通常有多条线路，包括信号线和控制线，DCE 传送数据时将 DTE 传送的数据按顺序逐个发往传输线路，接收数据时从传输线路按顺序接收比特流，再将数据交给 DTE。DTE 和 DCE 要顺利地交换数据，其接口必须标准化，这种标准就属于物理层协议。

2. 物理层特性举例

在计算机网络中广泛使用的物理接口是 RS-232 和 RJ-45，这两种接口都是串行通信接口，RS-232 接口使用历史长，但其传输速率低、传输距离短。RJ-45 接口是以太网最常用的接口，指的是由 IEC 60603-7 标准化，使用由国际性的接插件标准定义的 8 针模块化插孔或者插头。

下面通过一个具体的物理层协议"RS-232 接口标准"来了解物理层协议规定的 4 个方面的内容。

RS-232 接口是 1970 年由美国电子工业协会 EIA 联合贝尔系统、调制解调器厂家及计算机终端生产厂家共同制定的用于串行通信的标准。RS 表示 EIA 是"推荐标准"，232 是编号，这个标准于 1969 年修订为 RS-232-C，1987 年修订为 RS-232-D，1991 年修订为 RS-232-E。由于该系列标准修改并不多，因此简称为 RS-232 接口。下面介绍国际上最具代表性的 RS-232-C。

（1）机械特性

RS-232-C 使用 ISO 2110 插头（座）标准，采用 25 针引脚，分为上排 13 根和下排 12 针，有时将 25 芯接口制成专用的 9 芯接口，供计算机与调制解调器的连接使用，如计算机的 COM 口。如图 3-3 所示，左侧为 25 芯接口，右侧为 9 芯接口。此外，还规定了插头应安装在 DTE 端，插座应安装在 DCE 端。

（2）电气特性

采用负逻辑电平，用 -15 V～-5 V 表示逻辑"1"电平，用 +5 V～+15 V 表示逻辑"0"电平，当连接电缆长度不超过 15 m 时，允许数据传输速率不超过 20 kbps。

（3）功能特性

功能特性规定了什么电路应当连接到 25 根引脚中的哪一根，以及该引脚的作用，图 3-4

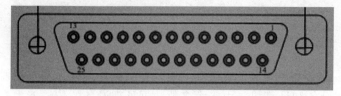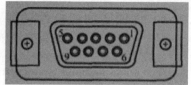

图 3-3　RS-232-C 接口

标出了最常用的 10 根引线的作用，括号内的数目为引脚的编号，其他的引脚空着不用。有时将图 3-4 中所示的除保护地外的 9 个引脚制成专用的 9 芯插头，供计算机和调制解调器间使用。

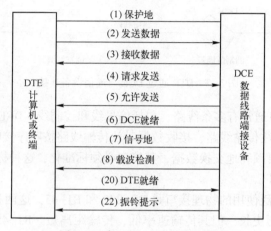

图 3-4　常用的 10 根引脚功能

（4）规程特性

规定了在 DTE 和 DCE 之间所发生事件的合法序列。如当 DTE 要进行通信时，就将引脚 20 "DTE 就绪" 置为 "ON"，同时通过引脚 2 "发送数据" 向 DCE 传送电话信号。

接下来 DCE 检测到载波信号时，将引脚 8 "载波检测" 和引脚 6 "DCE 就绪" 都置为 "ON"，以便使 DTE 端知道通信线路已经建立。

当 DTE 端要发送数据时，将其引脚 4 "请求发送" 置为 "ON"。DCE 端响应将其引脚 5 "允许发送" 置为 "ON"，然后 DTE 通过引脚 2 "发送数据"。

3.2　数据通信

数据通信是计算机网络的基础，没有数据通信技术的发展，就没有计算机网络的今天。现代数据通信是通信技术与计算机技术结合实现的远程、高速通信。

3.2.1　数据通信的基本概念

1. 数据通信系统模型

数据通信是计算机与计算机或计算机与各类终端之间的通信，通信的目的就是传递信息。下面通过一个简单的例子来说明数据通信系统的模型，如图 3-5 所示为在两台计算机间通过公用电话交换网完成通信。

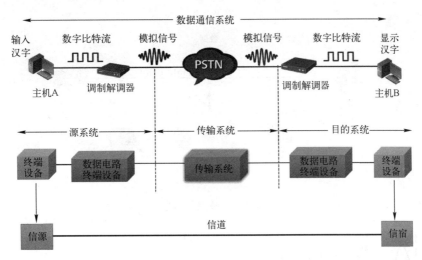

图 3-5　一个简单的数据通信系统

一个数据通信系统可大致分为三部分：源系统、传输系统和目的系统。

源系统就是产生和发送信号的一端，产生要传输数据的计算机或其他终端称为信源，对要传送的数据进行编码的设备称为发送器，如调制解调器，完成数字信号和模拟信号的相互转换。常见的网卡中也包括收发器组件和功能。

传输系统是网络通信的信号通道，如双绞线通道、同轴电缆通道、光纤通道或者无线电通道等，还包括线路上的交换机和路由器等设备。

目的系统是接收信号的一端。获取信息的计算机或其他终端称为信宿，接收端的数据转换设备也是目的系统的一部分。

2. 数据

数据（data）是传输信息的实体。通信的目的是交换信息，传送之前必须先将信息用数据表示出来。数据可以分为模拟数据和数字数据。

模拟数据：在时间和幅度上都是连续的，其取值随时间连续变化，一般是经过传感器采集到的连续数据，如温度、压力、声音、光线等。

数字数据：在时间上是离散的，在幅值上是经过量化的。一般由“0”“1”组成的二进制数字序列。如文本信息、整数等。

3. 信息

信息（information）指音讯、消息、通信系统传输和处理的对象，泛指人类社会传播的一切内容。在计算机中，信息以数值、文字、图形、声音、图像、视频等形式存在，当信息以这些形式存储在设备中时，便认为设备中存储了一些数据，如图 3-6 所示。

4. 信号

信号（signal）是数据在传输过程中的物理表现，计算机可识别的信号分为模拟信号和数字信号，如图 3-7 所示。常见的模拟信号为光、声、温度等各种传感器的输出信号，模拟信号经模拟线路传输，在模拟线路中，模拟信号通过电流和电压变化表示。数字信号用于离散取值的传输，连续取值经量化后转换为离散取值，以数字信号的形式经数字线路进行传输。数字信号在通信线路中一般以电信号的状态（高电平/低电平）表示其数据"0"和"1"。

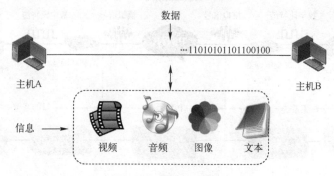

图 3-6　数据与信息

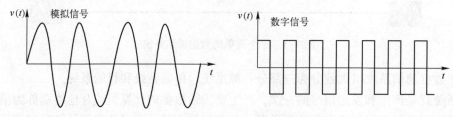

图 3-7　模拟信号与数字信号

虽然数字信号和模拟信号有明显的区别，但只是两种不同的数据表现形式，它们可以表示相同的数据，在一定条件下，数字信号和模拟信号可以相互转化。

信号中包含了所要传输的信息，信息一般是用数据来表示的，而表示信息的数据通常要转变为信号进行传递。

5. 信道

信息是抽象的，但传送信息必须通过具体的媒介。例如，两人对话，声波通过两人间的空气来传送，因而两人间的空气部分就是信道。无线电话的信道就是电波传播所通过的空间，有线电话的信道是电缆。每条信道都有特定的信源和信宿，如载波电话中，一个电话机作为发出信息的信源，另一个是接收信息的信宿，它们之间的设施就是一条信道。

信道（channel）可以说是信号在通信系统中传输的通道。人们常以信道使用的传输媒介、传输的信号类型等，将信道划分为不同的类别。

（1）按传输媒介分类

按传输媒介，信道可分为有线信道和无线信道。

① 有线信道使用有形的媒介作为传输介质，常见的有线传输媒介有双绞线、同轴电缆、光纤等。

② 无线信道是一种形象比喻，无线通信指"以电磁波在空间传播"这种方式传递信息，无线信道则指以电磁波在空间传播时使用的信道，此种信道两端的设备间没有有形连接，因此称为无线信道。

（2）按传输的信号类型分类

按传输的信号类型分类，信道可分为数字信道和模拟信道。

① 传输离散的数字信号的信道称为数字信道。

② 传输连续模拟信号的信道称为模拟信道。

以上两种分类是在物理概念上对信道的分类，它们是由传输媒介和相关设备组成的。除此之外，计算机网络中还存在逻辑信道，逻辑信道只是概念上的一种信道，用于实现物理端点的高层次通信。从这个角度来说，信道可分为物理信道和逻辑信道，如图 3-8 所示。物理信道就是信号传输的物理链路，由实际的传输介质与相关设备组成。逻辑信道是指在信号传输的物理信道上同时建立多条 "连接"，如多路复用技术就是这种情况。在一条物理信道上，同时可以建立多条逻辑信道，而每一条逻辑信道，只允许一路信号通过。如一条 ADSL 线路上，用户可以同时建立打电话和上网两个逻辑上的连接。

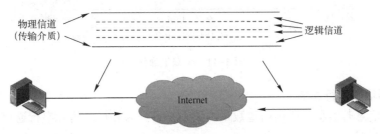

图 3-8 物理信道与逻辑信道

3.2.2 数据传输技术

在计算机网络中，数据传输技术定义了数据流从一个设备传输到另一个设备的方式，根据不同的分类标准有不同的传输方式。

1. 单工、半双工和全双工通信

按信道上信号的传输方向与时间的关系，通信方式可以分为单工（simplex）通信、半双工（half duplex）通信和全双工（full duplex）通信三种方式。

（1）单工通信

通信的一方只有发送设备，另一方只有接收设备。单工通信只支持数据在一个方向上传输。如图 3-9 所示。例如听广播和看电视就是典型单工通信，信息只能从广播电台和电视台发射并传输到各家庭接收，而不能从用户传输到电台或电视台。

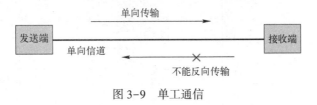

图 3-9 单工通信

（2）半双工通信

通信双方均有发送设备和接收设备，但只能轮流工作而不能同时发、收。半双工通信支持数据轮流在两个方向上分别传输，如图 3-10 所示。半双工适用于会话式通信，如对讲机和步话机。

（3）全双工通信

通信双方都有发送设备和接收设备并可以同时收、发数据。如图 3-11 所示。全双工一

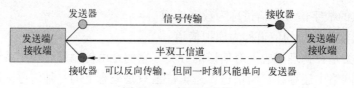

图 3-10　半双工通信

般采用多条线路或频分法来实现，也可采用时分复用或回波抵消等技术。这种方式适用于计算机与计算机之间的通信。

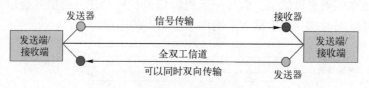

图 3-11　全双工通信

2. 并行通信和串行通信

按照传输信息时信息与所用信道数量的关系，可分为并行通信和串行通信。

（1）并行通信

并行通信是指数据以成组的方式在多个并行信道上同时进行传输，即有多个数据位同时在两个设备之间传输。发送设备将这些数据位通过对应的数据线传送给接收设备，还可以附加一位数据校验位。如图 3-12（a）所示，接收设备可同时接收到这些数据，不需要做任何交换就可直接使用。

并行通信的优点是速度快，处理简单但发送端与接收端之间有若干条线路，费用高，仅适合于近距离和高速率的通信。

（2）串行通信

串行通信是指数据一位一位地以串行方式在一条信道上传输，如图 3-12（b）所示。使用串行方式进行通信时，收、发双方仅需建立一条信道，成本低，结构简单，但其缺点是数据传输速率较低，此种通信方式一般应用于远程数据通信中。

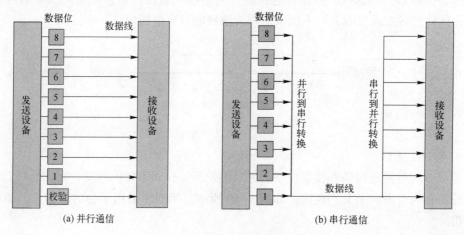

图 3-12　并行通信与串行通信

3. 同步传输与异步传输

在数据通信系统中，当发送端与接收端采用串行通信时，通信双方交换数据需要有高度的协同动作，彼此间传输数据的速率、每个比特的持续时间和间隔都必须相同，这就是同步问题。所谓同步是指接收端要按照发送端所发送的每个码元的重复频率以及起始时间来接收数据，否则收发之间会产生误差，即使是很小的误差，随着时间的累积也会造成传输的数据出错。因此，同步是数据通信中必须解决的重要问题。在计算机网络中，实现数据传输的同步技术有异步传输（asynchronous transmission）和同步传输（synchronous）两种方法。

（1）异步传输

异步通信的原理是：在每个表示字符的二进制码段前添加一个起始位，表示字符的二进制码的开始，在字符的二进制码段后添加一个或两个终止位，表示字符二进制码的结束。相应地接收方可根据起始位和终止位判断一个字符的二进制码段的开始和结束，从而实现数据的同步，如图 3-13 所示。

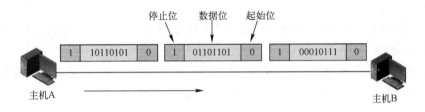

图 3-13　异步传输模式

这种方法比较容易实现，但是每个字符有 2~3 位的额外开销，降低了传输效率，适合低速传输。

（2）同步传输

同步传输中不必为每个字符码添加起始位和终止位，而是在每次发送数据前，先发送一个同步字节，使双方建立同步关系，之后在同步关系下逐位发送/接收数据，到数据发送完毕再次发送同步字节终止通信，如图 3-14 所示。

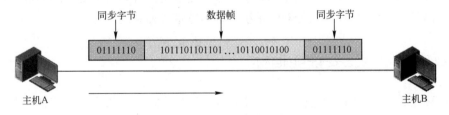

图 3-14　同步传输方式

在同步发送时，由于发送方和接收方将整个字符组作为一个单位传送，且附加位又非常少，从而提高了数据传输的效率，所以这种方法一般用在高速传输数据的系统中，如计算机之间的数据通信。

4. 基带传输与频带传输

（1）基带传输

在计算机等数字设备中，二进制数字序列最方便的电信号形式就是方波，即"1"和

"0"分别用高电平和低电平表示，这种数字信号也称为基带信号。在传输线路上直接传输未经调制的基带信号的方法称为基带传输。

一般来说，将信源的数据经过变换变为直接传输的数字基带信号的工作是由编码器完成的，在发送端，由编码器实现编码，在接收端由译码器进行解码，恢复发送端发送的数据，如图3-15所示。

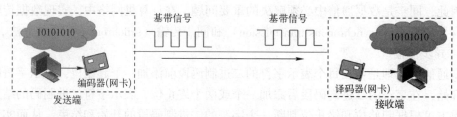

图3-15　基带传输方式

（2）频带传输

将基带信号变换（调制）成能在模拟信道中传输的模拟信号（频带信号），再将这种频带信号在模拟信道中传输的方式。

计算机网络的远距离通信通常采用的是频带传输，在发送端和接收端都要安装调制解调器，基带信号与频带信号的转换由调制解调器完成。如图3-16所示。

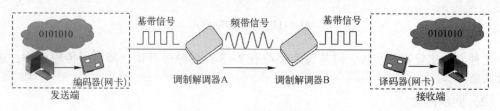

图3-16　频带传输方式

频带传输还有一个常用的术语——宽带（broadband）传输，借助频带传输，将信道分成多个子信道，分别传送音频、视频和数字信号。宽带是比音频带宽更宽的频带，它包括大部分电磁波频谱。使用这种宽频传输的系统，称为宽带传输系统。

3.3　数据通信的主要性能指标

数据通信的任务是传输数据信息，希望达到传输速度快、出错率低、信息量大、可靠性高等效果，这些要求可以从以下技术指标加以描述。

1. 数据传输速率

数据传输速率是指单位时间内传输的信息量，可用"比特率"和"波特率"来表示。

比特率指每秒所传输的二进制位数，单位为位/秒（bits per second），记为bps或b/s，公式表示为：

$$S = \frac{1}{T} \times \mathrm{lb}N$$

其中：T为一个数字脉冲信号的宽度（全宽码）或重复周期（归零码），单位为s；

N 为一个码元所取的有效离散值的个数，也称为调制电平数。通常 $N=2^K$，K 为二进制信息的位数，$K=\mathrm{lb}N$。$N=2$ 时，$S=1/T$，表示数据传输速率等于码元脉冲的重复频率。

波特率指数据通信系统中，线路上每秒传送的波形个数。波特率又称为码元速率，单位为波特，记作 Baud，公式为：

$$B=\frac{1}{T}$$

由以上两个公式合并可得波特率与比特率的对应关系为：

$$S=B\times\mathrm{lb}N$$

或

$$B=S/\mathrm{lb}N$$

其中：N 为一个脉冲信号所能表示的有效二进制数的位数。对于多相调制来来说，N 表示相的数目。在二相调制中，$N=2$，故 $S=B$，即波特率等于比特率。四相调制中，N 等于 4，$S=2B$，即比特率是波特率的 2 倍。波特率与比特率的关系如表 3-2 所示。

表 3-2 波特率和比特率的关系

波特率 B	1 200	1 200	1 200	1 200
多相调制相数	二相调制（$N=2$）	四相调制（$N=4$）	八相调制（$N=8$）	十六相调制（$N=16$）
比特率	1 200	2 400	3 600	4 800

波特率和比特率是两个容易混淆的概念，需要正确理解和区别，两者的区别与联系如图 3-17 所示。

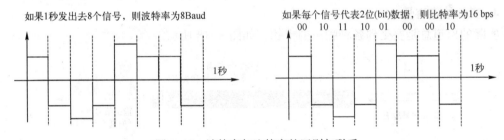

图 3-17 波特率与比特率的区别与联系

2. 信道带宽

在模拟信道中，信道带宽（bandwidth）是指信道所能传送的信号的频率宽度，也就是可传送信号的最高频率与最低频率之差。例如一条传输线可接受从 300~3 000 Hz 的频率，则在这条传输线上传送频率的带宽就是 2 700 Hz。信道的带宽由传输介质、接口部件、传输协议及传输信息的特性等因素决定。它在一定程度上体现了信道的传输性能，是衡量传输系统的一个重要指标。

在数字信道中，信道带宽为信道能够达到的最大数据速率。例如在一条数字网络传输线路中最大传输速度为 100 Mbps，则信道带宽为 100 Mbps。

常用的带宽单位有 bps，kbps，Mbps，Gbps，Tbps。

$$1\ \mathrm{kbps}=10^3\ \mathrm{bps}$$
$$1\ \mathrm{Mbps}=10^6\ \mathrm{bps}$$

$$1\ \mathrm{Gbps} = 10^9\ \mathrm{bps}$$
$$1\ \mathrm{Tbps} = 10^{12}\ \mathrm{bps}$$

在这里需要注意一下两个单位 bps 和 Bps 的区别。例如常说的带宽为 1 M，实际上是指 1 Mbps，这里的 Mb 是指 10^6b，或者 10^3 kb，转换成字节就是 1 000 kbps/8 = 125 kBps。

3. 信道容量

信道容量是指单位时间内信道上所能传输的最大比特数，单位是 bps。信道容量与数据传输率的最大区别是，前者是信道的最大数据传输速率，是信道传输能力的极限，而后者则表示数据实际的数据传输率，它们虽然采用相同的单位，但信道容量>数据传输率。

奈奎斯特（Nyquist）首先给出了在无噪声干扰情况下码元速率的极限值与信道带宽的关系：

$$B = 2 \times H$$

其中：H 是信道的带宽，也称频率范围，即信道能传输的上、下频率的差值，单位 Hz。由此可以给出表示信道数据传输能力的奈奎斯特公式：

$$C = 2 \times H \times \mathrm{lb}N$$

其中：N 表示携带数据的码元可能取得的离散值的个数，C 即是该信道最大的数据传输率。由公式 $B = 2 \times H$ 和 $C = 2 \times H \times \mathrm{lb}N$ 公式可以看出，对于特定的信道，其码元速率不能超过信道带宽的两倍，但若能提高每个码元可能取的离散值的个数，则数据传输速率便可成倍提高。

例如，普通电话线路的带宽约为 3 kHz，则其码元速率为 6 kBaud。若每个码元可能取的离散值的个数为 16（即 $N=16$），则最大数据传输速率可达：$C = 2 \times 3\mathrm{k} \times \mathrm{lb}16 = 24\ \mathrm{kbps}$。

4. 实际信道容量

实际的信道总是要受到各种噪声的干扰，如图 3-18 所示。

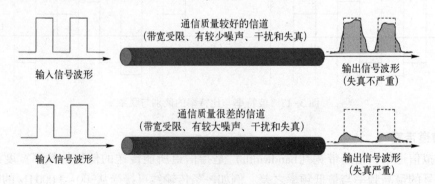

图 3-18　数字信号实际传输情况

信号在通信质量较好的信道中传输，则信号失真不严重，但如果在通信质量较差的信道中传输，则信号失真严重。1948 年，香农把奈奎斯特公式扩大到信道受到随机（热）噪声干扰的情况，给出了实际信道容量的香农公式：

$$C = B \times \mathrm{lb}(1 + S/N)$$

其中：S 表示信号功率，N 为噪声功率，B 表示带宽。信道的噪声比常表示为 $10\lg(S/N)$，以分贝（dB）为单位计量。

下面来看一个香农公式的应用案例，若信噪比为 30 dB，带宽为 4 000 Hz 的信道，最大数据速率是多少？

信噪比为 30 dB，则 $10\lg(S/N)=30$ dB，得出 $S/N=1000$，代入香农公式，则信道容量 $C=B\times\text{lb}(1+S/N)=4\ 000\times\text{lb}(1+1\ 000)\approx40\ 000\ (\text{bps})$。

5. 误码率

误码率是指二进制比特在数据传输系统中被传错的概率，在计算机网络中，一般要求误码率低于 10^{-6}，若误码率达不到这个指标，可通过差错控制方法检错和纠错。误码率公式为：

$$P_e=N_e/N$$

其中：N_e 为出错的位数（比特数），N 为传输数据的总位数（比特数）。

3.4 数据编码与调制技术

由于数据有模拟数据和数字数据，而信道上传输的信号有模拟信号和数字信号，为了能够在信道中正确的传输数据，就需要采用一定的处理技术，而这种将传输数据用不同形式的传输信号表示的处理技术被称为数据编码技术。如图 3-19 所示。

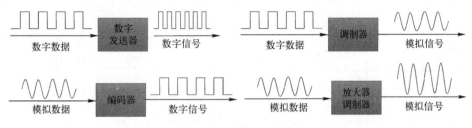

图 3-19 数据编码技术

不同类型的信号在不同类型的信道上有 4 种组合，模拟数据的模拟信号编码，模拟数据的数字信号编码，数字数据的模拟信号编码，数字数据的数字信号编码。除了模拟信道传输模拟数据不需要编码外（需要放大信号），其他的三种情况都需要编码。

3.4.1 数字数据的数字信号编码

对于数字信号来说，最常用的方法是用不同的电压电平表示两个二进制数字，即数字信号由矩形脉冲组成（方波）。在基带数字通信系统中，信道编码器输出的代码还需要经过码形变换，变为适合传输的码形，常用的编码方法有不归零码与归零码、曼彻斯特编码、差分曼彻斯特编码、4B/5B、8B/10B 等。

1. 不归零码与归零码

根据信号编码时是否归零，可以将编码方式分为不归零码（non-return to zero，NRZ）和归零码（return to zero，RZ），同时每种编码方式都有单极性和双极性两种方式。单极性是指用正脉冲和零分别代表 1 和 0，没有负脉冲，双极性是指用正脉冲和负脉冲分别代表 1 和 0。

（1）不归零码

不归零码（NRZ）是指编码在发送"0"或"1"时，在一码元的时间内不会返回初始状态（零）。当连续发送"1"或者"0"时，上一码元与下一码元之间没有间隙，使接收方和发送方无法保持同步。为了保证收、发双方同步，往往在发送不归零码的同时，还要用另一个信道同时发送时钟。计算机串口与调制解调器间采用的是不归零码。

单极性不归零码：在每一码元时间内，无电压表示 0，而有恒定电压表示 1，每个码元的中心是取样时间，即判决门限，如图 3-20（a）所示。

双极性不归零码：在每一码元时间内，以恒定的负电压表示 0，以恒定的正电压表示 1，判决门限为零电平。如图 3-20（b）所示。

（2）归零码

归零码（RZ）是指编码在发送"0"或"1"时，在一码元的时间内会返回初始状态（零）。所以接收方只要在信号归零后进行采样即可，不需要单独的时钟信号，实际上，归零码相当于把时钟信号用"归零"方式编码在数据之内，称为"自同步"。

单极性归零码：以无电压表示 0，以恒定的正电压表示 1，与单极性不归零码的区别是，"1"码发送的是窄脉冲，发完后归到零电平，如图 3-21（a）所示。

双极性归零码：以恒定的负电压表示 0，以恒定的正电压表示 1，与双极性不归零的区别是，两种信号波形发送的都是窄脉冲，发完后归到零电平，如图 3-21（b）所示。

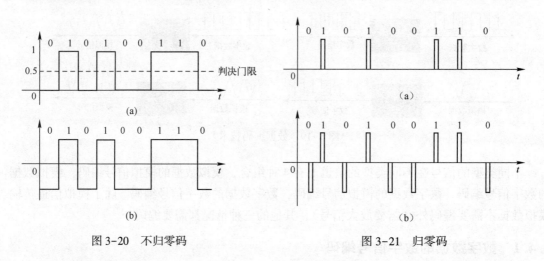

图 3-20　不归零码　　　　　　　　图 3-21　归零码

2. 曼彻斯特编码

曼彻斯特编码（manchester encoding）也称为自同步码（self-synchronizing code），在传输信息的同时将时钟同步信号一起传输。这样，在数据传输的同时就不必通过其他信道发送同步信号了。在曼彻斯特编码方式中，每一位的中间都有一个跳变。位中间的跳变既作为时钟，又作为数据。从高电平到低电平的跳变表示"1"，从低电平到高电平的跳变表示"0"，如图 3-22（a）所示。

3. 差分曼彻斯特编码

差分曼彻斯特编码（different manchester）用每一位的起始处有无跳变来表示"0"和"1"。在起始处与前一个码元比较，若有跳变则为"0"，若无跳变则为"1"。而每一位中间的跳变只用于作为同步的时钟信号，所以它也是一种自同步编码。如图 3-22（b）所示。

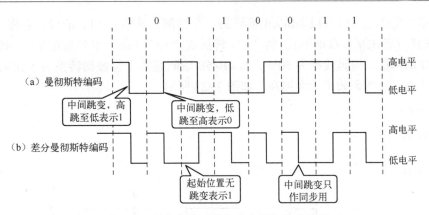

图 3-22　曼彻斯特编码和差分曼彻斯特编码

4. 4B/5B 编码与 8B/10B 编码

与电压调制（即以信号电压的高低来控制线路上数字信号的产生）方式不同，光纤通信中采用强度调制的方式控制信号的产生（强度即光强，是指单位面积上的光功率），其原理是以电信号来控制发光器的工作电流，从而控制发光器的输出功率，使之随信号电流成线性变化，在线路上通过光信号的有无表示数字信号"1"和"0"。

在光纤分布式数据接口（fiber distributed data interface，FDDI）中采用的 mB/nB 码是分组码中的一种，它将原始码流以 m 个比特为一组，根据一定的规则变为 n 个比特（$m<n$）一组的码组输出。优点是加入冗余信息，可用于误码监测，定时信息丰富，且频率特性好，缺点是不利于插入辅助通信信息。

（1）4B/5B 编码

4B/5B 编码是将欲发送的数据流每 4 位作为一组，然后按照 4B/5B 编码规则将其转换为相应的 5 位码。5 位码共有 32 种组合，但只采用 24 种（要求每个 5 位码中不含多于 3 个"0"，或者不会少于 2 个"1"），其中 16 种对应 4 位码的 16 种状态，8 种用作控制码，以表示帧的开始和结束、光纤线路状态（静止、空闲、暂停）等。

在 4B/5B 编码中将 5 位码转换成电信号的波形采用了反向不归零码（NRZI）的编码方式，NRZI 编码中，在每个比特"1"的开始处都有电平跳变，每个比特"0"的开始处电平没跳变。其编码对照表如表 3-3 所示。

表 3-3　4B/5B 编码对照表

十六进制	4 位二进制数	4B/5B 编码	十六进制	4 位二进制数	4B/5B 编码
0	0000	11110	8	1000	10010
1	0001	01001	9	1001	10011
2	0010	10100	A	1010	10110
3	0011	10101	B	1011	10111
4	0100	01010	C	1100	11010
5	0101	01011	D	1101	11011
6	0110	01110	E	1110	11100
7	0111	01111	F	1111	11101

曼彻斯特编码也可以看成 mB/nB 编码的一个特例，其中 $m=1$，$n=2$，它将 "0" 实际转换为 "01"（低电平到高电平），将 "1" 转换成 "10"（高电平到低电平）。其码元速率是传输速率的两倍，编码效率为 50%，而 4B/5B 编码是将 4 位数据转换为 5 位码组，因此编码效率为 80%，编码效率大大提高。如图 3-23 所示。

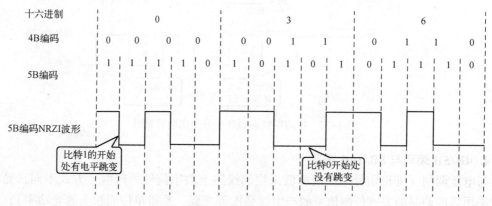

图 3-23　4B/5B 编码及 NRZI 波形

（2）8B/10B 编码

8B/10B 编码与 4B/5B 的概念类似，在千兆以太网中就采用了 8B/10B 的编码方式，如 fiber channel（光纤通道）、USB3.0、PCI express 等总线或网络。另外，万兆以太网中采用 64B/66B 编码方式。

3.4.2　数字数据的模拟信号调制

要在模拟信道上传输数字数据，在发送端数字数据要转换成模拟信号才能传输，这个过程称为调制（modulate）；在接收端需要将模拟信号转换成数字数据，这个过程称为解调（demodulate）。通常，每个工作站既要发送数据又要接收数据，所以总是把调制和解调的功能合成一体称为调制解调器（modem）。

为了利用电话交换网实现远距离计算机之间的数字信号传输，必须将数字信号转换成模拟信号。所以需要在发送端选取音频范围的某一频率的正（余）弦模拟信号作为载波，用它运载所要传输的数字信号，通过电话信道传输到接收端，再将数字信号从载波上分离出来，恢复为原来的数字信号波形。如图 3-24 所示。

图 3-24　数字信号的模拟调制

模拟信号发送的载波信号是一种连续的频率恒定的信号，可以表示为正弦波形式：

$$S(t) = A\sin(\omega t + \varphi)$$

载波有 3 大要素：其中，A 为幅度，ω 为频率，φ 为初相位。可以改变这 3 个参数来实现模拟数据编码。使 A、ω 或 φ 随着数字基带信号的变化而变化，其基本原理为把数据信号寄生在载波的三个参数中的一个上，即用数字信号来进行幅度调制、频率调制或相位调制。从几个具有不同参量的独立震荡源中选择参量，为此把数字信号的调制方式称为"键控"。数字调制主要有：幅移键控（amplitude shift keying，ASK）、频移键控（frequency shift keying，FSK）和相移键控（phase shift keying，PSK）。

1. 幅移键控 ASK

幅移键控 ASK 使用载波的不同振幅来表示不同的二进制值，把频率、相位作为常量，而把振幅作为变量，信息比特是通过载波的幅度来传递的，例如用幅度 0 表示数字 0，用幅度 A_m 表示数字 1，如图 3-25 所示。其数字表达式为：

$$S(t) = \begin{cases} A_m \times \sin(\omega t + \varphi) & \text{表示数字 1} \\ 0 \times \sin(\omega t + \varphi) & \text{表示数字 0} \end{cases}$$

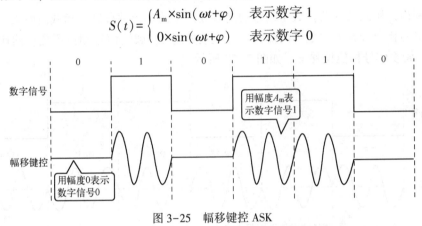

图 3-25 幅移键控 ASK

2. 频移键控 FSK

频移键控是使用载波频率附近的两个不同频率来表示两个二进制值，即通过改变载波信号的角频率来表示数字信号 1、0 的方法。对于频移键控来说，幅度和相位是常量，频率是变量。例如用频率 ω_1（高频）表示 1，ω_2（低频）表示 0，如图 3-26 所示。其数字表达式为：

$$S(t) = \begin{cases} A\sin(\omega_1 t + \varphi) & \text{表示数字 1} \\ A\sin(\omega_2 t + \varphi) & \text{表示数字 0} \end{cases}$$

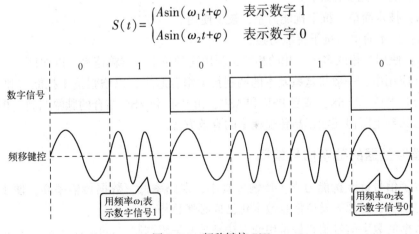

图 3-26 频移键控 FSK

3. 相移键控 PSK

相移键控 PSK 是使用载波信号的相位移动来表示二进制数据，即通过改变载波信号的相位值来表示数字信号 1、0 的方法。对于相移键控来说，幅度和频率为常量，相位为变量。如果用相位的绝对值表示数字信号 1、0，则称为绝对调相；如果用相位的相对偏移来表示数字信号 1、0，则称为相对调相。

绝对调相，在载波信号 $S(t)$ 中，φ 为相位，最简单的情况是用相位的绝对值来表示它所对应的数字信号，当表示数字 1 时，取 $\varphi_1=0$；当表示数字 0 时，取 $\varphi_2=\pi$。其数字表达式如下：

$$S(t)=\begin{cases} A\sin(\omega t+\varphi_1) & \text{表示数字 } 1 \\ A\sin(\omega t+\varphi_2) & \text{表示数字 } 0 \end{cases}$$

相对调相，用载波在两位数字信号的交接处产生的相位偏移来表示载波所表示的数字信号。最简单的相对调相方法是，两比特信号交接处遇 0，载波信号相位不变；两比特信号交接处遇 1，载波信号相位偏移 π。如图 3-27 所示。

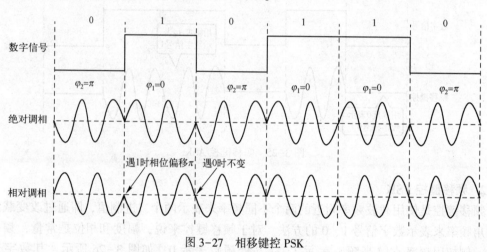

图 3-27　相移键控 PSK

3 种编码的特点总结如下。

- ASK：技术简单，抗干扰能力差，较少使用。
- FSK：技术简单，抗干扰能力强。
- PSK：使用二相或多于二相的相移，利用这种技术，传输速率可以加倍。

在实际应用中，一般将这些基本的调制技术组合起来，以增强抗干扰能力和编码效率。常见的组合是 PSK 和 FSK，或者 PSK 和 ASK，由 PSK 和 ASK 结合的脉幅调制（PAM）是解决相移数已达到上限但还能提高传输速率的有效方法。

3.4.3　模拟数据的数字信号编码

由于数字信号抗干扰能力强，传输失真小，误码率低，数据传输率高，便于计算机存储。因此将语音、图像等模拟信息数字化已成必然趋势。

模拟数据的数字信号编码最常用的方法是脉冲编码调制（pulse code modulation，PCM），PCM 是一个模拟信号转换为二进制数脉冲序列的过程。在光纤通信、数字微波通信、卫星通信等均获得了极为广泛的应用，现在的数字传输系统大多采用 PCM 调制，PCM 的工作过程主要包括采样、量化和编码 3 个步骤。

1. 采样

由于一个模拟信号在时间上是连续的，而数字信号要求在时间上是离散的，这就要求系统每经过一个固定的时间间隔测量模拟信号，这种测量就叫作采样，这个时间周期就叫作采样周期。如图 3-28（a）所示。采样频率 f 为：

$$f \geq 2B \quad 或 \quad f=1/T \geq 2f_{max}$$

其中：B 为通信信道带宽，T 为采样周期，f_{max} 为信道所允许通过信号的最高频率。

研究结果表明，如果 $f \geq 2B$，则定时对信号采样，其样本可以包含足以重构原模拟信号的所有信息。例如，语音信号的带宽近似为 4 kHz，则采样频率不应小于每秒 8 000 次。

2. 量化

量化就是将采样的样本幅度按照量化级别决定取值的过程，也就是取整。例如分为 16 个等级，四舍五入，将 d_0 到 d_7 采样到的值进行量化，量化情况如图 3-28（b）所示。通过采样，量化后，信号不仅在时间上是离散的，而且在取值上也是离散的。

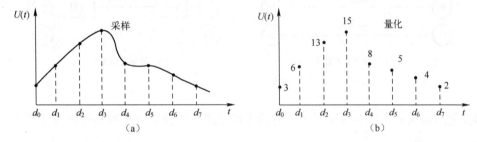

图 3-28 采样与量化

3. 编码

编码就是将取得的量化数值转换为二进制数据的过程。如果有 N 个量化级，那么就应当有 lbN 位二进制码。例如有 16 个量化级，则用 4 位二进制进行编码，13 的二进制编码为 1101，7 的二进制编码为 0111，PCM 的样本、量化级和编码过程如表 3-4 所示。

表 3-4 PCM 过程

样 本	量 化	编 码
d_0	3	0011
d_1	6	0110
d_2	13	1101
d_3	15	1111
d_4	8	1000
d_5	5	0101
d_6	4	0100
d_7	2	0010

在语音数字化的脉冲调制系统中，如果语音数据限于4 000 Hz以下的频率，那么每秒8 000次的采样可以满足完整的表示语音信号特征的需要。使用7位二进制表示每次采样的数据的话，就允许128个量化级。这意味着仅仅语音信号就需要8 000×7＝56 000（bps）的数据传输速率。

3.5　多路复用

当传输介质的带宽超过了传输单个信号所需的带宽，可以通过在一条传输介质上"同时"传送多路信号的技术，就称为多路复用（multiplexing）。多路复用就是把多个低速信道组合成一个高速信道的技术，它可以有效地提高数据链路的利用率，从而使得一条高速的主干链路同时为多条低速的接入链路提供服务，网络干线可以同时运载大量的语音和数据传输。特别是在远距离传输时，可大大节省电缆的成本、安装与维护费用，如图3-29所示。

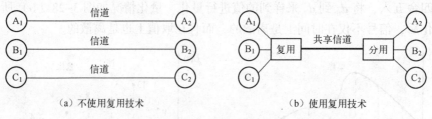

（a）不使用复用技术　　　　　　　　（b）使用复用技术

图3-29　多路复用

多路复用通常分为频分多路复用、时分多路复用、波分多路复用和码分多址复用。

3.5.1　频分多路复用

频分多路复用（frequency division multiplexing，FDM）就是将具有一定带宽的信道分割成若干个较小频带的子信道，每个子信道传输一路信号。每个子信道形成一个通路，分配给用户使用。在FDM中，各路信号以不同的载波频率进行调制，各路信号所占用的频带相互不重叠，相邻信号之间有保护频带，以防止多路信号之间的互相干扰。采用频分多路复用技术时，各路信号在子信道上以并行方式传输。例如，有线电视台使用频分多路复用技术，将很多的频道的信号通过一条线路传输，用户可以选择收看其中的一个频道。

频分多路复用技术FDM的原理如图3-30所示，假设有5个输入源分别输入5路信号到

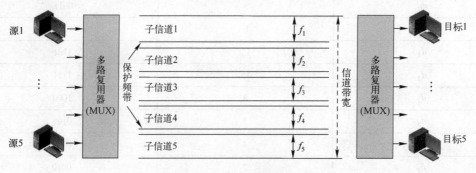

图3-30　频分多路复用

多路复用器，多路复用器将每路信号调制在不同的载波频率上如 f_1、f_2、f_3、f_4、f_5，数据在各子信道上并行传输。子信道相互独立，故一个信道发生故障不会影响其他信道，每路信号以其载波频率为中心，占用一定的带宽，此带宽范围称为一个通道。在接收端，再通过多路复用器将信号分离出来，形成独立的信号供终端使用。

3.5.2　时分多路复用

时分多路复用（time division multiplexing，TDM）是将一条物理信道按时间分成若干个等长的时间片，轮流、交替地分配给多路信源，每个用户分得一个时间片，在其占有的时间内，每一路信号只能在自己的时间片内独占信道进行传输。

TDM 的工作原理：首先，将各路传输信号按时间进行分割，即将每个单位传输时间都划分为相同数量的时间片（即时隙）；其次，每路信号使用其中之一进行传输，将多个时隙组成的帧称为"时分复用帧"。这样，就可以使多路输入信号在不同的时隙内轮流、交替地使用物理信道进行传输，如图 3-31 所示。

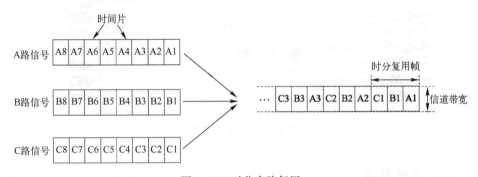

图 3-31　时分多路复用

3.5.3　波分多路复用

波分多路复用（wavelength division multiplexing，WDM）指在一根光纤上能同时传送多个波长不同的光波信号的复用技术。通过波分多路复用技术，可以使原来在一根光纤上只能传输一个光载波的单一光信道，变为可传输多个不同波长的光载波的光信道，使光纤的传输能力成倍增加。也可以利用不同波长沿不同方向传输来实现单根光纤的双向传输。

波分多路复用一般用波长分割复用器和解复用器（也称合波/分波器）分别置于光纤两端，实现不同光波长信号的耦合与分离，这两个器件的原理相同。如图 3-32 所示。

随着技术的发展，在一根光纤上复用的光载波信号的路数越来越多。现在已经能做到在一根光纤上复用几十路或更多路数的光载波信号，于是就使用了密集波分复用技术（dense wavelength division multiplexing，DWDM）。下面来看一个案例，如图 3-33 所示，8路传输速率均为 2.5 Gbps 的光载波（其波长均为 1 310 nm）。经光的调制后，分别将波长变换到 1 550～1 557 nm，每个光载波相隔 1 nm（这里只是为了说明问题方便，实际上对于密集波分复用，光载波的间隔一般是 0.8 或 1.6 nm），这 8 个波长很接近的光载波经过光

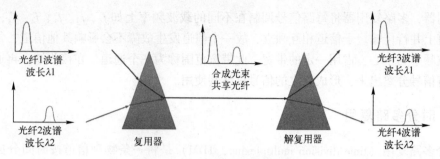

图 3-32 波分多路复用原理

复用器后，就在一根光纤中传输。因此，在一根光纤上数据传输的总速率就达到了 8×2.5 Gbps = 20 Gbps。

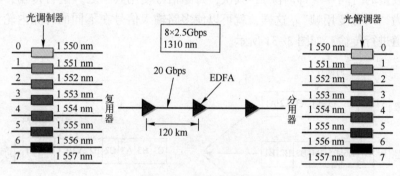

图 3-33 波分多路复用

3.5.4 码分多址复用

码分多址复用（code division multiple access，CDMA），也是一种共享信道的方法。码分多址复用技术主要用于无线通信系统，特别是移动通信系统，它不仅可以提高通信的语音质量和数据传输的可靠性及减少干扰对通信的影响，还增大了通信系统的容量。便携式计算机、掌上电脑、手机等移动性设备的通信大量使用码分多址复用技术。

码分多址复用每个用户可在同一时间使用同样的频带通信，但使用的是基于码型分割信道的方法，即每个用户分配一个地址码，各个码型互不重叠，通信各方之间不会相互干扰，抗干扰能力强。

在 CDMA 中，每个用户分配一个唯一的 m bit 码片序列（chipping sequence），通常 m 取 64 或 128。其中"0"用"−1"表示，"1"用"+1"表示，这里为了方便说明原理，取 $m = 8$。例如，S 站的码片序列：（−1−1−1+1+1−1+1+1）。一个站要发送码元 1，则将其自己的 m 比特码片序列发送出去，例如当发送码元 1 时，就发送其码片序列 00011011；当发送码元 0 时，就发送码片序列的反码 11100100，在接收端再将码片转换为相应的码元。如图 3-34 所示。

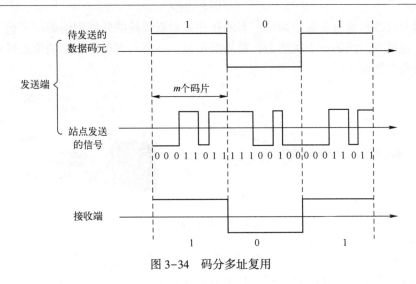

图 3-34　码分多址复用

3.6　传输介质

传输介质也称为传输媒体，泛指计算机网络中用于连接各个通信处理设备的物理介质，也就是数据传输系统中发送器和接收器之间的物理通路，传输介质是构成物理信道的重要组成部分，计算机网络中使用各种传输介质来组成物理信道。

计算机网络中的传输介质可以分为有线传输介质和无线传输介质。有线传输介质主要有双绞线、同轴电缆、光纤，无线传输介质有无线电波和微波等，如图 3-35 所示。

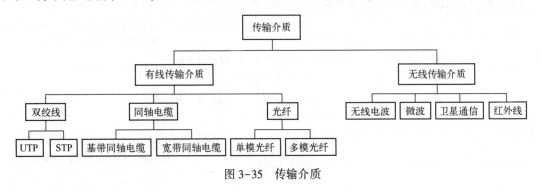

图 3-35　传输介质

3.6.1　有线传输介质

1. 双绞线

双绞线是综合布线系统中最常用的一种传输介质，尤其在星形网络拓扑中，双绞线是必不可少的布线材料。把两根绝缘的铜导线按一定密度互相绞在一起，可以降低信号干扰的程度，每一根导线在传输中辐射的电波会被另一根线上发出的电波抵消。双绞线既可以传输模拟信号，也可以传输数字信号。

双绞线按其是否有屏蔽金属外层，可以分为非屏蔽双绞线（unshielded twisted pair，UTP）和屏蔽双绞线（shielded twisted pair，STP），如图 3-36 所示。两者的差异在于屏蔽双绞线在一对双绞线外面有金属铜缠绕，有的还在几对双绞线的外层用铜编织网包上，用作屏蔽，目的是提高双绞线的抗干扰能力，最外层再包上一层具有保护作用的聚乙烯塑料。非屏蔽双绞线没有金属屏蔽层。

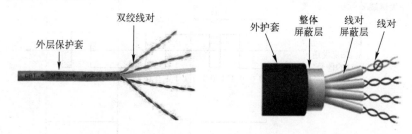

图 3-36　UTP 和 STP

屏蔽双绞线 STP 具有较强的抗电磁干扰能力，一般用于电磁干扰比较厉害的工厂车间、变电站等，但有重量重、体积大、价格贵和不易施工等缺点。

非屏蔽双绞线 UTP 具有重量轻、体积小、弹性好和价格便宜等优点，但抗电磁干扰性能较差，同时 UTP 在传输信息时易向外辐射泄漏，安全性较差。

按电气性能，可以将双绞线分为 4 类、5 类、超 5 类、6 类双绞线等，它们是铜缆系统的分级与类别，具体类别、传输速率、用途等如表 3-5 所示。

表 3-5　UTP 类别与用途

类　别	传输速率	用　途	说　明
1 类线缆	最大达 20 kbps	可用于语音通信	不适合数据通信
2 类线缆	最高 4 Mbps	令牌环网	用于电话语音传输
3 类线缆	最高 10 Mbps	主要应用于语音、10 M 以太网（10BASE-T）和 4 Mbps 令牌环	最大网段长度为 100 m，采用 RJ 形式的连接器，目前已淡出市场
4 类线缆	最高 16 Mbps	主要用于基于令牌的局域网、10 M 以太网（10BASE-T）和 100 Mbps 以太网 100BASE-T	最大网段长为 100 m
5 类线缆	最高 100 Mbps	主要用于 100 M 以太网（100BASE-T）和 1 000 M 以太网（1 000BASE-T）	最大网段长为 100 m，用于语音传输和最高传输速率为 100 Mbps 的数据传输
超 5 类线缆	100 Mbps	主要用于 1 000 M 以太网	超 5 类具有衰减小，串扰少，并且具有更高的衰减与串扰的比值（ACR）和信噪比（SNR）、更小的时延误差，性能得到很大提高
6 类线缆	最大可达 1 000 Mbps	主要用于 100 M 快速以太网和 1 000 M 以太网	最适用于传输速率高于 1 Gbps 的应用
超 6 类线缆	1 000 Mbps	主要应用 1 000 M 以太网中	在串扰、衰减和信噪比等方面有较大改善
7 类线缆	可达 10 Gbps	将来使用在万兆以太网	它不再是一种非屏蔽双绞线了，而是一种屏蔽双绞线

在网络中，为了保持最佳的兼容性，普遍采用 EIA/TIA 568B 和 EIA/TIA 568A 标准来制作网线，如表 3-6 所示。

表 3-6　水晶头中 EIA/TIA 568B 和 568A 线序

	1	2	3	4	5	6	7	8
568B	橙白	橙	绿白	蓝	蓝白	绿	棕白	棕
568A	绿白	绿	橙白	蓝	蓝白	橙	棕白	棕

在网络中，经常使用两种跳线：直通线和交叉线，其中直通线指跳线的两端使用相同的线序标准，一般使用 568B 线序标准，用于不同设备间的连接，如计算机与交换机，路由器与交换机之间的连接。交叉线指跳线的两端使用不同的线序标准，一端使用 568A，而另一端使用 568B，主要用于同种设备的连接，如计算机与计算机、交换机与交换机、路由器与路由器之间的连接，如图 3-37 所示。

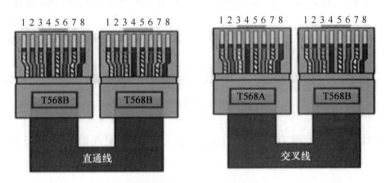

图 3-37　直通线和交叉线

2. 同轴电缆

同轴电缆也像双绞线一样由一对导体组成，但它们是按照"同轴"的形式构成线对。最里面是由圆形的金属芯线组成的内导体，一般采用铜质材料做成，用来传输信号；在内导体外面包裹一层绝缘材料，外面再套一个通常由编织线组成的空心的圆柱形外导体，可以屏蔽噪声，也可以做信号地线；最外面则是起保护作用的塑料封套；如图 3-38 所示。同轴电缆具有较高的带宽和良好的抗干扰性，按照其功能，同轴电缆可分为基带同轴电缆和宽带同轴电缆。

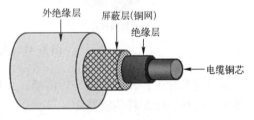

图 3-38　同轴电缆

基带同轴电缆特征阻抗为 50 Ω 的，宽带同轴电缆特征阻抗为 75 Ω。基带同轴电缆主要用于传输数字信号，可作为计算机局域网的传输介质，曾经广泛应用于传统以太网的粗缆（直径 1.27 cm）和细缆（直径 0.26 cm）就属于基带同轴电缆，但是同轴电缆支持的数据传输速率只有 10 Mbps，无法满足目前局域网的传输要求，所以在计算机局域网布线中，已不再使用同轴电缆。宽带同轴电缆用于传输模拟信号，主要用于视频传输，它是有线电视系统 CATV 中的标准传输电缆。

3. 光纤

光导纤维简称光纤，是一种传输光束的细微而柔韧的介质，光纤通常用超高纯度石英玻璃拉成的细丝作为纤芯，用来传导光波，纤芯的外层裹有一个包层，由折射率比纤芯小的材料制成。如图 3-39 所示。

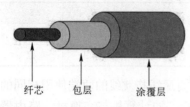

图 3-39 光纤

光纤是一种可以传输光信号的网络传输介质。与其他传输介质相比，光纤不容易受电磁或无线电频率干扰，所以传输速率较高、带宽较宽、传输距离也较远。同时，光纤也比较轻便，容量较大，本身化学性稳定不易腐蚀，能适应恶劣环境。

纤芯用来传导光波，包层较纤芯有较低的折射率，当光纤从高折射率的纤芯射向低折射率的包层时，其折射角大于入射角，因此，当入射角足够大时，就会出现全反射。光纤主要利用光的全发射原理实现通信的，传输中没有什么损耗，这是光纤飞速发展的关键因素。如图 3-40 所示为全反射原理和光的传播过程。

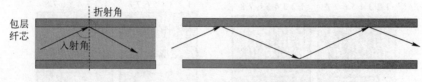

图 3-40　全反射原理和光的传播过程

根据光在光纤内部的传输方式，可分为单模光纤和多模光纤，如图 3-41 所示。所谓"模"是指以一定角度进入光纤的一束光。

图 3-41　光纤的结构与分类

在单模光纤中，光沿直线进行传播，无反射，用于长距离、大容量光纤通信系统，光纤局部区域网和各种光纤传感器中。

单模光纤的特点如下。

    ↳ 纤芯直径小，只有 5~10 μm。

    ↳ 几乎没有散射。

    ↳ 适合远距离传输，标准距离达 3 km，非标准传输可达几十千米。

    ↳ 使用激光光源。

多模光纤允许不同模式的光束在一根光纤上传输，纤芯粗，纤芯直径 50~100 μm，相对于双绞线，多模光纤能够支持较长的传输距离，在 10 Mbps 和 100 Mbps 的以太网中，多模光纤最长可支持 2 000 m 的传输距离，在 1 Gbps 千兆网中，支持 550 m 的传输距离，而在 10 Gbps 万兆网中，多模光纤 OM3 可到 300 m，OM4 可到 500 m。

多模光纤的特点如下。

    ↳ 纤芯直径比单模光纤大。

　　↳ 散射比单模光纤大，因此有信号的损失。

　　↳ 适合远距离传输，但比单模光纤小，标准距离 2 km。

　　↳ 使用发光二极管（LED）做光源。

　　光缆由缆芯、加强元件和保护层等构成，如图 3-42 所示。缆芯由单根或多根光纤组成。加强元件用于增强光缆敷设时可承受的负荷，一般是金属丝或非金属纤维。护层具有阻燃、防潮、耐压、耐腐蚀等特性，主要是对已成缆的光纤芯线进行保护。

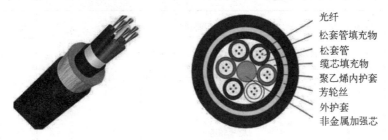

光纤
松套管填充物
松套管
缆芯填充物
聚乙烯内护套
芳轮丝
外护套
非金属加强芯

图 3-42　光缆

3.6.2　无线传输介质

　　无线传输即指信号在自由空间中的传输，此种信号传输方式不涉及有线媒介，而是通过自由空间传输信号，因此将此种方式称为无线传输，相应地，自由空间即所谓的无线传输媒介。

　　无线传输的本质是电磁波在自由空间的传输，此种传输方式未将信号束缚在有形介质中，信号可以向空间中的任意方位自由传输，因此自由空间也被称为"非导向传输媒介"。

1. 无线电频段

　　无线传输中信号的载体为电磁波，按频率由低到高电磁波分为无线电、微波、红外、可见光、紫外线、X 射线和 γ 射线，除紫外线及更高波段外，其他波段都被应用在了实际生活中。国际电信联盟（ITU）按照频率又将投入使用的无线电波划分为不同的频段，实际生活中电磁波应用与波段对应关系如图 3-43 所示。

　　图 3-43 中所示的 LF~EHF 即 ITU 为无线电波划分的频段，这些频段及对应范围如表 3-7所示。

表 3-7　频段及应用范围

频　段	频率范围	波　段　名	波　范　围
低频（LF）	30~300 kHz	千米波、长波	1~10 km
中频（MF）	300 kHz~3 MHz	百米波、中波	100 m~1 km
高频（HF）	3~30 MHz	十米波、短波	10~100 m
甚高频（VHF）	30~300 MHz	米波、超短波	1~10 m
特高频（UHF）	300 MHz~3 GHz	分米波	10 cm~1 m
超高频（SHF）	3~30 GHz	厘米波	1~10 cm
极高频（EHF）	30~300 GHz	毫米波	1~10 mm
	>300 GHz	亚毫米波	0.1~1 mm

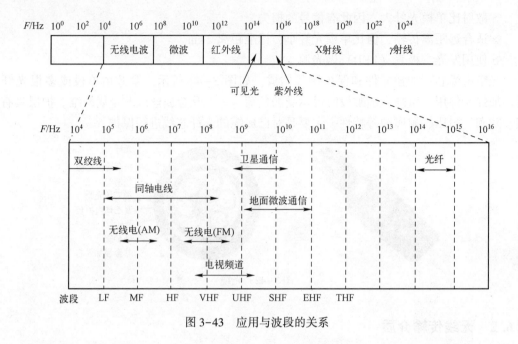

图 3-43　应用与波段的关系

2. 无线电波

无线电波是指在自由空间（包括空气和真空）传播的射频段的电磁波。无线电技术是通过无线电波传播声音或其他信号的技术。

无线电技术的原理在于导体电流强弱的改变会产生无线电波，利用这一现象，通过调制可将信息加载于无线电波之上，当电波通过空间传播到达接收端，电波引起的电磁场变化又会在导体中产生电流，通过解调将信息从电流变化中提取出来，就达到了信息传递的目的。无线电波主要用于移动电话、广播电台等应用领域。

无线电波的传播特性与频率有关。低频和中频波段内，无线电波可以轻易地通过障碍物，但能量随着与信号源距离的增大而急剧减少。在高频或甚高频波段内地表电波会被地球吸收，但会被离地球数百千米高度的带电粒子层——电离层再反射回到地面，因而可以达到更远的距离。如图 3-44 所示。

图 3-44　无线电波传输

3. 微波

微波是指频率为 300 MHz ~ 300 GHz 的电磁波，是无线电波中一个有限频带的简称，即波长在 1 m（不含 1 m）到 1 mm 之间的电磁波，是分米波、厘米波和毫米波的统称。微波频率比一般的无线电波频率高，通常也称为超高频电磁波。

由于微波在空间是直线传播的，而地球表面是曲面的，因此传播距离有限，一般为 30～50 km，为提高传输距离，可增加天线的高度，但长途通信时必须建立多个中继站，中继站把收到的信号放大后再发送到下一站，实现"接力"传输，如图 3-45 所示。因此微波通信又称数字微波接力通信。

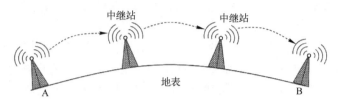

图 3-45　微波通信

微波通信具有信道容量大、传输质量高、投资少、见效快、受地形限制小等优点，常用于传输语音、电报、图像等，但它存在隐蔽性低、保密性差、易受恶劣天气影响、易被障碍物阻挡等缺点。

4. 卫星通信

在微波通信中，如果使用地球同步卫星做中继站，就是卫星通信。如图 3-46 所示。常用的卫星通信方法是在地面站之间利用 36 000 km 高空的同步地球卫星作为中继器的一种微波接力通信。卫星通信可以克服地面微波通信距离限制。只要在地球赤道上空的同步轨道等距离放置 3 颗卫星就可以覆盖地球上的全部通信区域。

卫星通信的频带比微波接力通信的频带更宽，通信容量更大，信号所受到的干扰较小，误码率也较低，通信比较稳定可靠。其缺点是传播时延较长。

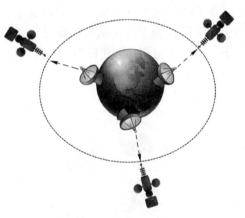

卫星通信已成为现在通信的主要手段之一，其应用包括电话、电视、天气预报、军事通信等各种各样的业务和数据传输。

图 3-46　卫星通信

5. 红外线

红外线传输速率可达 100 Mbps，最大传输距离可以达到 1 000 m，这些指标几乎与多模光纤并驾齐驱。红外线具有较强的方向性，它采用低于可见光的部分频谱作为传输介质。

红外线通信有两个最突出的优点：一是不易被人发现和截获，保密性强；二是几乎不会受到电气、人为干扰，抗干扰性强。此外，红外线通信机体积小，重量轻，结构简单，价格低廉，但是它必须在直视距离内通信，传播性能受天气的影响，在不能架设有线线路，而使用无线电又怕暴露的情况下，使用红外线是比较好的。比如遥控电视就采用了红外线的通信方式。

3.7　宽带接入技术

若用户要将自己的计算机连接到 Internet，必须先要连接到某个运营商的网络。为了提高上网速度，近年来已经有多种宽带接入技术。目前国际上主流并比较成熟的有以太网接入、DSL 接入、HFC 接入，另外光纤接入和无线接入等技术也因为其独特的优点被广泛使用。

2015 年 9 月，国务院发布了《三网融合推广方案》。"三网融合"又叫"三网合一"，指电信网络、有线电视网络和计算机网络相互渗透、相互兼容并逐步融合成统一的信息通信网络，其中互联网是核心部分。《三网融合推广方案》提出实施"宽带中国"工程，加快光纤网络建设，全面提高网络技术水平和业务承载能力。城市新建区域以光纤到户模式为主，建设光纤接入网，扩大农村地区宽带网络覆盖范围，提高行政村通宽带，通光纤的比例，加快互联网骨干结点的升级，提升网络流量疏通能力，骨干网络全面支持 IPv6。加快业务应用平台建设，提高支持三网融合业务的能力，随着我国"三网融合"的发展和"光进铜退"的改造，目前采用铜缆接入的方式接近淘汰，而光纤接入规模的发展，城市大部分宽带用户实现了光纤到户。

3.7.1　非对称数字用户线路

非对称数字用户线路（asymmetrical digital subscriber loop，ADSL）是运行在原有普通电话线上的一种新的高速宽带技术，它采用频分复用技术把普通的电话线分成了电话、上行和下行 3 个相对独立的信道，从而避免相互干扰。因为上行（用户到电信服务提供商方向，如上传动作）和下行（从电信服务提供商到用户方向，如下载动作）带宽不对称，即上行和下行速率不相同，因此称为非对称数字用户线路。ADSL 系统主要由局端设备和用户端设备组成，其结构如图 3-47 所示。

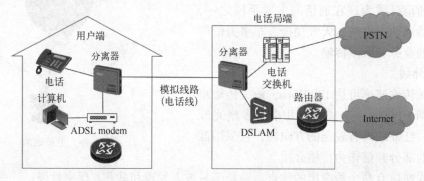

图 3-47　ADSL 宽带接入

ADSL 技术的主要特点是可以充分利用现有电话线网络，在线路两端加装 ADSL 设备即可为用户提供高宽带服务，其中 ADSL modem（或 ADSL 路由器）对用户的数据包进行调制和解调，并提供数据传输接口，语音分离器将线路上的音频信号和高频数字调制信号分离。另一个优点是可以与普通语音共存于一条电话线上，在一条普通电话线上接听、拨打电话和上网互不影响。总结起来 ADSL 有传输速率快（相比拨号和 ISDN 等方式），语音和数据分离，独享带宽等优势。

类似这种类型的通信方式，还有 VDSL、HDSL、SDSL 等，如表 3-8 所示。

表 3-8 xDSL 技术参数

技术名称	传输方式	描 述	上 行 速 率	下 行 速 率	最大传输距离
SDSL	对称	单线对用户数字线路	1.5~2.0 Mbps	1.5~2.0 Mbps	3 km
HDSL	对称	高速用户数字线路	1.5~2.0 Mbps	1.5~2.0 Mbps	3~4 km
ADSL	非对称	非对称数字用户线路	32 kbps~1.0 Mbps	32 kbps~8 Mbps	5.5 km
VDSL	非对称	甚高速用户数字线路	1.5~23 Mbps	13~52 Mbps	1.5 km

3.7.2 混合光纤同轴电缆网

混合光纤同轴电缆网（hybrid fiber-coaxial，HFC）通过对现有有线电视网进行双向化改造，使得有线电视网除了可提供丰富良好的电视节目外，还可提供 Internet 接入、高速数据传输和多媒体等业务。

HFC 采用光纤到服务区，而进入用户的"最后一公里"采用同轴电缆。HFC 比较合理、有效地利用了当前的先进技术，融数字与模拟传输为一体，集光电功能于一身，同时提供较高质量和较多频道的传统模拟广播电视节目、较好性价比的电话服务、高速数据传输服务和多种信息增值服务，还可以逐步开展交互数字视频应用。

HFC 通常由光纤干线、同轴电缆支线和用户配线网络三部分组成，从有线电视台出来的节目信号先转换成光信号在干线上传输。到用户区域后把光信号转换成电信号，经分配器分配后通过同轴电缆送到用户，它与早期 CATV 同轴电缆的不同之处在于，在干线上用光纤传输光信号，在前端系统需要完成电/光转换，进入用户区后要完成光/电转换，如图 3-48 所示。

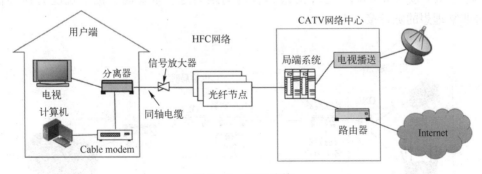

图 3-48 HFC 连接

HFC 的主要特点如下。

- 传输容量大，易实现双向传输。从理论上讲，一对光纤可同时传送 150 万路电话或 2 000 套电视节目。

  ↳ 频率特性好，在有线电视传输带宽内无需均衡，传输损耗小，可延长有线电视的传输
距离，25 km 内无需中继放大。

  ↳ 光纤间不会有串音现象，不怕电磁干扰，能确保信号的传输质量。

  随着数字通信技术的发展，特别是高速宽带通信时代到来，HFC 已成为现在和未来一
段时间内宽带接入的最佳选择，因而又被赋予新的含义，特指利用混合光纤同轴来进行双向
宽带通信的 CATV 网络。

3.7.3　光纤接入网技术

  随着光纤接入技术的发展逐步向光纤到户演进，通过在交换局中设置光线路终端
（optical line terminal，OLT），在用户侧设置光网络单元（optical network unit，ONU），OLT
和 ONU 之间用光纤连接而构成，ONU 可以用多种方式连接用户，一个 ONU 可以连接多个
用户。根据光纤向用户延伸的距离，即光网络单元所在位置，光纤接入网有多种应用形式，
其中最主要的 3 种形式：光纤到大楼（fiber to the building，FTTB）、光纤到路边（fiber to the
curb，FTTC）、光纤到户（fiber to the home，FTTH）。

  光纤到大楼，是指高速光纤直接连接到某个大厦、公司等机构大楼，随后在整个大楼内
部再通过布线实现联网。

  光纤到路边，ONU 放置在路边或电线杆的分线盒边。从 ONU 到各个用户之间，一般采
用铜质双绞线或者同轴电缆进行连接，这样从 ONU 到用户家里仍可用现在的铜缆设备，可
以推迟入户的光纤投资。在铜质双绞线或者同轴电缆上可以选择的技术，包括 DSL、Cable
modem 或直接运行的以太网等。

  光纤到户，是指将 ONU 直接放置于用户的办公室或家中，是真正全透明的光纤网络，
它们不受任何传输模式、带宽、波长和传输技术的约束，是光纤接入网络发展的理想模式和
长远目标。

  如图 3-49 所示为光纤到户的示意图。局端与用户之间完全以光纤作为传输媒介，它通
过 ONU 将计算机与之相连，光网络单元主要负责光信号与电信号的转换。在局端（电信局
端），通过 OLT 接入 Internet。光纤接入具有传输距离远、带宽高、抗干扰能力强等优点，
是一种非常理想的宽带接入方式。

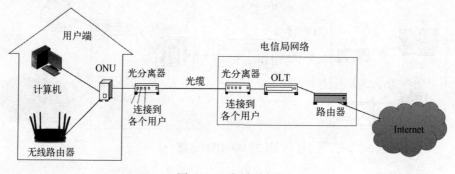

图 3-49　光纤到户

3.7.4　以太网接入

以太网是计算机局域网组网技术。以太网接入最常用的技术是光纤以太网（高速以太网接入技术），即 FTTx+LAN 接入。在光纤到大楼或小区后采用以太网接入是被广泛看好的宽带接入手段。通常采用在大楼内建立内部局域网，然后再通过百兆或千兆光纤接入电信宽带网。以太网接入系统结构简单，扩展灵活且速率能不断提升，成为构建企业网络首选技术之一。

光纤以太网是采用单模光纤连接的高速网络，可以实现千兆到社区、局域网，百兆到楼宇、十兆到用户的网络连接。在局端到小区大楼均采用单模光纤，末端通过 5 类线接到用户，用户只需要一块网卡便可方便地接入网络。在用户端需要安装一个光网络单元，将以太网的电信号和光信号相互转换，用户端的设备主要是交换机和路由器，如图 3-50 所示。

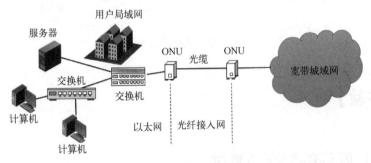

图 3-50　光纤以太网连接

3.7.5　无线接入

无线接入技术是指业务结点到用户终端全部或部分采用无线方式，即利用卫星、微波等传输手段向用户提供各种业务的接入网技术。无线接入技术经历了从模拟到数字、从低频到高频，从窄带到宽带的发展阶段，无线接入技术将随着通信网络技术的发展向宽带化、综合化、IP 化和智能化方向发展，在构建未来的全球个人通信网中将发挥有线接入网无法替代的重要作用。

无线接入技术具有组网灵活、成本较低等特点，成为有线宽带接入的有效支持、补充与延伸，适用于不便敷设光纤尤其是电话基础网络较薄弱的农村、沙漠、山区等地区，利用无线信道实现高速数据、VOD 视频点播、广播视频和电话业务等。宽带固定无线接入技术主要有本地多点分配业务（LMDS）、多路多点分配业务（MMDS）、直接广播卫星（DBS）三类。宽带移动无线接入技术主要是第 4 代移动通信（4G）、第 5 代移动通信（5G）和无线局域网（WLAN）接入。这里主要介绍无线局域网接入方式。

无线局域网（wireless LAN，WLAN）是以无线电波或红外线作为传输媒介，能提供高速 Internet 无线接入技术。无线局域网的主干网络通常使用有线电缆，无线局域网用户通过一个或多个无线接入点接入无线局域网。无线局域网目前已经广泛地应用在商务区、大学、机场及其他公共区域。无线局域网特点：一是在无线信号覆盖区域内的任何一个位置都可以接入网络；二是在于其移动性，连接到无线局域网的用户可以移动且能同时与网络保持连接。

　　一般架设无线网络的基本配备就是无线网卡及一台无线接入点（access point，AP），如图 3-51 所示。这样便能以无线的模式，配合现有的有线架构来分享网络资源，架设费用和复杂程度远远低于传统的有线网络。

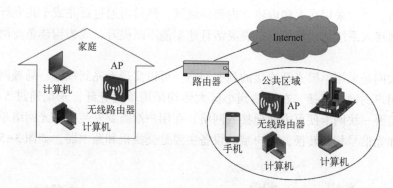

图 3-51　无线网络连接

【实践与体验】

【实训 3-1】　网线的制作与测试

实训目的

1. 熟悉 EIA/TIA 568A 和 EIA/TIA 568B 的线序标准。
2. 学会制作和测试双绞线跳线。

实训步骤

1. 准备材料

一条合适长度的双绞线、RJ-45 水晶头、双绞线压线钳、剥线器、双绞线测试仪等。

2. 剥线

用压线钳或剥线器把双绞线一端剥去约 20 mm 的外皮，并采用旋转的方式将双绞线外保护套慢慢抽出，并剪掉撕拉线，如图 3-52 所示。

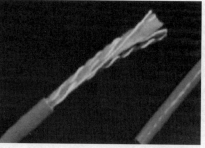

图 3-52　剥线

3. 排线与剪线

拆开双绞线的线对，按选择的线序标准进行排序，如果使用 568B 标准，则线序为：橙白、橙、绿白、蓝、蓝白、绿、棕白、棕。而 568A 的线序为：绿白、绿、橙白、蓝、蓝白、橙、棕白、棕。线序排好后，将裸露出的线芯剪齐，露出来的线对长度约为 14 mm，如图 3-53 所示。

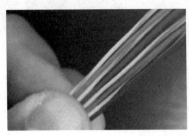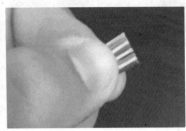

图 3-53　排线与剪线

4. 安装水晶头

将双绞线插入 RJ-45 水晶头中，插入过程均衡力度直到插到底，检查 8 根线芯全部充分、整齐地排列在水晶头里面，从水晶头头部应该能看到 8 根铜线头整齐到头，如图 3-54（a）所示。

5. 压接

确认线序无误后，将插有双绞线的水晶头插入压线钳的网口处，用力按压，使水晶头将里面的 8 根线芯固定住，如图 3-54（b）所示。

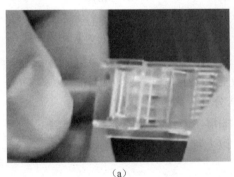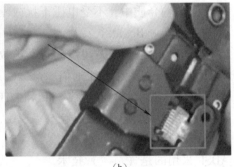

（a）　　　　　　　　　　　　　　　　（b）

图 3-54　安装水晶头与压接

6. 制作跳线

用相同的方法制作另一端网线水晶头，完成跳线制作。

7. 测试

完成双绞线两端水晶头制作后，需要测试它的连通性，以确定是否有连接故障。通常使用电缆测试仪进行检测，如图 3-55 所示，测试时将网线的两头分别插到双绞线测试仪的 RJ-45 端口，打开测试仪开关，如果测试的是直通线，则测试仪的 8 个指示灯按 1-1，2-2，3-3，4-4，5-5，6-6，7-7，8-8 的顺序闪烁。如果测试的是交叉线，则测试仪指示灯按 1-3，2-6，3-1，4-4，5-5，6-2，7-7，8-8 的顺序闪烁。

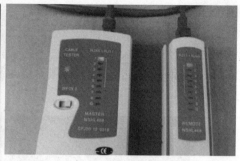

图 3-55　双绞线测试

【巩固提高】

项目 3 习题

一、单选题

1. 光纤传输主要采用了光的（　　）原理。

A. 反射　　　　　　B. 全反射　　　　　　C. 折射　　　　　　D. 漫反射

2. 数据传输率的单位是（　　）。

A. bps　　　　　　B. bit　　　　　　　　C. byte　　　　　　D. Mbyte

3. 在下列传输介质中，不受电磁干扰或噪声影响的是（　　）。

A. 同轴电缆　　　B. 光纤　　　　　　　C. 卫星通信　　　　D. 双绞线

4. 在同一时刻，通信双方可以同时发送数据的通信方式是（　　）。

A. 单工通信　　　B. 半双工通信　　　　C. 全双工通信　　　D. 数据报

5. 局域网中常使用两类双绞线 STP 和 UTP 分别代表（　　）。

A. 屏蔽双绞线和非屏蔽双绞线　　　　B. 非屏蔽双绞线和屏蔽双绞线

C. 3 类和 5 类屏蔽双绞线　　　　　　D. 以上都不对

6. ADSL 采用的是（　　）技术。

A. 频分多路复用　　　　　　　　　　B. 时分多路复用

C. 波分多路复用　　　　　　　　　　D. 码分多址复用

7. 实现数字信号和模拟信号互相转换的设备是（　　）。

A. 信源　　　　　　　　　　　　　　B. 信宿

C. 调制解调器　　　　　　　　　　　D. 报文交换设备

8. TDM 是（　　）。

A. 时分复用技术　　　　　　　　　　B. 频分复用技术

C. 波分复用技术　　　　　　　　　　D. 码分复用技术

9. 双绞线制作普遍使用的 EIA/TIA 568B 标准的线序为（　　）。

A. 橙白、橙、绿白、蓝、蓝白、绿、棕白、棕

B. 橙白、橙、蓝白、蓝、绿白、绿、棕白、棕

C. 橙白、橙、绿白、绿、蓝白、绿、棕白、棕

D. 绿白、绿、橙白、蓝、蓝白、橙、棕白、棕

10. 在脉冲编码调制中，如果信道带宽为 B，那么采样频率 f 与带宽的关系应为（　　）。

A. $f \geq 2B$ 　　　　B. $f < 2B$ 　　　　C. $f = 2B$ 　　　　D. $f = 0.5B$

二、填空题

1. PCM 的工作过程主要包括三个步骤_____、_____和_____。

2. 一个数据通信系统可大体分为三部分，即_____、_____和_____。

3. 4B/5B 编码的特点是将要发送的数据流每 4 位作为一组，然后按照 4B/5B 编码规则将其转换为相应的_____位码。

三、简答题

1. 简述通信系统的组成。

2. 什么是多路复用技术？多路复用技术有哪几种？其原理分别是什么？

3. 简述物理层的四个特性。

4. 什么是比特率？什么是波特率？两者是什么关系？

项目4 数据链路层与局域网组网技术

【学习目标】

☑ 了解：反馈重发机制、局域网体系结构、以太网标准、无线局域网。

☑ 理解：数据链路层的作用、差错控制技术、虚拟局域网、PPP 会话与帧格式。

☑ 掌握：介质访问控制方式 CSMA/CD、MAC 地址、局域网组建、以太网帧格式、虚拟局域网。

【知识导图】

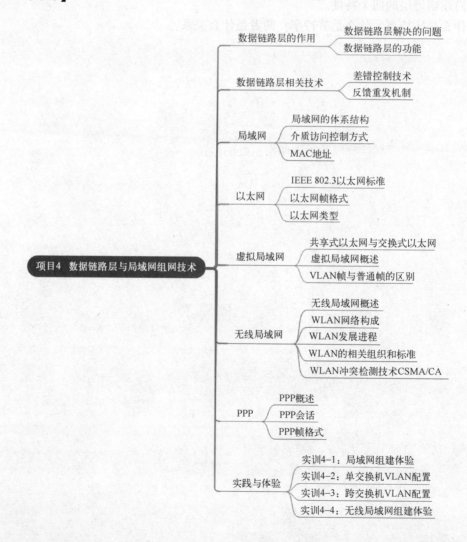

【项目导入】

　　计算机网络是一个复杂的系统，由许多终端和网络设备组成，这些就称为结点，两个结点之间构成的网络或局域网可以看成是网络传输中的最小单位，那么每两个结点之间以及局域网内的数据链路如何建立、维持和释放呢？数据包又是如何组织的呢？如果传输出错了又该如何处理呢？这一系列的问题就是由数据链路层来完成的。

　　局域网虽然是个网络，但我们并不把局域网放在网络层中讨论，这是因为在网络层要讨论的问题是多个网络互连的问题，是讨论分组怎样从一个网络通过路由器，转发到另一个网络，在本项目中研究的是在同一个局域网中，分组怎样从一个主机传送到另一台主机，但并不经过路由器，从整个互联网来看，局域网仍属于数据链路层的范围。

【项目知识点】

4.1　数据链路层的作用

4.1.1　数据链路层解决的问题

　　数据链路层介于物理层和网络层之间，在物理层提供服务的基础上向网络层提供服务。其最基本的服务是将源端网络层传下来的数据可靠地传输到相邻结点的目标主机网络层。两台主机通过互联网进行通信时数据链路层所处的地位，如图 4-1 所示。

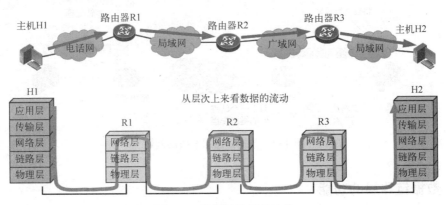

图 4-1　数据链路层的地位

　　图 4-1 中，主机 H1 通过电话线上网，中间经过三个路由器（R1、R2、R3）连接到远程主机 H2。所经过的网络可以是多种的，如电话网、局域网和广域网。主机 H1 和主机 H2 都有完整的五层协议，但路由器在转发分组时使用的协议只有下面的三层。数据进入路由器后要先从物理层上到网络层，在转发表中找到下一跳的地址后，再下到物理层转发出去。因此，数据从主机 H1 传送到主机 H2 需要在路径中的各结点的协议栈上向上向下流动多次。

　　然而在专门研究数据链路层问题时，许多情况下可以只关心在协议栈中水平方向的各数据链路层，于是，当主机 H1 向主机 H2 发送数据时，我们可以想象数据就是在数据链路层从左向右沿水平方向传送的，如图 4-2 中右箭头所示，即通过以下这样的链路：H1 的链路层→R1 的链路层→R2 的链路层→R3 的链路层→H2 的链路层。因此，从数据链路层来看，H1 到 H2 的通信可以看成由四段不同的链路层通信组成，即 H1→R1，R1→R2，R2→R3，R3→H2。

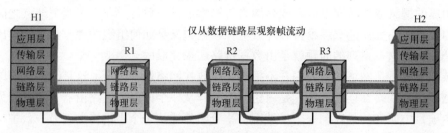

图 4-2   仅考虑数据在数据链路层中的流动

与物理层只关注单个比特传输不一样，数据链路层主要关注的是两台相邻机器实现可靠有效的完整信息块（帧）的通信，这里的相邻指两台机器通过一条通信信道连接起来。信道上传送的比特顺序与发送顺序完全相同，如主机 A 把比特放到线路上，然后主机 B 将这些比特取下来，不幸的是，通信线路偶尔会出错，而且，它们只有有限的数据传输率，并且在比特的发送时间和接收时间之间会有一定的延迟，这些限制对数据传输的效率有非常重要的影响，为保障数据块的有效传输，数据链路必须要解决的问题，如图 4-3 所示。

① 如何将数据组合成数据块，在数据链路层中称为帧（frame）。

② 如何控制帧在物理信道上的传输，包括如何处理传输差错，如何调节发送速率使之与接收方相匹配。

③ 在两个网络实体之间提供数据链路通路的建立、维持和释放的管理。

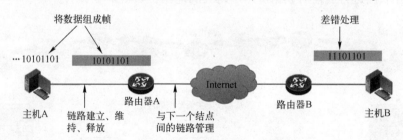

图 4-3   数据链路层解决的问题

4.1.2   数据链路层的功能

数据链路层的功能是将有差错的物理层的传输数据信号变成对网络层无差错的数据链路，为实现这一目的，数据链路层具备成帧、链路管理、流量控制、差错控制功能。

"链路"和"数据链路"是研究数据链路层必须要区别的两个术语。链路（link），又称物理链路，是从一个结点到相邻结点的一段物理线路（有线或无线），中间没有任何交换结点。在进行数据通信时，两个要交换数据的结点之间的通信线路往往要经过多段这样的链路。可见，链路只是一条路径的组成部分。数据链路（datalink），当需要在一条线路上传送数据时，除了必须有一条物理线路外，还必须有一些必要的通信协议（规程）来控制这些数据的传输，物理链路加上必要的通信协议（规程），或者说把实现通信协议（规程）的硬件或软件加在链路上，就构成了数据链路，也称逻辑链路。数据链路层协议的实现一般是通过网络适配器（网卡或 modem）中的硬件或软件来完成。

早期的数据通信协议曾叫作通信规程（procedure），因此在数据链路层，规程和协议是同义词。

1. 封装成帧（framing）

为了向网络层提供服务，数据链路层必须使用物理层提供的服务。而物理层是以比特流进行传输的，这种比特流并不保证在数据传输过程中没有错误。这时，数据链路层为了能实现数据有效的差错控制，就采用了一种"帧"的数据块进行传输。帧中的数据块不是简单地将数据进行分段，而是在一段数据的前后分别添加首部和尾部，构成一个确定帧的界限。这就是数据链路层的"成帧"，如图 4-4 所示。

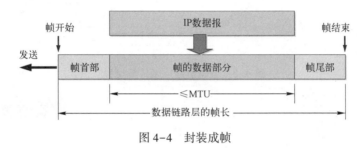

图 4-4　封装成帧

采用帧传输方式时，传输数据过程如图 4-5（a）所示。主要步骤如下：

① 发送端的数据链路层把网络层交下来的 IP 数据报添加首部和尾部封装成帧。

② 发送端把封装好的帧发送给接收端的数据链路层。

③ 若接收端的数据链路层收到的帧无差错，则从收到的帧中提取出 IP 数据报交给网络层，否则丢弃这个帧。

数据链路层不必考虑物理层如何实现比特传输的细节，甚至可以更简单地设想好像是沿着两个数据链路层之间的水平方向把帧直接发送到对方，如图 4-5（b）所示。

2. 差错控制

发送数据与通过通信信道后接收到的数据不一致的现象称为传输差错，简称差错。差错的产生是无法避免的。信号在物理信道中传输时，线路本身电气特性造成的随机噪声、信号幅度的衰减，频率和相位的畸变、电气信号在线路上反射造成的回音效应、相邻线路间的串扰以及各种外界因素，都会造成信号的失真，如图 4-6 所示。差错是不可避免的，**数据链路层的一个重要功能就是分析差错产生的原因与差错类型，研究检查是否产生差错及如何纠正差错，即差错控制技术**。

3. 流量控制

流量控制实际上是对发送方数据流量的控制，使其发送速率不至于超过接收端的处理能力。发送端发送数据的速率必须使接收端来得及接收，以免造成帧的丢失。由于收发双方各自使用设备的工作速率和缓冲存储空间的差异，可能出现发送端发送能力高于接收端接收能力的现象，若此时不对发送端的发送速率做适当限制，对于接收端来说，前面来不及接收的帧被后面不断发来的帧"淹没"，从而造成帧丢失出错，如图 4-7 所示。

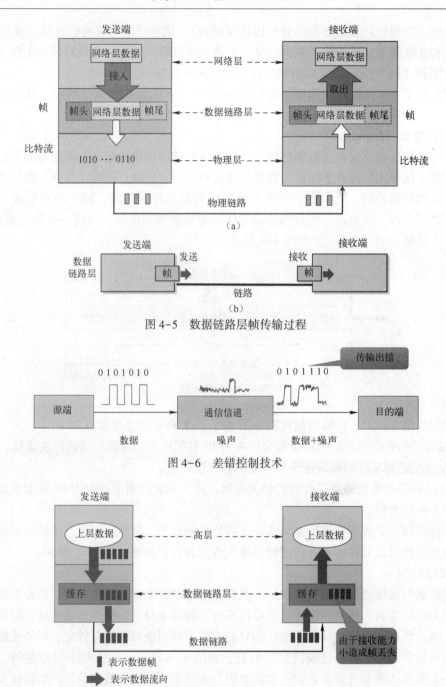

图 4-5 数据链路层帧传输过程

图 4-6 差错控制技术

图 4-7 流量控制

因此，当接收端来不及接收时，就必须及时控制发送端发送数据的速率，以使收发双方达到匹配。数据链路层需要有一些规则使得发送端知道在什么情况下可以接着发送下一帧，而在什么情况下必须暂停发送以等待收到某种反馈信息后再继续发送。常用的方法有两种：第一种方法，基于反馈的流量控制，接收方给发送方返回信息，允许它发送更多的数据，或者至少告诉发送方自己的情况怎么样；第二种方法，基于速率的流量控制，使用这种方法的协议有一种内置的机制，它能限制发送方传输数据的速率，而无须利用接收方的反馈信息。

4. 链路管理

数据链路层的"链路管理"功能包括数据链路的建立、维持和释放三个主要环节。当链路两端的结点要进行通信前，必须首先确认对方已处于就绪状态，并交换一些必要的信息以对帧序号进行初始化，然后才能建立连接，在传输过程中则要能维持该连接。如果出现差错，需要重新初始化，重新自动建立连接，传输完毕后则要释放连接。在多个站点共享同一物理信道的情况下（如在 LAN 中）如何在要求通信的站点间分配和管理信道也属于数据链路层管理的范畴。

4.2　数据链路层相关技术

4.2.1　差错控制技术

差错控制技术是在数据通信过程中能发现或纠正错误，把差错限制在尽可能小的允许范围内的技术和方法。最常用的差错控制方法是差错控制编码，分为检错码和纠错码。检错码是能自动发现差错的编码，纠错码是不仅能发现错误，而且能自动纠正错误的编码。目前计算机网络中大多采用检错码方案，常见的检错码有奇偶校验码和循环冗余校验码。

1. 奇偶校验码

奇偶校验码是一种通过增加冗余位使得码字中"1"的个数为奇数或偶数的编码方法，它是一种检错码。增加的冗余位又叫校验位，一般情况下，校验位是加在原始数据字节的最高位或最低位。

其方法是首先把信源编码后的信息数据流分成等长分组，在每一信息分组之后加入一位校验码元作为奇偶校验位，如果总码长 n 中的"1"的个数为偶数，则为偶校验码，如果为奇数则为奇校验码。如果在传输过程中，任何一个码组发生一位错误，则收到的码组必然不再符合奇偶校验的规律，因此可以发现误码。奇偶校验具有完全相同的工作原理和检错能力，原则上使用其中的一种都是可以的。

常用的奇偶校验码有三种：垂直奇偶校验、水平奇偶校验和水平垂直奇偶校验。

（1）垂直奇偶校验

把数据分成若干组，一组数据占一行，排列整齐，再加一行校验码。针对一列采用奇校验或偶校验。

【例 4-1】对于 32 位数据 10100101 00110110 11001100 10101011，其垂直奇校验和垂直偶校验如表 4-1 所示。

表 4-1　垂直奇偶校验示例

编码分类	垂直奇校验								垂直偶校验							
数据	1	0	1	0	0	1	0	1	1	0	1	0	0	1	0	1
	0	0	1	1	0	1	1	0	0	0	1	1	0	1	1	0
	1	1	0	0	1	1	0	0	1	1	0	0	1	1	0	0
	1	0	1	0	1	0	1	1	1	0	1	0	1	0	1	1
校验位	0	0	0	0	1	0	1	1	1	1	1	1	0	1	0	0

（2）水平奇偶校验

水平奇偶校验又称横向奇偶校验，它是对各个信息段的相应位横向进行编码，产生一个奇偶校验冗余位。

【例4-2】对于32位数据10100101 00110110 11001100 10101011，其水平奇偶校验如表4-2所示。

表4-2　水平奇偶校验示例

编码分类	数　据								水平奇校验	水平偶校验
数据	1	0	1	0	0	1	0	1	1	0
	0	0	1	1	0	1	1	0	1	0
	1	1	0	0	1	1	0	0	1	0
	1	0	1	0	1	0	1	1	0	1

（3）水平垂直奇偶校验

如果同时采用了水平奇偶校验和垂直奇偶校验，既对每个字符作水平校验，同时也对整个字符块作垂直校验，则奇偶校验码的检错能力可以明显提高。

【例4-3】对于32位数据10100101 00110110 11001100 10101011，其水平垂直奇校验和水平垂直偶校验如表4-3所示。

表4-3　水平垂直奇偶校验示例

奇偶类	水平垂直奇校验									水平垂直偶校验								
分类	水平校验位	数据								水平校验位	数据							
数据	1	1	0	1	0	0	1	0	1	0	1	0	1	0	0	1	0	1
	1	0	0	1	1	0	1	1	0	0	0	0	1	1	0	1	1	0
	1	1	1	0	0	1	1	0	0	0	1	1	0	0	1	1	0	0
	0	1	0	1	0	1	0	1	1	1	1	0	1	0	1	0	1	1
垂直校验位		0	0	0	0	1	0	1	1		1	1	1	1	0	1	0	0

2. 循环冗余校验码

奇偶校验码作为一种检错码，简单且容易实现，但漏检率高。目前计算机网络中应用最广泛的检错码是一种漏检率低很多的循环冗余校验码（cycle redundancy check，CRC）。

CRC的工作原理为：将要发送的数据比特序列当作一个多项式$K(x)$的系数，在发送端用收发双方约定的生成多项式$G(x)$去除，求得一个余数多项式，并附加在发送数据多项式之后发送到接收端。接收端收到数据后，再除以多项式$G(x)$，如果得到结果为0，则数据传输无差错，若不为0，则传输出错，请求重发，如图4-8所示。

在求余数的多项式运算中采用模2运算法则，加法不进位、减法不借位，加法和减法两者都与异或运算相同，例如：1001+1100=0101，0101-1010=1111。

【例4-4】CRC实例，假设要发送的信息帧数据比特序列101001，双方约定的生成多项式为$G(x)=X^3+X^2+1$。

（1）发送端发送数据计算方法

① 信息帧的多项式为$K(x)=X^5+X^3+1$。

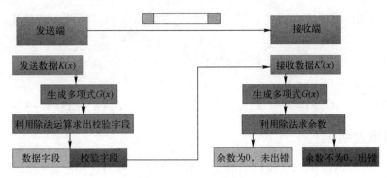

图 4-8　CRC 工作原理

② 由生成多项式 $G(x) = X^3 + X^2 + 1$ 可知阶数 r 为 3，生成多项式的比特序列为 1101。

③ 利用公式 $K(x) \cdot x^r$，即信息帧的数据比特序列乘以 x^3，则信息帧的多项式变为 $X^8 + X^6 + X^3$，即信息帧的比特序列变为 101001000。

④ 将乘积用多项式比特序列去除，按模 2 除法，求出余数为 1，如图 4-9 所示。

⑤ 将余数也就是校验码加在信息帧的后面（余数的位数应与生成多项式最高次数相同，如果不够，则在前面用"0"补足，所以这里的余数为 001），则发送数据为 101001001。

这种为了进行检错而添加的冗余码常称为帧检验序列（frame check sequence，FCS）。注意，CRC 和 FCS 并不是同一个概念。CRC 是一种检错方法，而 FCS 是添加在数据后面的冗余码，在检错方法上可选用 CRC，但也可不选用 CRC。在所要发送的数据后面增加冗余码，虽然增大了数据传输的开销，但却可以进行差错检测，当传输可能出现差错时，付出这种代价往往是很值得的。

（2）接收端接收数据计算方法

如果在数据的传输过程中没有发生错误，那么接收端收到的带有 CRC 校验码的数据比特序列一定能被相同的生成多项式整除，如收到的数据比特为 101101001，生成多项式 $G(x) = X^3 + X^2 + 1$，数据传输是否出错呢？将接收到的信息比特做被除数，与生成多项式做除法运算，如果得到结果为 0，则数据传输无差错。若不为 0，则传输出借，请求重发，如图 4-10 所示。

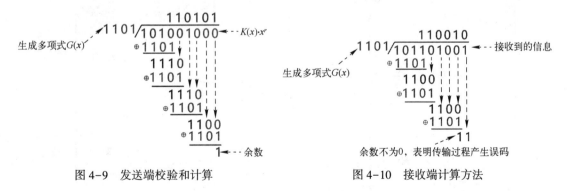

图 4-9　发送端校验和计算　　　　　图 4-10　接收端计算方法

在数据链路层，发送端帧检验序列 FCS 的生成和接收端 CRC 检验都是用硬件完成的，处理很迅速，因此不会延误数据的传输。

CRC 具有较强的检错能力，可以检测出所有的奇数位错、双比特错、小于等于校验和长度的突发错。CRC 中生成多项式 $G(x)$ 的选择是非常重要的。目前广泛使用的生成多项式主要有以下几种：

① CRC-16 $G(x) = X^{16} + X^{15} + X^2 + 1$

② CRC-CCITT $G(x) = X^{16} + X^{12} + X^5 + 1$

③ CRC-32 $G(x) = X^{32} + X^{26} + X^{23} + X^{22} + X^{16} + X^{12} + X^{11} + X^{10} + X^8 + X^7 + X^5 + X^4 + X^2 + X + 1$

4.2.2 反馈重发机制

由于检错码本身不提供自动纠错的能力，所以需要一种与之相配套的错误纠正机制。目前常用的是一种被称为反馈重发的机制。当接收方检出错误的帧时，首先将该帧丢弃，然后接收方给发送方反馈信息请求对方重发相应的帧。反馈重发也被称为自动请求重发（automatic repeat request，ARQ）。ARQ 通过使用确认和超时这两个机制，在不可靠服务的基础上实现可靠的信息传输。如果发送方在发送后一段时间之内没有收到确认帧，它通常会重新发送。ARQ 包括停止等待 ARQ 协议和连续 ARQ 协议。

1. 停止等待 ARQ 协议

停止-等待方式中，发送方每发送一帧后就等待应答，只有接收到一个应答（ACK）后，才发送下一个帧，直到发送方发送一个传输结束帧。若未收到应答发送方就重发该帧。对帧的确认有肯定和否定之分，表示正确接收的被称为确认帧（acknowledgement，ACK），表示错误接收的被称为否认帧（negative acknowledgement，NAK）。如果帧正常接收，则接收端接收并返回确认帧。如图 4-11 所示，发送端发送数据帧 DATA0 后，接收端收到并发回确认帧，然后再继续发送数据帧 DATA1，接收端收到后再返回确认帧，如此进行。

在停止-等待 ARQ 中，对数据的重传情况主要有三种：帧破坏、帧丢失和应答帧丢失。

数据帧在传输中被破坏，接收方返回一个否认帧，发送方在收到否认帧后重传这个被破坏的帧，如图 4-12 所示。

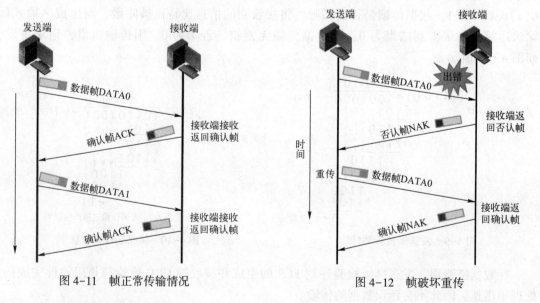

图 4-11 帧正常传输情况   图 4-12 帧破坏重传

如果传输过程中帧丢失，则接收方根本不知道这个数据帧的存在。因此不会给予应答，另外，如果接收方收到数据帧，但是应答在传输过程中丢失，那么发送方就无法知道接收方是否收到了它发送的帧。因此。在这两种情况下，可能造成发送方无限制地等待下去，解决方法：在发送方设置一个计时器，当发送一个帧之后，开始计时，如果在规定的时间内确认帧未到达，默认传输过程中帧丢失，重传该帧。如图 4-13（a）所示。

简单的超时重传有可能会重复接收帧。数据帧已经被接收端正确接收，但接收端反馈的确认帧却在传输过程中丢失了，发送端因此启动超时重传机制，从而造成接收端收到重复的帧，解决重复接收问题的一个简单办法就是对待发送的帧进行编号，接收端一旦在某段时间内收到两个序号相同的帧视为重复帧，然后丢弃重复的帧，如图 4-13（b）所示。

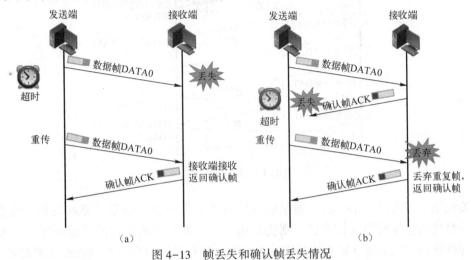

图 4-13　帧丢失和确认帧丢失情况

停止等待 ARQ 协议的优点是协议简单，缺点是效率低，在线路上只有一个帧，如果两个设备之间的距离较长，在每帧等待确认帧 ACK 所花的时间比较长，为此，人们提出了连续 ARQ 协议。

2. 连续 ARQ 协议

连续 ARQ 协议的特点是发送端在发送一个帧后，不是停下来等待确认帧的到来，而是可以连续再发送多个帧，帧的个数取决于发送方的发送能力和接收端的接收能力。连续 ARQ 方案的链路传输效率大大提高，但相应地需要更大的缓冲存储空间。对于连续 ARQ 方式，必须要为不同的帧编上序号以作为帧的标识。

在连续发送的多个帧中，可能会有一个或多个帧出现传输差错。针对这种情况，连续 ARQ 采用了两种不同的处理方式，即拉回方式和选择性重传方式。

（1）拉回方式

在拉回方式中，假设发送方连续发送了 m 帧，而接收方在对收到的数据帧进行检验后发现第 n 帧出错（$n \leq m$），则接收方给发送方发送出错信息并要求发送方重发第 n 帧及第 n 帧以后的所有帧，而且针对这些丢弃的帧不返回确认。显然这种方式对信道带宽有很大的要求。例如，第 2 号帧出错，接收端不论后面的帧是否正确到达都将其丢弃，然后，发送端再从 2 号帧开始按序号连续发送，如图 4-14 所示。

（2）选择性重传方式

在选择性重传方式中，假设发送方连续发送了 m 帧，而接收方在对收到的数据帧进行

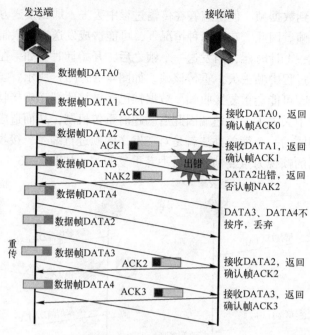

图 4-14　拉回式重传

检验后发现第 n 帧出错（$n \leqslant m$），则接收方给发送方发送出错信息并要求发送方重发第 n 帧。即一旦接收方发现第 n 帧出错，则丢弃第 n 帧，而将正确到达的其他帧缓存下来。不过，选择性重传方式需要在接收方提供足够大小的缓存来暂时保存那些已经正确接收的帧。例如，2 号帧出借，接收方只请求重传 2 号帧，而将正确到达的其他帧缓存下来，如图 4-15 所示。

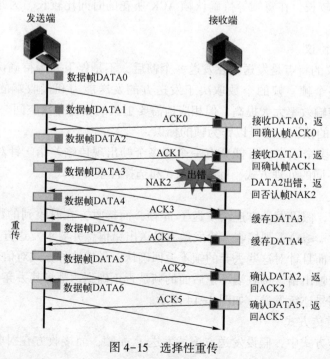

图 4-15　选择性重传

4.3 局域网

局域网（LAN）中的通信被限制在中等规模的地理范围，例如一幢办公室、一座工厂或一所学校，能够使用具有中等或较高数据速率的物理信道，且具有较低的误码率，局域网络是专用的、由单一组织机构所使用。局域网主要特征：限定区域的网络（几 m ~ 10 km），具有较高的数据传输率（1 ~ 10 Gbps），误码率低（10^{-8} ~ 10^{-10}），简单、成本低、灵活、便于管理和扩充。

4.3.1 局域网的体系结构

局域网出现之后，发展迅速，类型繁多，为了促进产品的标准化以增加产品的互操作性，1980 年 2 月，美国电气和电子工程师协会（IEEE）成立了局域网标准化委员会，简称 IEEE 802 委员会，研究并制定了关于 IEEE 802 局域网标准。

IEEE 的 802 标准委员会定义了多种主要的局域网：以太网（Ethernet）、令牌环网（token ring）、光纤分布式接口网络（FDDI）以及最新的无线局域网（WLAN），如表 4-4 所示。

表 4-4　IEEE 802 局域网系列主要标准

序号	标　准	描　述
1	IEEE 802.1	局域网概述、体系结构、网络管理和网络互连（1997）
	IEEE 802.1G	远程 MAC 桥接（1998），规定本地 MAC 网桥操作远程网桥的方法
	IEEE 802.1H	在局域网中以太网 2.0 版 MAC 桥接（1997）
	IEEE 802.1Q	虚拟局域网（1998）
2	IEEE 802.2	定义了逻辑链路控制（LLC）子层的功能与服务（1998）
3	IEEE 802.3	描述带冲突检测的载波监听多路访问（CSMA/CD）的访问方法和物理层规范（1998）
	IEEE 802.3ab	描述 1000Base-T 访问控制方法和物理层技术规范（1999）
	IEEE 802.3ac	描述 VLAN 的帧扩展（1998）
	IEEE 802.3ad	描述多重链接分段的聚合协议（aggregation of multiple link segments）（2000）
	IEEE 802.3i	描述 10Base-T 访问控制方法和物理层技术规范
	IEEE 802.3u	描述 100Base-T 访问控制方法和物理层技术规范
	IEEE 802.3z	描述 1000Base-X 访问控制方法和物理层技术规范
	IEEE 802.3ae	描述 10GBase-X 访问控制方法和物理层技术规范
4	IEEE 802.4	描述 token-bus 访问控制方法和物理层技术规范
5	IEEE 802.5	描述 token-ring 访问控制方法和物理层技术规范
	IEEE 802.5t	描述 100 Mbps 高速标记环访问方法（2000）
6	IEEE 802.6	描述城域网（MAN）访问控制方法和物理层技术规范（1994）。1995 年又附加了 MAN 的 DQDB 子网上面向连接的服务协议
7	IEEE 802.7	描述宽带网访问控制方法和物理层技术规范
8	IEEE 802.8	描述 FDDI 访问控制方法和物理层技术规范

续表

序号	标　准	描　述
9	IEEE 802.9	描述综合语音、数据局域网技术（1996）
10	IEEE 802.10	描述局域网网络安全标准（1998）
11	IEEE 802.11	描述无线局域网访问控制方法和物理层技术规范（1999）

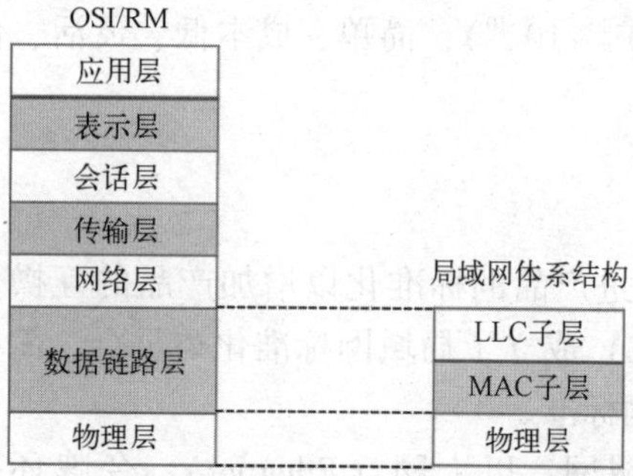

局域网的体系结构与 OSI 参考模型有相当大的区别，根据 IEEE 802 标准，局域网体系结构由物理层、介质访问控制子层（medium access control，MAC）和逻辑链路控制子层（logical link control，LLC）组成，如图 4-16 所示。其只涉及 OSI/RM 的物理层和数据链路层。为什么没有网络层及网络层以上层次呢？首先局域网是一种通信网，只涉及有关的通信功能，甚至多与 OSI/RM 中的下三层有关。其次，由于局域网基本上是采用共享信道的技术，所以也可以不设立单独的网络层。也就是说，不同局域网技术的区别主要在物理层和数据链路层，当这些不同的局域网需要在网络层实现互连时，可以借助其他已有的通信网络协议（如 IP）实现。

图 4-16　OSI/RM 与局域网体系结构

对于局域网来说，物理层是必需的，它负责定义机械、电气、规程和功能方面的特性，以建立、维持和拆除物理链路，在两个结点间透明地传送比特流。物理层具体规定了局域网所使用的信号、编码、传输介质、拓扑结构和传输率。IEEE 802 定义了多种物理层，以适应不同的网络介质和不同的介质访问控制方法，如图 4-17 所示。

图 4-17　IEEE 802 标准

数据链路层负责把不可靠的传输信道转换成可靠的传输信道，采用差错控制和帧确认技术传送带有检验的数据帧。为了使数据帧的传送独立于所采用的物理媒体和介质访问控制方法，IEEE 802 标准特意把数据链路层分为逻辑链路控制（LLC）子层和介质访问控制子层（MAC）两个功能子层。LLC 子层与介质无关，实现数据链路层与硬件无关的功能，如流量控制、差错恢复等，由 MAC 子层提供与物理层的接口。不同类型的局域网 MAC 层不同，而

LLC 层相同，这样的分层将硬件和软件的实现有效地分离，硬件制造商可以在网卡中提供不同的功能，以支持不同局域网，而软件设计上则无须考虑具体的局域网技术。

　　MAC 子层负责介质访问控制机制的实现，即处理局域网中各站点对共享通信介质的争用问题，不同类型的局域网通常使用不同的介质访问控制协议，另外 MAC 子层还涉及局域网中的物理寻址；而 LLC 子层负责屏蔽掉 MAC 子层的不同实现，将其变成统一的 LLC 界面，从而向网络层提供一致的服务，LLC 子层向网络层提供的服务通过与网络层之间的接口实现，这些逻辑接口又被称为服务访问点（service access point，SAP）。这样的局域网体系结构不仅使得 IEEE 802 标准更具有可扩充性，有利于其将来接纳新的介质访问控制方法和新的局域网技术，同时也不会使局域网技术的发展或变革影响到网络层。

　　尽管将局域网的数据链路层分成了 LLC 和 MAC 两个子层，但这两个子层都要参与数据的封装和解封装的过程，而不是由其中某一个子层来完成数据链路层帧的封装和解封装。在发送方，网络层传送下来的数据分组首先要加上控制信息并在 LLC 子层被封装成 LLC 帧，然后由 LLC 子层将其交给 MAC 子层，加上 MAC 子层相关的控制信息后被封装成 MAC 帧，最后由 MAC 子层交局域网的物理层完成物理传输。在接收方，则首先将物理层的原始比特流还原为 MAC 帧，在 MAC 子层完成帧检测和拆封后变成 LLC 帧交给 LLC 子层，LLC 子层完成相应的帧检验和拆封后将其还原为网络层的分组上交网络层。总之，局域网的 LLC 和 MAC 子层共同完成类似于 OSI 参考模型中数据链路层的功能，只是考虑到局域网共享介质环境，在数据链路层的实现上增加了介质访问控制机制。如图 4-18 所示。

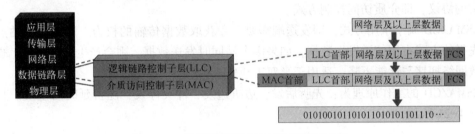

图 4-18　数据链路层子层与数据封装过程

4.3.2　介质访问控制方式

　　从通信介质的使用方式上看，网络可分为共享介质型和非共享介质型，共享介质型网络指由多个设备共享一个通信介质。最早的以太网就是共享介质型网络。在这种方式下，设备之间使用同一个载波信道进行发送和接收，为此基本是半双工通信，并且有必要进行介质访问控制。

　　共享式以太网的典型代表是总线传统以太网和使用双绞线并用集线器连接的星形以太网，如图 4-19 所示。后者在物理结构上是星形拓扑，但在逻辑上网内的主机依然是在一条总线上。共享式网络的工作方式是当网络中的一个结点要向另一个结点发送数据时，发送数据的结点就会在整个网络上广播相应的数据。其他结点都会进行收听，并查看自己是否是数据的接收者，如果是，保存这些数据，如果不是，就忽略这些数据。

　　同时，这种总线结构的特点决定了整个网络处于同一个冲突域，如果两台主机同时发送数据，则必然会产生冲突，如图 4-20 所示。

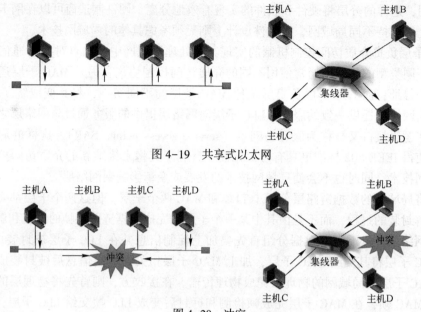

图 4-19　共享式以太网

图 4-20　冲突

为了解决共享式以太网冲突问题，引入了 CSMA/CD（carrier sense multiple access/collision detection）工作方式，即载波监听多路访问/冲突检测，是早期共享式以太网用于解决冲突的协议，即介质访问控制方式。

CSMA/CD 属于争用方式，即发送端需要争夺获取数据传输的权力。通常各个站点采用先到先得的方式占用信道发送数据，如果多个站同时发送数据，则会产生冲突现象，也因此会导致网络拥堵与性能下降，适用于半双工通信。

CSMA/CD 的工作原理为：先听后发，边听边发，冲突停发，随机延时后重发。具体过程如图 4-21 所示。

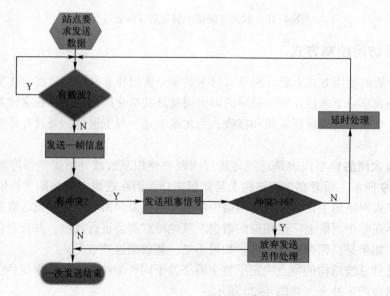

图 4-21　CSMA/CD 工作原理

　　① 先听后发：当一个站点要发送数据时，首先监听总线，以确定介质上是否有其他站点发送的数据，如果信道忙，则等待。如果信道空闲则发送数据。

　　② 边听边发：在发送数据时，站点继续监听网络，确信没有其他站点在同时传输数据。因为有可能两个或多个站点都同时检测到网络空闲，然后几乎在同一时刻开始传输数据。如果同时发送数据就会产生冲突。

　　③ 冲突停发：当一个传输结点识别出冲突发生，就放弃发送数据。并发送一个阻塞信号以强化冲突，发阻塞信号的目的是保证让总线上的其他站点都知道已发生了冲突，而全部停止发送数据。这个信号的时间足够长，让其他的站点都能发现。

　　④ 随机延时后重发：放弃发送后，随机延时一个时间，再重新争用总线。

　　从上述过程中可以看出，任何一个结点发送数据都要通过 CSMA/CD 方法去争取总线使用权，从它准备发送到成功发送的发送等待延迟时间是不确定的，因此，通常将以太网的 CSMA/CD 方法定义为一种随机争用型介质访问控制方法。

　　CSMA/CD 方式的主要特点是：原理比较简单，技术上较易实现，网络中各工作站处于同等地位，不要集中控制，但这种方式不能提供优先级控制，各结点争用总线。负载较少时，要发送信息的结点可以立即获得访问控制权限，效率较高。但当负载重时，容易出现冲突，使传输效率和有效带宽大为降低。

4.3.3　MAC 地址

　　局域网体系结构中，数据链路层分为逻辑链路子层 LLC 和介质访问子层 MAC，其中 MAC 的一个重要功能就是完成局域网中的物理寻址。换句话说，就是局域网中的通信是利用 MAC 地址完成目的端的查找的。那它是通过哪种方式识别目标物理网络设备呢？这就要用到物理地址。

　　MAC 地址长度为 48 位，即 6 个字节。MAC 地址中 3~24 位（比特位）表示厂商识别码，称为组织唯一标识符，由 IEEE 的注册管理机构分配，网卡厂商到 IEEE 进行申请，如 3COM 公司生产的网卡 MAC 地址的前 3 字节是 02608C。后 24 位是网络接口标识，由厂家自行指派，只要保证不重复即可。由于厂家在生产时通常已将 MAC 地址固化在网卡 EPROM 中，网卡一旦生产出来，其 MAC 地址一般不会改变，如图 4-22 所示。

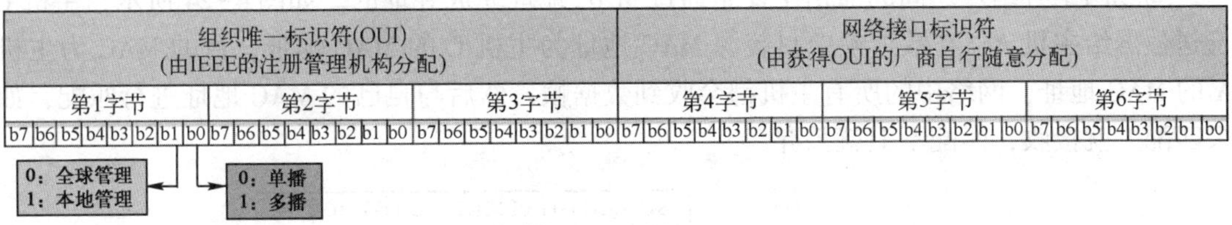

图 4-22　MAC 地址结构

　　其中，第 1 字节 b1 和 b0 位不同的组合表示了不同的 MAC 地址类型，如表 4-5 所示。

表 4-5　MAC 地址类型

第 1 字节的 b1 位	第 1 字节的 b0 位	MAC 地址的类型	地址数量占比
0	0	全球管理地址，单播地址，厂商生产网络设备（网卡、交换机、路由器）时固化	四分之一

续表

第 1 字节的 b1 位	第 1 字节的 b0 位	MAC 地址的类型	地址数量占比
0	1	全球管理、多播地址，标准网络设备所支持的多播地址，用于特定功能	四分之一
1	0	本地管理，单播地址，由网络管理员分配，覆盖网络接口的全球管理单播地址	四分之一
1	1	本地管理，多播地址，用户对主机进行软件配置，以表明其属于哪些多播组，注意，其他全部 46 位为 1 时，就是广播地址 FF-FF-FF-FF-FF-FF	四分之一

48 位 MAC 地址通常表示为 12 个十六进制数。例如：28-29-02-D1-2A-19，MAC 地址格式，可以用冒号或短划线间隔：MM:MM:MM:SS:SS:SS 或者 MM-MM-MM-SS-SS-SS。可以在命令提示符中通过使用 ipconfig/all 命令查看到本机网卡的 MAC 地址，如图 4-23 所示。

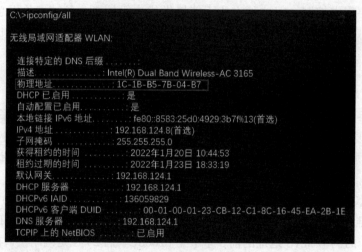

图 4-23　计算机 MAC 地址

局域网中各结点之间的通信主要是通过 MAC 地址完成寻址的。如图 4-24 所示，主机 C 发送数据给主机 A，在数据帧中封装源 MAC 地址为主机 C 的 MAC 地址，目的 MAC 为主机 A 的 MAC 地址，网络中的所有主机都会收到数据帧，然后与自己的 MAC 地址进行匹配，如果匹配上就接收，匹配不上就丢弃。

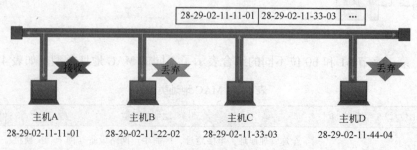

图 4-24　局域网中 MAC 地址寻址方式

4.4　以太网

4.4.1　IEEE 802.3 以太网标准

以太网（Ethernet）最早是由 Xerox（施乐）公司创建的局域网组网规范，1980 年 DEC、Intel 和 Xerox 三家公司联合开发了初版 Ethernet 规范——DIX1.0，1982 年这三家公司又推出了修改版本 DIX2.0，并将其提交给 IEEE 802 工作组，经 IEEE 成员修改并通过后，成为 IEEE 的正式标准，并编号为 IEEE 802.3。虽然 Ethernet 规范和 IEEE 802.3 规范并不完全相同，但一般认为 Ethernet 和 IEEE 802.3 是兼容的。

以太网是应用最广泛的局域网技术，根据传输速率的不同，以太网分为标准以太网（10 Mbps）、快速以太网（100 Mbps）、千兆以太网（1000 Mbps）和万兆以太网（10 Gbps），这些以太网都符合 IEEE 802.3 规范。

4.4.2　以太网帧格式

网络层的数据包被加上帧头和帧尾，就构成了可由数据链路层识别的以太网数据帧。虽然帧头和帧尾所用的字节数是固定不变的，但根据被封装数据包大小不同，以太网数据帧的长度也随之变化，变化的范围是 64~1518 B（不包含前导码和帧起始定界符）。

每一个帧前面有一个前导码（preamble），共 7 B，56 位比特序列 1010…1010，用于接收端的接收比特同步。前导码的后面是 1 B 的帧起始定界符（SPD），比特序列 10101011。前导码与帧起始定界符构成前 62 位是 101010…10，最后两位是 11 的比特序列。设计时，规定前 62 位 1 和 0 交替是使收、发双方进入稳定的比特同步状态，接收端在收到最后两比特"11"时，表示在它之后就是目的地址段，即帧的开始。这 8 B 后面才是以太网的帧，以太网整体帧结构如图 4-25 所示。

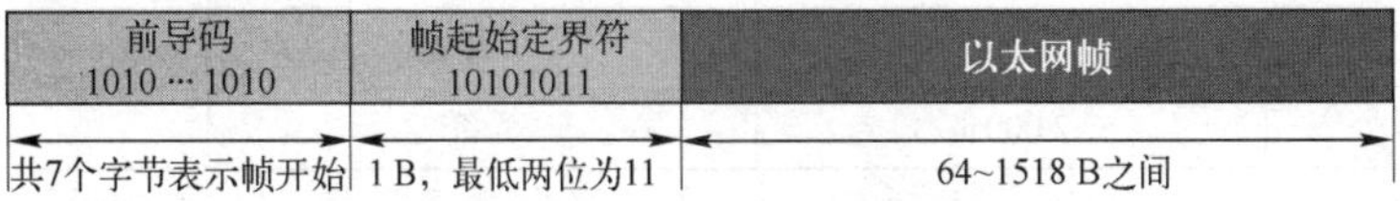

前导码 1010 … 1010	帧起始定界符 10101011	以太网帧
共7个字节表示帧开始	1 B，最低两位为11	64~1518 B之间

图 4-25　以太网整体帧结构

目前，常见的以太网帧结构是 Ethernet Ⅱ 的格式，以太网帧的前端是首部，总共 14 B，依次是 6 B 目的 MAC 地址、6 B 的源 MAC 地址及 2 B 的上层协议类型/长度，如图 4-26 所示。

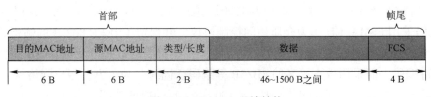

图 4-26　Ethernet Ⅱ 帧结构

各字段含义如下。

目的 MAC 地址：接收端的 MAC 地址，长度为 6 B。

源 MAC 地址：发送端的 MAC 地址，长度为 6 B。

类型/长度：2 B，该字段在 IEEE 802.3 中用来指示随后的 LLC 数据段的长度，单位为 B 字节，在以太网中该字段为类型字段，规定了在以太网处理完成后接收数据的高层协议。如 0x0806 表示 ARP，0x0800 表示 IP。

数据：上层封装下来的数据，长度在 46～1 500 B 之间。如果数据长度少于 46 B，需要在后面填充字段到 46 B。

FCS：帧校验，长度 4 B，采用 32 位 CRC 校验，校验的范围是目的地址、源地址、长度、数据等字段，用于检验帧在传输中的差错。

4.4.3　以太网类型

1. 标准以太网

在以太网普及之初，以太网只有 10 Mbps 的吞吐量，一般采用多台终端使用同一根同轴电缆的共享介质型连接方式，这种早期的 10 Mbps 以太网也称为标准以太网。所有的设备采用 CSMA/CD 的方式使用传输介质，因此在传输过程中所有结点共享同一传输介质，这使得数据传输效率和带宽的利用受到了限制。

10Base 以太网是最早的以太网标准，10 表示 10 Mbps 的网络传输速率，Base 表示基带传输，根据传输线缆的不同，它有以下几种标准，如表 4-6 所示。目前标准以太网已逐渐退出了历史舞台。

表 4-6　标准以太网类型

以太网种类	最大网段长度	所使用的传输介质	网络拓扑
10Base-2	185 m	细同轴电缆	总线
10Base-5	500 m	粗同轴电缆	总线
10Base-T	100 m	双绞线	星形
10Base-F	2 000 m	光纤	星形

2. 快速以太网

在 20 世纪 80 年代初期至 90 年代初大约 10 年的时间里，10 Mbps 以太网在局域网产品中占有很大的优势，特别是 10Base-T 标准组建的网络得到了广泛应用。但随着连网计算机的性能升级和高带宽应用的增加，人们对以太网带宽提出了更高的需求。

IEEE 在 1995 年 3 月推出了 802.3u 标准，即快速以太网（fast ethernet）。其名称中的"快速"是指数据速率可以达到 100 Mbps 以上，是标准以太网速率的 10 倍。IEEE 802.3u 在 MAC 子层仍采用 CSMA/CD 作为介质访问控制协议，并保留了 IEEE 802.3 的帧格式，但是，为了实现 100 Mbps 的传输速率，它在物理层做了一些重要的改进，例如快速以太网没有采用曼彻斯特编码，而采用效率更高的 4B/5B 等编码。同时，为了方便用户网络从 10 Mbps 升级到 100 Mbps，快速以太网还包括一种 10/100 Mbps 自动协商功能，以使一个适配器或交换机能以 10 Mbps 和 100 Mbps 两种速度收发数据，并以另一端的设备所能达到的最快速度进行工作。

如图 4-27 所示为 100Base-T 协议的体系结构。其中中间独立接口（medium independent interface，MII）是快速以太网在物理层和 MAC 子层之间定义的一种独立于介质类型的介质无关接口，以屏蔽下层不同的物理细节，为 MAC 子层和高层协议提供一个 100 Mbps 传输速率的公共透明接口。

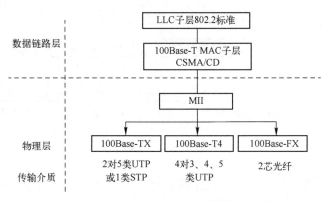

图 4-27　100Base-T 协议体系结构

快速以太网的最大优点是结构简单、实用、成本低并易于普及。目前主要用于快速桌面系统，也被用于一些小型校园网络的主干。100 Mbps 快速以太网标准又分为 100Base-TX、100Base-FX、100Base-T4，如表 4-7 所示。

表 4-7　快速以太网标准

标　准	线缆类型及连接器	最大分段长度	编码方式	主 要 优 点
100Base-TX	5 类 UTP/RJ-45 接头 1 类 STP/DB-9 接头	100 m	4B/5B	支持全双工通信
100Base-FX	62.5 μm/125 μm 多模光纤 8 μm/125 μm 单模光纤 ST 或 SC 光纤连接器	多模光纤连接最大距离为 550 m；单模光纤连接最大距离为 3 000 m	4B/5B	支持全双工的数据传输。特别适合于有电气干扰、较大距离连接或高保密环境等情况下
100Base-T4	3/4/5 类 UTP	100 m	8B/6T	用于在 3 类非屏蔽双绞线上实现 100 Mbps 数据速率

3. 千兆以太网

1996 年 IEEE 802 标准委员会成立 802.3z 工作组致力于光纤和屏蔽跨接电缆集合（短距离铜线）的千兆以太网解决方案。1997 年春天，又成立 802.3ab 工作组研究基于 4 对 5 类缆线的"长距铜线"解决方案，其标准为 4 对 5 类 UTP，最大长度 100 m 的千兆以太网连接，该标准为以太网 MAC 层定义了一个千兆介质专用接口（gigabit media independent interface，GMII），该接口将 MAC 子层与物理层分开，使其不受物理层实现 1000 Mbps 速率所使用的传输介质和信号编码方式的影响。千兆以太网定义了以下四种物理层标准：1000Base-SX（短波长光纤）、1000Base-LX（长波长光纤）、1000Base-CX（短距离铜线）和1000Base-T（100m4 对 5 类 UTP）。其体系结构如图 4-28 所示。

千兆以太网的 MAC 子层，除了支持以往的 CSMA/CD 协议外，还引入了全双工流量控制协议。其中，CSMA/CD 协议用于共享信道的争议问题，即支持以集线器作为星形拓扑结

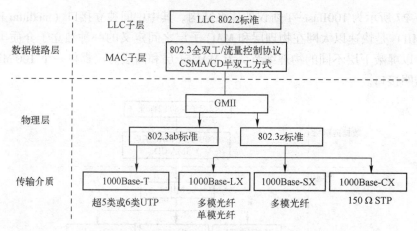

图 4-28　千兆以太网结构

构的中心的共享以太网组网。全双工流量控制协议适用于交换机为中心的交换式以太网组网，支持基于点对点连接的全双工通信。

千兆以太网技术给用户带来了提高核心网络的有效解决方案，这种解决方案的最大优点是继承了传统以太网技术价格便宜的优点。千兆以太网仍然是以太网技术，它采用了与 10 Mbps 以太网相同的帧格式、网络协议、全/半双工工作方式、流控模式及布线系统。由于该技术不改变传统以太网的桌面应用、操作系统，因此可与 10 Mbps 或 100 Mbps 的以太网很好地配合工作，如图 4-29 所示。

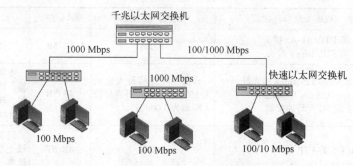

图 4-29　千兆以太网

千兆以太网标准 1000Base-SX、1000Base-LX、1000Base-CX 和 1000Base-T 的线缆类型及连接器、最大分段长度、编码方式、主要优点如表 4-8 所示。

表 4-8　千兆以太网标准

标　　准	线缆类型及连接器	最大分段长度	编码方式	主 要 优 点
1000Base-SX	62.5 μm 和 50 μm 的多模光纤	260 m 525 m	8B/10B	适用于作为大楼网络系统的主干通路
1000Base-LX	50 μm 和 62.5 μm 的多模光纤 9 μm 的单模光纤	多模：550 m 单模：5 000 m	8 B/10 B	多模：适用于作为大楼网络系统的主干通路 单模：适用于校园或城域主干网
1000Base-CX	150 Ω 平衡屏蔽双绞线	25 m	8 B/10 B	传输速率为 1.25 Gbps，适用于集群网络设备的互连，例如机房内连接网络服务器

标　准	线缆类型及连接器	最大分段长度	编码方式	主　要　优　点
1000Base-T	5 类 UTP 双绞线	100 m	PAM-5	主要用于结构化布线中同一层建筑的通信，从而可利用以太网或快速以太网已铺设的 UTP 电缆，也可用于大楼内的网络主干

4. 万兆以太网

万兆以太网（10 gigabit ethernet，10GE）也称为 10 吉比特以太网，是继千兆以太网之后产生的高速以太网。在 1999 年 3 月，IEEE 成立了高速研究组（High Speed Study Group，HSSG），该研究组主要致力于 10GE 的研究，并于 2002 年正式发布 IEEE 802.3ae 10GE（即万兆以太网标准），万兆以太网的问世不仅再度扩展了以太网的带宽和传输距离，更重要的是以太网从此开始由局域网领域向城域网领域渗透。2007 年，IEEE 又提出了 802.3ba 标准，目标是设计 40 Gbps 或 100 Gbps 的以太网。

万兆以太网有以下技术特点。

- ✎ 在物理层面上，万兆以太网是一种采用全双工与光纤的技术。其物理层和 OSI 模型的物理层一致，它负责建立传输介质和 MAC 层的连接。IEEE 802.3ae 标准定义了两种类型的物理层 PHY，即局域网 PHY 和广域网 PHY，使得万兆以太网可以平滑地接入广域骨干网。
- ✎ 万兆以太网技术基本承袭了以太网、快速以太网及千兆以太网技术，因此在用户普及率、使用方便性、网络互操作性及简易性上皆占有极大的引进优势，在升级到万兆以太网时，用户不必担心已有的程序或服务会受到影响，升级的风险非常低。
- ✎ 万兆标准意味着以太网将具有更高的带宽（10 Gbps）和更远的传输距离（最长传输距离可达 40 km）。
- ✎ 在企业中采用万兆以太网可以更好地连接企业骨干路由器，这样大大简化了网络拓扑结构，提高网络性能。
- ✎ 万兆以太网技术提供了更多的更新功能，大大提升 QoS，因此更好地满足网络安全服务质量、链路保护等多个方面的需求。
- ✎ 随着网络应用的深入，WAN/MAN 与 LAN 融合已经成为大势所趋，而万兆以太网技术的应用必将为三网发展与融合提供新的动力。

为了提供 10 Gbps 的传输速率，802.3ae 10GE 标准在物理层只支持光纤作为传输介质。在物理拓扑上，既支持星形或扩展星形连接，主要用于局域网组网；也支持点到点连接以及星形连接与点到点连接的组合，点到点连接主要用于城域网组网，星形连接与点对点连接的组合则用于局域网与城域网的互连。

在万兆以太网的 MAC 子层，不再使用 CSMA/CD 机制，其只支持全双工方式。另外，万兆以太网继承了 802.3 以太网的帧格式和最大/最小帧长度，从而能充分兼容已有的以太网技术，进而降低了对现有以太网进行万兆位升级的危险。10GE 使用新开发的物理层，10GE 常用的物理层规范如下。

① 10G Base-SR：SR 表示 short reach（短距离），10G Base-SR 仅用于短距离连接，该规范支持编码为 64 B/66 B 的短波（850 nm）多模光纤，有效传输距离为 2~300 m。

② 10G Base-LR：LR 表示 long reach（长距离），10G Base-LR 主要用于长距离连接，

该规范支持编码为 64 B/66 B 的长波（1 310 nm）单模光纤，有效传输距离为 2 m~10 km，最高可达 25 km。

③ 10G Base-ER：ER 表示 extended reach（超长距离），10G Base-ER 支持超长波（1 550 nm）单模光纤，有效传输距离为 2 m~40 km。

4.5 虚拟局域网

4.5.1 共享式以太网与交换式以太网

所谓共享式以太网，各结点公平地使用传输介质，这意味着每个结点平均分配以太网带宽，如果结点数目增加，网络的传输速率和传输质量将急剧下降。使用网络设备集线器（hub）。而交换式以太网是利用具有"交换"功能的设备交换机（switch）代替共享式以太网的集线器。技术成熟，组网灵活，已成为局域网的标准。

1. 集线器

集线器（hub）实质上就是多端口的中继器，工作于 OSI/RM 的物理层。用集线器进行连接的网络，从物理拓扑结构上看是星形拓扑，但从工作原理上看，也就是从逻辑结构上看，其本质还是总线拓扑结构，如图 4-30 所示。

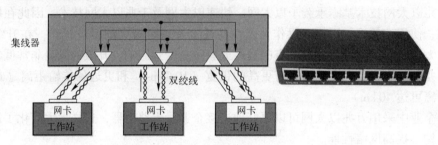

图 4-30 集线器

集线器（hub）采用广播方式发送。也就是说当它要向某结点发送数据时，不是直接把数据发送到目的结点，而是把数据包发送到与集线器相连的所有结点。

2. 交换机

交换机（switch）分为二层交换机和三层交换机，本项目主要讲解工作在数据链路层的交换机即二层交换机，如图 4-31 所示。交换机由网桥发展而来，是一种多端口的网桥，其通过内部配备大容量的交换式背板实现了高速数据交换。以太网交换机通常都有多个端口，一般为 16、24 或 48 口，每个端口都直接与一个主机或另一个以太网相连，一般都工作在全双工方式。以太网交换机具有并行性，能同时连通多对端口，使多对主机能同时通信，无碰撞。以太网交换机一般都具有多种速率的端口，例如 10 Mbps、100 Mbps 和 1 Gbps 的组合。

（1）交换机工作原理

以太网的交换机工作在数据链路层，作为以太网的连接设备，可以扩大以太网的覆盖范围，它使用以太网帧中的目的 MAC 地址对数据包进行转发和过滤。当交换机收到一个数据帧时，并不是向所有端口转发，而是根据目标 MAC 地址和 MAC 地址表确定转发端口或者将

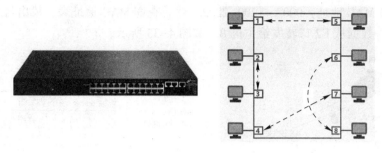

图 4-31　交换机

数据帧丢弃。

　　MAC 地址表是交换机转发数据帧的依据，其主要信息是网络中各结点的 MAC 地址与接入该交换机端口之间的对应关系，如图 4-32 所示。

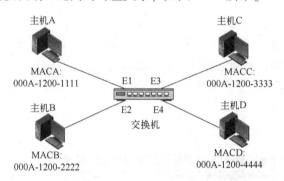

MAC地址表	
端口	物理地址
E1	000A-1200-1111
E2	000A-1200-2222
E3	000A-1200-3333
E4	000A-1200-4444

图 4-32　设备连接情况与 MAC 地址表

　　交换机是即插即用设备，即只要将交换机接入以太网就可以工作，无须人工配置 MAC 地址表。一台交换机刚接入一个以太网时，其 MAC 地址表是空的，为了有效地过滤和转发数据帧，它需要建立 MAC 地址表，交换机使用逆向自学习算法建立 MAC 地址表。其基本思想如下：如果交换机通过端口 N 接收到站点 A 发送的数据帧，那么相反，交换机也可以通过端口 N 把数据帧传送给站点 A，因此，交换机建立 MAC 地址表的过程是根据其接收到数据帧中的源 MAC 地址与接收端口之间的映射关系建立起来的。当交换机接收到某站点发送的数据帧时，将其源 MAC 地址与该帧进入交换机的端口写入 MAC 地址表中。

　　交换机转发数据帧时，查找 MAC 地址表中是否存在与目标 MAC 地址匹配的表项，根据 MAC 地址表中对该帧 MAC 地址的记录情况处理该数据帧。交换机转发数据帧规则如下。

　　① 若 MAC 地址表中无目标 MAC 地址对应的表项，则交换机采用洪泛转发，即向所有其他端口转发该数据帧。

　　② 若 MAC 地址表中有目标 MAC 地址对应的表项，且该表项中记录的转发端口与数据帧进入交换机的端口相同，则丢弃该数据帧。

　　③ 若 MAC 地址表中有目标 MAC 地址对应的表项，且该表项中记录的转发端口与该数据帧进入交换机的端口不同，则向转发端口传送该数据帧。

　　下面以主机 A 向主机 B 发送数据的过程来分析。在交换机 MAC 地址表中保存着主机 MAC 地址与端口的对应关系，主机 A 将数据发送到交换机，交换机收到数据后，首先取出数据中的目的 MAC 地址，000A-1200-2222，然后查询 MAC 地址表，找出与之对应的端口号 E2，然后将数据从 E2 口转发给主机 B。如图 4-33 所示。

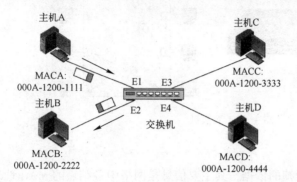

图 4-33 交换机工作原理

（2）交换机的数据转发方式

① 直通式（cut through）方式。该处理过程是在输入端口检测到一个数据包后，只检查其包头，取出目的地址，通过内部的地址表确定相应的输出端口，然后把数据包转发到输出端口，这样就完成了交换，如图 4-34 所示。它的优点是延迟小，交换速度快，但是不具备检错能力。

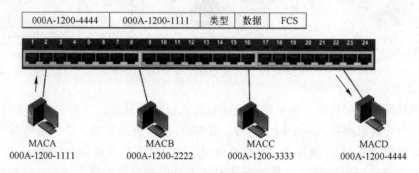

图 4-34 直通式

② 存储转发（store and forward）方式。该处理过程是计算机网络领域使用得最为广泛的技术之一，在这种工作方式下，交换机的控制器先缓存输入到端口的数据包，然后进行 CRC 校验，滤掉不正确的帧，确认包正确后，取出目的地址，通过内部的地址表确定相应的输出端口，然后把数据包转发到输出端口。对于支持不同速率端口的交换机通常使用这种方式，否则不能保证高速端口（如 100 Mbps）和低速端口（如 10 Mbps）间的正常通信。这种交换方式的优点是具有差错检测能力，并能支持不同输入/输出速率端口之间的数据转发，缺点是交换延迟时间相对较长，如图 4-35 所示。

③ 无碎片直通（fragment free through）是介于直通式和存储转发方式之间的一种解决方案，它检查数据包的长度是否够 64 B（512 b），如果小于 64 B，说明该包是碎片（即在信息发送过程中由于冲突而产生的残缺不全的帧），则丢弃该包，如果大于 64 B，则发送该包。该方式的数据处理速度比存储转发方式快，但比直通式慢，如图 4-36 所示。

这种碎片直通式转发方式，线路带宽浪费相对直通式转发要少很多，但比存储转发要

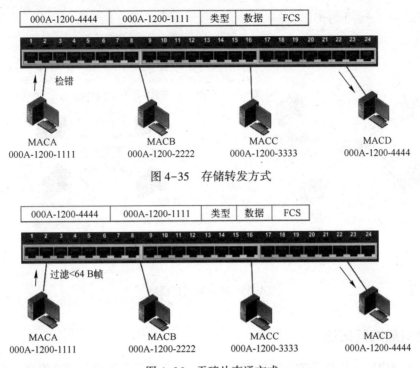

图 4-35　存储转发方式

图 4-36　无碎片直通方式

多，无法校验差错，可能会转发错误帧，传输时延小于存储转发接近直通转发。

3. 冲突域和广播域

　　冲突域和广播域是以太网中的两个重要概念，所谓冲突域就是连接在同一共享传输介质上的所有工作站的集合，或者说是以太网上竞争一带宽的结点的集合。共享式以太网中，所有结点构成了一个冲突域。交换式以太网中，交换机的每个端口构成了一个冲突域。如图 4-37 所示。

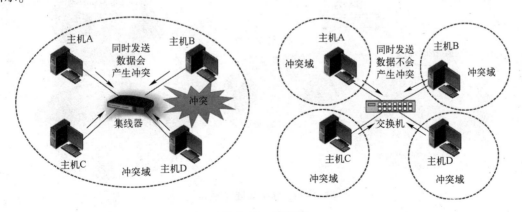

图 4-37　冲突域

　　在以太网中，如果一个结点发送广播数据包，那么这个网络中的其他结点也将会收到这个广播数据包。对于这种能够接收同样广播消息的结点的集合就被称为是一个广播域。同一个共享式以太网中所有结点构成了一个广播域，同一个交换式以太网中的所有结点也构成了一个广播域，如图 4-38 所示。

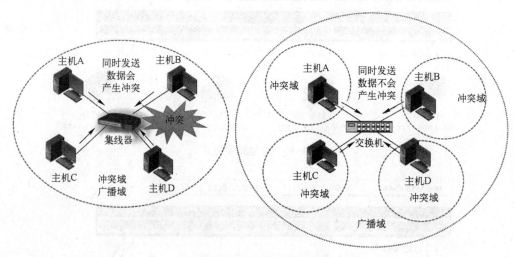

图 4-38 冲突域与广播域

4.5.2 虚拟局域网概述

随着局域网内的主机数量的日益增多，由大量的广播报文带来的带宽浪费、安全等问题变得越来越突出。为了解决这些问题，方法之一是将网络改造成用路由器连接多个子网，但这样会增加网络设备的投入；另一种成本较低又行之有效的方法就是采用虚拟局域网。虚拟局域网的技术是在交换技术上发展起来的。如图 4-39 所示，可以通过添加路由器来连接两个部门之间的网络，也可以在交换机上划分虚拟局域网，让两个部门分属于不同的虚拟局域网，达到隔离广播的目的。

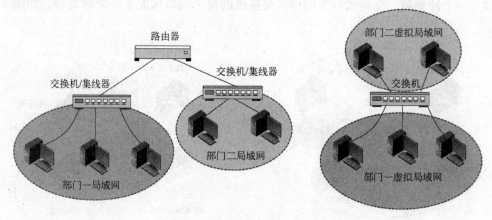

图 4-39 虚拟局域网图示

1. 虚拟局域网

虚拟局域网（virtual local area network，VLAN）是一种将局域网设备从逻辑上划分成一个个网段，从而实现虚拟工作组的数据交换技术。虚拟局域网技术实现了一组逻辑上的设备和用户的互连，这些设备和用户并不受物理位置的限制，可以根据功能、部门及应用等因素将它们组织起来，相互之间的通信就好像在同一个网段中一样。

VLAN 可以在一个交换机或者跨交换机实现。同时若没有路由的话，不同的 VLAN 之间不可以互相通信，这样就提高了企业网络中不同部门之间的安全性。网络管理员可以通过配置 VLAN 之间的路由来全面管理企业内部不同工作组之间的访问。

如图 4-40 所示是 VLAN 的一个典型案例。分别在不同楼层的交换机上划分了三个 VLAN：VLAN10、VLAN20、VLAN30，这样主机 A1、A2、A3 虽然地理位置位于不同的楼层，也连接到不同的交换机上，但由于它们都属于 VLAN10，所以 A1、A2、A3 在一个工作组中，同理 B1、B2、B3 也在一个工作组中，C1、C2、C3 也在一个工作组中。

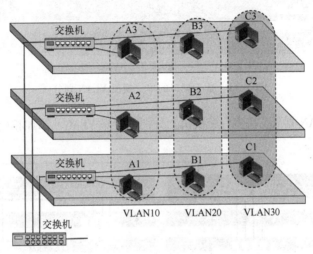

图 4-40　虚拟局域网的实现方式

VLAN 的主要优点如下。

− 控制广播流量：采用 VLAN 技术，可将某个（或某些）交换机端口划到某一个 VLAN 内，在同一个 VLAN 内的端口处于相同的广播域。

− 简化网络管理：当用户物理位置变动时，不需要重新布线、配置和调试，只需保证在同一个 VLAN 内即可，可以减轻网络管理员在移动、添加和修改用户时的开销。

− 提高安全性：不同 VLAN 的用户未经许可是不能相互访问的，可设置安全访问策略允许合法用户访问，限制非法用户访问。

− 提高利用率：每个 VLAN 形成一个逻辑网段，通过交换机合理划分不同 VLAN 将不同应用放在不同的 VLAN 内，在一个物理平台上运行且不会相互影响。

2. VLAN 的划分方法

划分 VLAN 的方法有很多种，常见的包括基于端口的 VLAN、基于 MAC 地址的 VLAN、基于网络层的 VLAN、基于 IP 组播的 VLAN 等。

（1）基于端口的 VLAN

基于端口的 VLAN 是划分虚拟局域网最简单、最有效并且使用最广泛的方法。是通过将交换机端口设置成不同的 VLAN 而组建不同的虚拟局域网。端口定义 VLAN 时，可以将同一个交换机的不同端口设置为不同的 VLAN，也可以将不同交换机的端口设置为同一个 VLAN。

在这种方式中，管理员提前定义好交换机端口和 VLAN 的关系，设置完成后，这些端口的 VLAN 属性将一直保持不变，除非网管人员重新设置。这种方法灵活性不好，但比较安全，容易配置和维护。

① 单交换机 VLAN 划分。预先设置好 VLAN，将端口 1～4 划分到 VLAN10 中，将端口 10～13 划分到 VLAN20 中。如果将计算机 A 接到端口 2 时，它就属于 VLAN10。其他的以此类推，如图 4-41 所示。

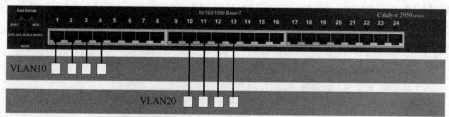

图 4-41　基于端口的单交换机 VLAN 划分

② 多交换机 VLAN 划分。在多台交换机上分别创建好 VLAN，添加相应的端口，如图 4-42 所示。

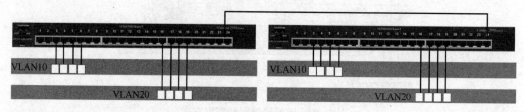

图 4-42　多交换机 VLAN 划分

（2）基于 MAC 地址划分 VLAN

按 MAC 地址来划分 VLAN 实际上是将某些工作站和服务器分属于某个 VLAN，事实上，该 VLAN 是一些 MAC 地址的集合。在这种方式中，管理员提前定义好 MAC 地址和 VLAN 的关系。如 MACA 属于 VLAN10，MACB 属于 VLAN20，MACC 属于 VLAN30。不管是将 MAC 地址为 MACA 的计算机接到交换机端口 2 或其他端口，它都属于 VLAN10，如图 4-43 所示。

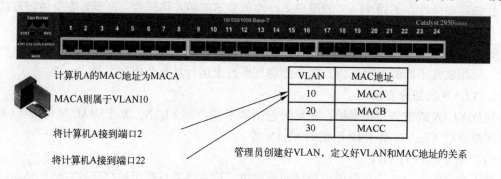

图 4-43　基于 MAC 地址的 VLAN 划分

（3）基于网络层的 VLAN

这种划分 VLAN 的方法是根据每个主机的网络层地址或协议类型（如果支持多协议）

划分的。虽然这种划分是依据网络地址，例如 IP 地址，但它不是路由，与网络层的路由毫无关系。优点是如果用户的物理位置改变了，不需要重新配置所属的 VLAN，而且可以根据协议类型来划分 VLAN，还有，不需要附加的帧标签来识别 VLAN，这样可以减少网络的通信量。缺点是效率低，因为检查每一个数据包的网络层地址是需要消耗处理时间的。

（4）基于 IP 组播的 VLAN

IP 组播实际上也是一种 VLAN 的定义，即认为一个组播就是一个 VLAN，这种划分的方法将 VLAN 扩大到广域网，因此这种方法具有更大的灵活性，而且也容易通过路由器进行扩展，当然这种方法不适合局域网，主要原因效率不高。

4.5.3 VLAN 帧与普通帧的区别

在交换式以太网中引入 VLAN 后，不仅在同一台交换机上可存在多个 VLAN，同一个 VLAN 还可以跨越多个交换机，也就是说，从交换机到交换机或者交换机到路由器的每条连接上都可能传输着来自多个 VLAN 的不同数据，那交换机如何识别来自不同 VLAN 的数据以进行正确的转发呢？这就需要一种机制来帮助识别不同 VLAN 的数据，为此，引入了 VLAN 的帧标记方法。该方法在每个以太网帧的帧头中插入一个唯一的 VLAN 标识，交换机通过检查这个标识以确定该帧所属的 VLAN。

IEEE 在 1996 年 3 月制定了 IEEE 802.1Q VLAN 标准，给出了 IEEE 802.1Q 的帧格式，它相当于在标准的以太网帧的基础上添加 4 个字节，两个字节的标记协议标志符（TPID）和两个字节的标签控制信息段（TCI），如图 4-44 所示。

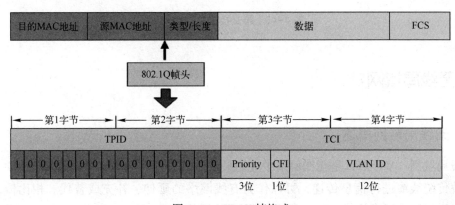

图 4-44 VLAN 帧格式

802.1Q 帧头放在标准以太网帧中“源 MAC 地址”与“类型/长度”之间，长度为 4 B。

TPID：标签协议标识字段，值为固定的 0x8100，说明该帧具有 802.1Q 标签。

TCI：标签控制信息字段，包括用户优先级（user priority）、规范格式指示器和 VLANID 三部分。

① Priority：共占用 3 位，指明帧的优先级。一共有 8 种优先级，主要用于当交换机发生拥塞时，交换机优先发送哪个数据包。

② CFI：占 1 位，为规范格式标识，用于指示以太网网络和令牌环网络之间的转发，CFI 在以太网交换机中总被设置为“0”，若一个以太网端口接收的帧所具有 CFI 值为“1”，

表示不对该帧进行转发。

③ VLAN ID：用于标识数据帧所在 VLAN 的编号，占 12 位，0 和 4095 都不用来表示 VLAN，因此用于表示 VLAN 的 VID 的有效值范围是 1~4 094。

跨交换机实现 VLAN 时，交换机间的 trunk 链路应带有 VLAN 标识，目前标准就是 802.1Q。例如，交换机 A 收到 GK1 发出的帧，是未做标记的帧，而交换机 A 交付给交换机 B 的数据帧，则是做过标记的帧，加上了 4B 的 VLAN 标记，如图 4-45 所示。

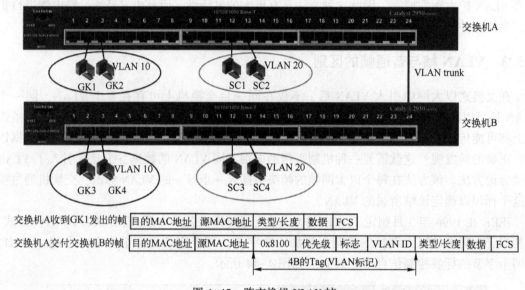

图 4-45　跨交换机 VLAN 帧

4.6　无线局域网

4.6.1　无线局域网概述

无线局域网（WLAN）是无线网络中应用最广泛的一种类型。无线局域网利用空中的电磁波代替传统线缆进行信息传递，可以作为有线网络的延伸、补充或替代。相比传统局域网，无线局域网有很多优势：

（1）终端可移动性

WLAN 用户在其覆盖范围内的任意地点访问网络数据，用户在使用笔记本电脑、PDA 或数据采集设备等移动终端时能自由的变换位置，这极大方便了因工作需要而不断移动的人员，如教师、护理人员、司机、餐厅服务员等。在一些特殊地理环境架设网络时，如矿山、港口、地下作业场所等，WLAN 无须布线的优势也显而易见。与之对应，有线网将用户限制在一定的物理连线上，活动范围非常有限，当用户在建筑物中走动或离开建筑物时，都会失去网络连接。

（2）网络硬件高可靠性

有线网络中的硬件问题之一是线缆故障。在有线网中，线缆和接头故障，常常导致网络连接中断。连接器损坏、线缆断开或接线口因多次使用，老化失效等都会干扰正常的网络使用。无线网络技术，从根本上避免了由于线缆故障造成的网络瘫痪问题。

（3）快速建设与低成本

无线局域网的工程建设可以节省大量为终端接入而准备的线缆；同时由于减少线缆的布放而大大加快了建设速度，降低了布线费用。在工程建设完毕后，用于网络设备维护和线路租用的费用也会相应减少。在扩充网络容量时相比传统有线网络无线局域网也有巨大的成本优势。

4.6.2　WLAN 网络构成

1. WLAN 的组成

WLAN 的组成如图 4-46 所示。

① 工作站（station，STA）：是无线局域网最基本组成单元，通过无线网卡接入网络。常见的工作站有 PC、手机、平板电脑、笔记本电脑等。

② 接入点（access point，AP）：是无线局域网的重要组成单元。一方面 AP 为 STA 提供基于 802.11 的无线接入服务，另一方面 AP 作为有线网和无线网之间连接"桥梁"，实现 802.3 数据帧和 802.11 数据帧之间转换。

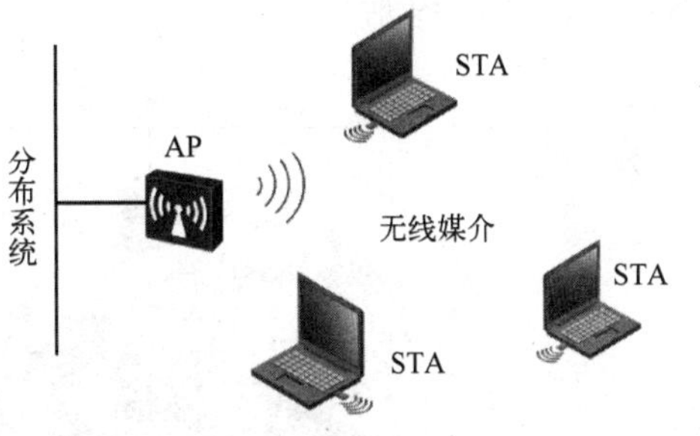

③ 无线媒介（wireless medium，WM）：是

图 4-46　WLAN 的构成

WLAN 中工作站与工作站、工作站与接入点之间通信的传输介质，在这里指的是空气。由于 WLAN 传输介质是开放的空间，给信息传递带来了一些不同于有线网络的新特性，如安全性、传输距离等。

④ 分布系统（distribution systems，DS）是将各个接入点连接起来的有线网络，通过 DS 能够延伸 WLAN 的覆盖范围及使得 STA 访问 Internet 或本地有线网络资源等。

2. WLAN 的拓扑结构

（1）对等模式

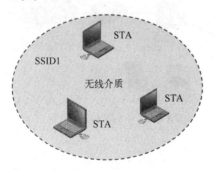

图 4-47　WLAN 的对等模式

又称 ad-hoc 模式，是点对点的对等结构。这种应用包含多个无线终端和一个服务器，均配有无线网卡，但不连接到接入点和有线网络，而是通过无线网卡进行相互通信。这种模式主要用在没有基础设施的地方，可以快速而轻松地组建无线局域网，如图 4-47 所示。

通常，我们将上述这些 STA 组建的无线网络范围（射频信息覆盖的范围内）称为无线网络基本服务区，在该服务区范围内的 STA 之间能够相互通信。在该服务区内组成的无线网络称为基本服务集（basic service set，BSS）。每个 BSS 都有一个唯一的服务集标识符（service set identifier，SSID），用来标识该服务集。

图 4-48　BSS 基础结构型 WLAN

（2）基础设施模式

基础结构型 WLAN 是由 AP 和 STA 共同组成的网络。所有的 STA 关联到 AP 上，通过 AP 实现 STA 之间相互通信及访问外网功能。由一个 AP 及若干 STA 构成一个 BSS，STA 之间通过 AP 通信，每个 BSS 有一个服务集标识符 SSID，在 AP 中设置发布，STA 通过扫描发现 SSID，并选择实现 STA 与 AP 的关联，如图 4-48 所示。

有时单个 BSS 覆盖范围不能满足用户对 WLAN 的需求，此时就需要多个 AP，构建多个 BSS，扩展 WLAN 覆盖范围。各个 BSS 的 SSID 名称相同，多个 AP 通过分布式系统连接起来形成一个扩展的 WLAN，我们将这个扩展 WLAN 称为扩展服务集（extended service set，ESS），如图 4-49 所示。

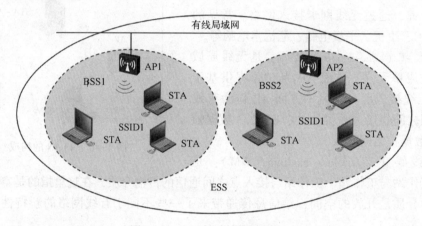

图 4-49　ESS 基础结构型 WLAN

3. 无线局域网的典型组网

（1）小型无线组网

如图 4-50 所示为典型的小型无线组网，采用了最基本的无线接入设备 AP，AP 的作用仅仅是提供无线信号发射，网络信号通过有线网络传送到 AP，AP 将电信号转换成为无线电信号发送出来，形成无线网的覆盖，根据不同的功率，AP 可实现不同范围的网络覆盖，通常 SOHO 类无线 AP 的功能简单，相当于无线 HUB，在空旷区域的覆盖距离在 100 m 以内。

图 4-50　小型无线组网

（2）大型无线组网

当要部署企业或运营级 WLAN 网络时，简单的 AP 接入方式无法满足客户的需求。WLAN 设备的统一部署、运营和维护成为大型网络的关键要素。此时需要在大型网络中部署 AC（access control，无线接入控制器）。AC 的作用是负责无线网络的接入控制、转发、统计、AP 的配置监控，漫游管理、AP 的网管代理和安全控制等。AC 的出现给大中型

WLAN 网络的维护带来了很大的便利性，AP 在部署、升级、配置上不再需要用户的频繁干预，把网络维护者从繁重的配置操作中解放出来，这种配置方式已经成为大型 WLAN 网络部署和维护的主流方式，如图 4-51 所示。

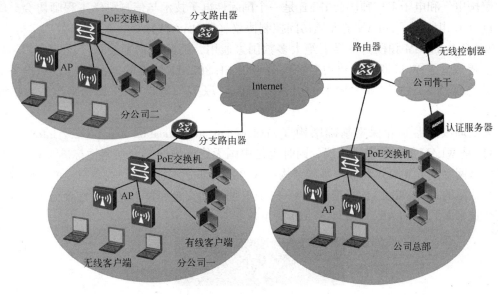

图 4-51　大型无线组网

4.6.3　WLAN 发展进程

　　IEEE 802.11 标准于 1997 年 6 月 26 日制定完成，1997 年 11 月 26 日正式发布。IEEE 802.11 无线局域网标准的制定是无线网络技术发展的一个里程碑。承袭了 IEEE 802 系列，规范了无线局域网络的媒体访问控制层和物理层。IEEE 802.11 使得各种不同厂商的无线产品得以互连。IEEE 802.11 标准的颁布，使得无线局域网在各种有移动要求的环境中被广泛接受。

　　IEEE 802.11 是所有 IEEE 802.11 相关标准的基础，其中定义的数据链路层的一部分（MAC 层）适用于所有 IEEE 802.11 的其他标准。MAC 层中物理地址与以太网相同，都使用 MAC 地址，介质访问控制使用 CSMA/CA 方式。通常采用无线基站并通过高基站实现通信，现在，各厂商已经开发并销售一种具有网桥功能的（能够连接以太网与 IEEE 802.11）基站设备。IEEE 802.11 标准的工作频段、最高传输速率、实际传输速率、传输距离等如表 4-9 所示。

表 4-9　无线技术与标准

无线技术与标准	802.11	802.11a	802.11b	802.11g	802.11n	802.11ac
工作频段	2.4 GHz	5 GHz	2.4 GHz	2.4 GHz	2.4 GHz 和 5 GHz	5 GHz
最高传输速率	2 Mbps	54 Mbps	11 Mbps	54 Mbps	108 Mbps 以上	1 Gbps 以上
实际传输速率	低于 2 Mbps	31 Mbps	6 Mbps	20 Mbps	大于 30 Mbps	300 Mbps 以上
传输距离	100 m	80 m	100 m	150 m 以上	100 m 以上	—
成本	高	低	低	低	低	低

4.6.4　WLAN 的相关组织和标准

在 WLAN 的发展过程中，很多标准化组织参与制定了大量的 WLAN 协议和技术标准。

美国电气和电子工程师协会 IEEE 是一个国际性电子技术与信息科学工程师协会。IEEE 802.11 工作组制定了 WLAN 的介质访问控制协议（CSMA/CA）。

2.4 GHz 的 ISM 频段为世界上绝大多数国家通用，因此得到了最为广泛的应用。1999 年工业界成立了 WiFi 联盟，致力于解决符合 IEEE 802.11 标准的产品的生产和设备兼容性问题。作为 WLAN 领域内技术的引领者，WiFi 联盟为全世界的 WLAN 产品提供测试认证。

无线局域网鉴别和保密基础结构（wireless lan authentication and privacy infrastructure, WAPI）是 WLAN 的一种安全协议，同时也是中国无线局域网安全强制性标准。WAPI 包括无线局域网鉴别（WAI）和保密基础结构（WPI）两部分。与 IEEE 主导完成的公认存在严重安全缺陷的 IEEE 802.11i 标准比，WAPI 具有明显的安全和技术优势，迄今为止未被发现有安全技术漏洞。WLAN、WiFi、WAPI 关系如图 4-52 所示。

图 4-52　WLAN、WiFi 与 WAPI

4.6.5　WLAN 冲突检测技术 CSMA/CA

CSMA/CD 协议已成功地应用于使用有线连接的局域网，那无线局域网能不能也使用 CSMA/CD 呢？显然，这个协议的前一部分 CSMA 能够使用，在无线局域网中，在发送数据之前先对媒体进行载波监听，如发现有其他站点在发送数据，就推迟发送以免发生碰撞，这样是合理的。但问题是"碰撞检测 CD"在无线环境下却不能使用，原因如下。

① "碰撞检测"要求一个站点在发送本站数据的同时，还必须不间断地检测信道，一旦检测到碰撞，就立即停止发送，但由于无线信道的传输条件特殊，其信号强度动态范围非常大，因此在 802.11 适配器上接收到的信号强度会远远小于发送信号强度（信号强度可能相差百万倍），如要在无线网卡上实现碰撞检测，对硬件的要求非常高。

② 即使我们能在硬件上实现无线局域网的碰撞检测功能，但由于无线电波传播特殊性（存在隐蔽站问题），进行碰撞检测的意义也不大。

如图 4-53 所示，有 4 个无线站点，A 的信号范围可以覆盖到 B，但不能覆盖到 C，C 的信号范围可以覆盖到 B，但不能覆盖到 A，换句话说，A 和 C 都检测不到对方的无线信号，当 A 和 C 都给 B 发送帧时，就会产生碰撞，但 A 和 C 无法检测到碰撞。这种未能检测出信道上其他站点信号的问题叫作隐蔽站问题。当移动站之间有障碍物时也有可能出现上述问题，例如，三个站点

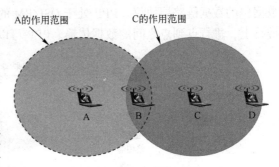

图 4-53　隐藏站问题

A、B 和 C 彼此距离都差不多，相当于一个等边三角形的三个顶点，但 A 和 C 之间有一座山，因此 A 和 C 彼此都听不见对方，若 A 和 C 同时向 B 发送数据就会发生碰撞，使 B 无法正常接收。

无线局域网使用的冲突检测技术是 CSMA/CA（carrier sense multiple access with collision avoidance）协议，即载波侦听多路访问/冲突避免。协议的设计是尽量减少碰撞的发生概率。

802.11 局域网在使用 CAMA/CA 的同时，还使用停止等待协议，这是因为无线信道的质量远不如有线信道的，因此无线站点每通过无线局域网发送完一帧后，要等到收到对方的确认帧后才能继续发送下一帧。这就是链路层确认。

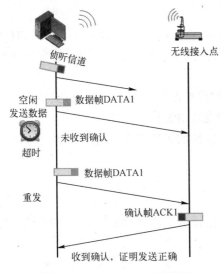

图 4-54　CSMA/CA 工作原理

CSMA/CA 利用 ACK 信号来避免冲突，也就是说，只有当客户端收到网络上返回的 ACK 信号后才确认送出的数据已经正确到达目的地址。CSMA/CA 没有 CAMA/CD 的冲突检测机制，因此在检测到信道忙后，各发送站要等待一段时间后重新发送以进一步减少冲突，如图 4-54 所示，CSAM/CA 的原理如下。

① 首先检测信道是否有使用，如果检测出信道空闲，则等待一段随机时间后（考虑可能有其他高优先级的帧要发送，若有要等高优先级的帧先发送），才送出数据。

② 接收端如果正确收到此帧，则经过一段时间间隔后，向发送端发送确认帧 ACK。

③ 发送端收到 ACK 帧，确定数据正确传输。

如果在规定的时间内没有收到确认，表明出现冲突，发送失败，执行退避算法，重发此帧。

4.7　PPP

4.7.1　PPP 概述

1. PPP 基本概念

点对点协议（point-to-point protocol，PPP），是一种在点到点链路上传输、封装网络层

数据包的数据链路层协议。PPP 处于 OSI/RM 的数据链路层，主要用于支持全双工的同异步链路上，进行点到点之间的数据传输。PPP 可以用于多种链路类型，如图 4-55 所示。

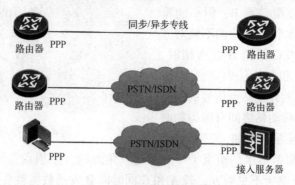

图 4-55　PPP 的适用场合

2. PPP 的特点

作为目前使用最广泛的广域网协议，PPP 具有以下特点。

- PPP 是面向字符的，在点到点串行链路上使用字符填充技术，既支持同步链路又支持异步链路。
- PPP 通过 LCP（link control protocol，链路控制协议）部件能够有效控制数据链路的建立。
- PPP 支持验证协议族 PAP（password authentication protocol，密码验证协议）和 CHAP（challenge-handshake authentication protocol，挑战-握手验证协议），更好地保证了网络的安全性。
- PPP 支持各种 NCP（network control protocol，网络控制协议），可以同时支持多种网络层协议，典型的 NCP 包括支持 IP 的 IPCP 和支持 IPX 的 IPXCP 等。
- PPP 可以对网络层的地址进行协商，支持 IP 地址的远程分配，能满足拨号线路的需求。
- PPP 无重传机制，网络开销小。

3. PPP 的组成

PPP 并非单一的协议，而是由一系列协议构成的协议族。图 4-56 展示了 PPP 的分层结构。

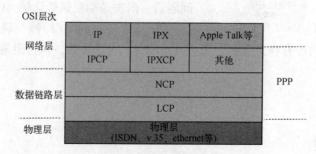

图 4-56　PPP 体系结构

在物理层 PPP 能使用同步介质（如 ISDN 或同步 DDN 专线），也能使用异步介质（如基于 Modem 拨号的 PSTN）。

另外，PPP 通过链路控制协议族在链路管理方面提供了丰富的服务，这些服务以 LCP 协商选项的形式提供；通过网络控制协议族提供对多种网络层协议的支持；通过 PPP 扩展协议族提供对 PPP 扩展特性的支持，例如 PPP 以验证 PAP 和 CHAP 实现安全验证功能。

PPP 的主要组成及其作用如下。

① 链路控制协议 LCP：主要用于管理 PPP 数据链路，包括进行链路层参数的协商、建立、拆除和监控数据链路等。

② 网络控制协议 NCP：主要用于协商所承载的网络层协议的类型及其属性，协商在该数据链路上，所传输的数据包的格式与类型，配置网络层协议等。

③ 验证协议 PAP 和 CHAP：主要用来验证 PPP 对端设备的身份合法性，在一定程度上保证链路的安全性。

在上层 PPP 通过多种 NCP 提供对多种网络层协议的支持，每种网络层协议，都有一种对应的 NCP 为其提供服务，因此 PPP 具有强大的扩展性和适应性。

4.7.2　PPP 会话

1. PPP 会话的建立过程

（1）链路建立阶段

在这个阶段，运行 PPP 的设备会发送 LCP 报文来检测链路的可用情况，如果链路可用则会成功建立链路，否则链路建立失败。

（2）验证阶段（可选）

链路成功建立后，根据 PPP 帧中的验证选项来决定是否验证。如果需要验证，则开始 PAP 或者 CHAP 验证，验证成功后进入网络层协商阶段。

（3）网络层协商阶段

在这一阶段运行 PPP 的双方发送 NCP 报文来选择并配置网络层协议，双方会协商彼此使用的网络层协议（例如是 IP 还是 IPX），同时也会选择对应的网络层地址（IP 地址或 IPX 地址）。如果协商通过，则 PPP 链路建立成功。

通过上述三个步骤，一条完整的 PPP 链路就建立好了，如图 4-57 所示。

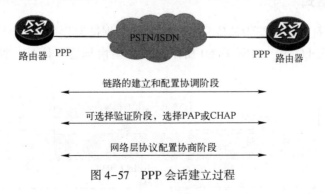

图 4-57　PPP 会话建立过程

2. PPP 协议工作过程

下面以 ADSL 网络中用户利用 PPP 拨号到 Internet 的工作过程为例了解 PPP 的工作过程。如图 4-58 中，在 ADSL 上网方式中，每一个 ISP（Internet 服务提供商）都已经从因特网的管理机构或更大的 ISP 申请到一批 IP 地址，ISP 通过高速通信专线与 Internet 相连。当用户拨号接入 ISP 后，就建立了一条从用户 PC 到 ISP 的物理连接。这时，用户 PC 向 ISP 发送一系列的链路控制协议 LCP 分组（封装成多个 PPP 帧），以便建立 LCP 连接。这些分组及其响应选择了将要使用的一些 PPP 参数，接着还要进行网络层配置，网络控制协议 NCP 给新接入的用户 PC 分配一个临时的 IP 地址。这样 PC 就成为互联网上的一个有 IP 地址的主机了。当用户通信完毕后，NCP 释放网络层连接，收回原来分配出去的 IP 地址，接着，LCP 释放数据链路层连接，最后释放的是物理层的连接，如图 4-59 所示。

图 4-58　ADSL 模式中 PPP

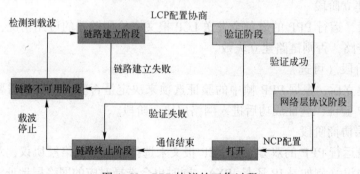

图 4-59　PPP 协议的工作过程

4.7.3　PPP 帧格式

PPP 是面向字符（以字符为单位）的，而其他数据链路层的广域网协议大部分是面向位的，如 HDLC、SDLC 等。如图 4-60 所示，PPP 帧由标志、地址、控制、协议、信息、FCS 几部分组成。

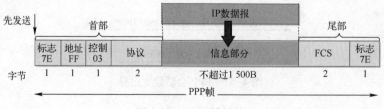

图 4-60　PPP 帧结构

　　标志字段：用来区分每个帧。这一点与 HDLC 协议非常相似，因为 PPP 本身就是基于 HDLC 制定出来的一种协议。所有的 PPP 帧是以标准的 HDLC 标志字节（01111110）开始的，如果是用在信息字段上，就是所填充的字符。

　　地址字段：总是设成二进制值 11111111，地址字段实际上并不起作用。

　　控制字段：其默认值为 00000011，此值表明是一个无序号帧。换言之，默认情况下，PPP 没有采用序列号和确认来进行可靠传输。在有噪声的环境中，如无线网络，则使用编号方式进行可靠的传输。

　　协议字段：2 B，其值若为 0x0021，则信息字段就是 IP 数据报，若为 0x8021，则信息字段是网络层控制数据，若为 0xC021，则信息字段是 PPP 链路控制协议 LCP 的数据。

　　信息字段：是变长的，最多可达到所商定的最大值。默认长度 1 500 B。如果需要的话，在有效内容后面增加填充字段。

　　FCS：2 B，使用 CRC 的帧检验序列。

【实践与体验】

【实训 4-1】局域网组建体验

实训目的

1. 理解集线器与交换机的区别。
2. 组建共享式以太网并能进行连通性测试。
3. 组建交换式以太网并能进行连通性测试。
4. 理解冲突域和广播域。

实验步骤

1. 组建共享式以太网

① 实训拓扑与 IP 地址规划如图 4-61 所示。

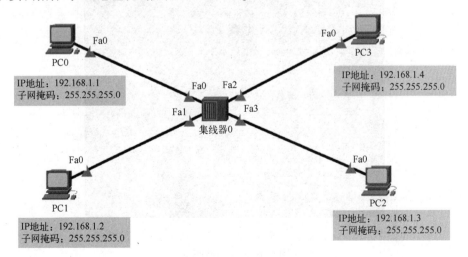

图 4-61　实训拓扑

② 配置 IP 地址，根据规划好的 IP 地址配置各主机 IP，如图 4-62 所示为 PC0 的 IP 配置界面。

图 4-62　为主机配置 IP 地址

③ 连通性测试。测试 PC0 到其他主机的连通性，单击 PC0，在桌面选项中单击命令提示符，在打开的命令提示符窗口中，使用 ping 命令进行测试验证，如图 4-63 所示。

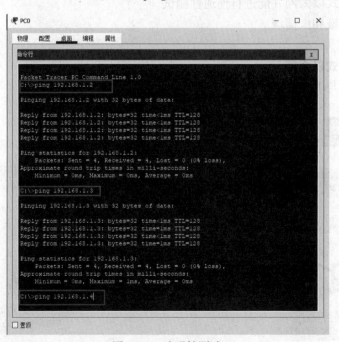

图 4-63　连通性测试

④ 集线器对单播包的处理。进入模拟模式，设置过滤器只显示 ICMP 事件，单击"添加简单 PDU"按钮，添加一个 PC0 向 PC2 发送的数据包，单击按钮，单步捕获数据，仔细观察数据包发送过程中，集线器向哪些 PC 转发单播包，以及 PC 接收到数据包后如何处理该数据包。记录观察结果。

⑤ 观察集线器对广播包的处理。单击下方的"删除"按钮，删除所有场景。进入模拟模式，设置事件列表过滤器只显示 ICMP 事件。

单击"添加复杂 PDU"按钮，单击 PC0，在弹出的对话框中设置参数如图 4-64 所示，然后单击"创建 PDU"按钮，创建数据包。

其中，目的 IP 地址设置为 255.255.255.255，这是一个广播地址，表示该数据包发送给源站点所在广播域内的所有站点。源 IP 地址设置为 192.168.1.1（该实训拓扑中 PC0 配置的 IP 地址），序号设置为 1，时间设置为 1，其他的保持默认。

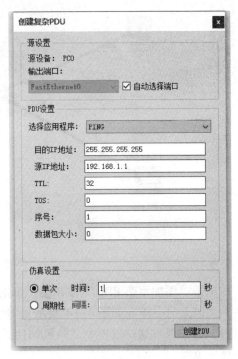

图 4-64　创建复杂 PDU

单击按钮，观察数据包的转发过程，仔细观察这一过程中集线器是如何处理广播包的，进而观察以集线器为中心的以太网的广播域范围。

⑥ 观察多个站点同时发送数据的情况，理解冲突域。

单击下方的"删除"按钮，删除所有场景。进入模拟模式，设置事件列表过滤器只显示 ICMP 事件。

单击"添加简单 PDU"按钮，添加 PC0 向 PC2 发送的数据包；再次单击按钮，添加 PC1 向 PC3 发送的数据包。

单击按钮，观察数据包转发过程，在此过程中，仔细观察数据包到各个结点的情况，以及集线器和主机 PC 对数据包的处理。

2. 组建交换机以太网

① 实训拓扑与 IP 规划如图 4-65 所示。

② 配置 IP 地址并完成连通性测试。

与前面使用集线器组建共享式以太网一样，完成 IP 地址的配置和连通性测试。

③ 观察交换机对单播包的处理。

进入模拟模式，设置事件列表过滤器只显示 ICMP 事件。单击"添加简单 PDU"按钮，添加一个 PC0 向 PC2 发送的数据包。单击按钮，仔细观察数据包发送过程中，交换机向哪些 PC 转发该单播包，以及各 PC 接收到数据包后如何处理该数据包，记录观察结果，并与使用集线器组建的共享式以太网比较。

④ 观察交换机对广播包的处理。

单击下方的"删除"按钮，删除所有场景。进入模拟模式，设置事件列表过滤器只显示 ICMP 事件。

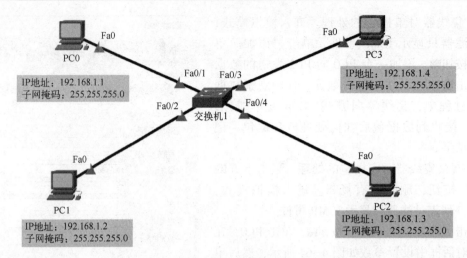

图 4-65　实训拓扑

单击"添加复杂 PDU"按钮✉，单击 PC0，在弹出的对话框中设置参数，参数设置与共享式以太网一样（如图 4-64 所示），然后单击"创建 PDU"按钮，创建数据包。单击按钮▶，仔细观察这一过程中交换机如何处理广播包，进而观察以交换机为中心的以太网的广播域范围。

⑤ 观察多个站点同时发送数据的情况。

单击下方的"删除"按钮，删除所有场景。进入模拟模式，设置事件列表过滤器只显示 ICMP 事件。

单击"添加简单 PDU"按钮✉，添加 PC0 向 PC2 发送的数据包；再次单击"添加简单 PDU"按钮✉，添加 PC1 向 PC3 发送的数据包。

单击按钮▶，观察数据包转发过程，在此过程中，仔细观察数据包到各个结点的情况，以及交换机和主机 PC 对数据包的处理。

3. 集线器、交换机扩展以太网覆盖范围的同时，对冲突域和广播域的影响

① 实训拓扑与 IP 地址规划，如图 4-66 所示。

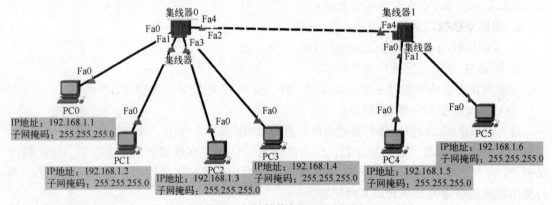

图 4-66　拓扑结构与 IP 地址规划

② 完成各 PC 的 IP 地址配置。

③ 观察集线器扩展以太网时对冲突域的影响。

进入模拟模式，设置事件列表过滤器只显示 ICMP 事件。

单击 "添加简单 PDU" 按钮 ✉，添加 PC0 向 PC2 发送的数据包；再次单击 "添加简单 PDU" 按钮 ✉，添加 PC4 向 PC5 发送的数据包。

依次单击按钮 ▶，直到此次通信结束。在此过程中，仔细观察并思考每一步数据包是被如何处理的。

④ 观察集线器扩展以太网时对广播域范围的影响

单击下方的 "删除" 按钮，删除所有场景，参照前面的方法，在 PC0 上添加向其所在广播域内所有结点的广播包，依次单击按钮 ▶，观察广播包的发送范围。

⑤ 将拓扑中的集线器更换为交换机，参照步骤③④，观察交换机扩展以太网时对冲突域和广播域的影响。

【实训 4-2】 单交换机 VLAN 配置

实训目的

1. 掌握交换机的配置模式及相关命令。
2. 理解 VLAN 的作用。
3. 掌握基于端口的 VLAN 划分。
4. 掌握单交换机 VLAN 配置。

实训步骤

1. 实训拓扑（如图 4-67 所示）

使用到的设备有 Switch 2960-24T 一台，PC 机 4 台（PC0、PC1、PC2、PC3）。使用直通线将 PC0、PC1、PC2、PC3 分别连接到交换机的 F0/1、F0/2、F0/11、F/12 接口上。

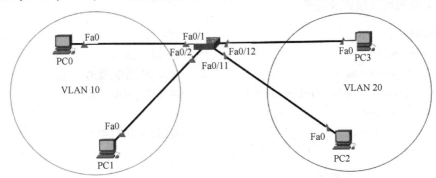

图 4-67 实训拓扑

2. 根据表 4-10 中的 IP 规划配置各 PC 的 IP 地址

表 4-10 PC 配置信息表

PC	IP 地址	子网掩码
PC0	192. 168. 1. 1	255. 255. 255. 0
PC1	192. 168. 1. 2	255. 255. 255. 0
PC2	192. 168. 1. 11	255. 255. 255. 0
PC3	192. 168. 1. 12	255. 255. 255. 0

3. 交换机常用配置命令及配置模式切换

↪ 进入特权模式（enable）；

↪ 进入全局配置模式（config terminal）；

↪ 进入交换机端口视图模式（interface fa0/0）；

↪ 返回到上一级（exit）；

↪ 从全局以下模式返回到特权模式（end）；

↪ 帮助信息（如?、co?、copy?）；

↪ 命令自动补全（tab）；

↪ 快捷键 Ctrl+C 中断测试；

↪ 修改交换机名（hostname XXX）；

交换机配置模式及相关描述如表 4-11 所示。

表 4-11　交换机配置模式

配置模式	命令提示符	描　　述
用户模式	Switch>	简单查看交换机的软件、硬件版本信息、进行简单测试
特权模式	Switch#	由用户模式进入特权模式，对交换机的配置文件进行管理、查看交换机的配置信息、进行网络测试和调试等
全局配置模式	Switch(config)#	可配置交换机的全局性参数（如主机名、登录信息），可对交换机的具体功能进行配置
端口模式	Switch(config-if)#	对交换机的接口参数进行配置

4. 参考配置命令

（1）交换机配置模式及切换

```
Switch>                                    //用户模式
Switch>enable                              //进入特权模式
Switch#configure terminal                  //进入全局配置模式
Switch(config)#interface fastEthernet 0/1  //进入端口视图模式
Switch(config-if)#
Switch(config)#exit                        //退回上一级模式
Switch#
```

（2）单交换机 VLAN 配置

① 创建与查看 VLAN 参考命令。

```
Switch>                                    //用户模式
Switch>enable                              //进入特权模式
Switch#configure terminal                  //进入全局配置模式
Switch(config)#vlan 10                     //创建 VLAN 10
Switch(config-vlan)#vlan 20                //创建 VLAN 20
Switch(config-vlan)#end                    //退回特权模式
Switch#show vlan                           //查看创建的 VLAN
```

② 查看创建的 VLAN，如图 4-68 所示。

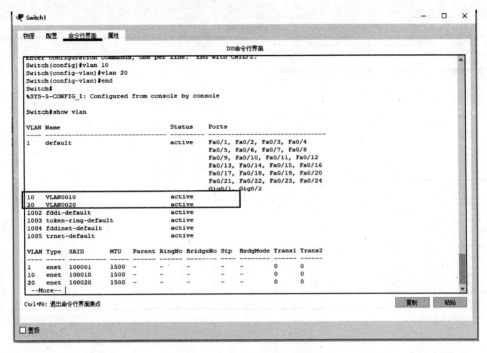

图 4-68 查看 VLAN 信息

③ 将端口 F0/1 和端口 F0/2 加入 VLAN 10，将端口 F0/11 和 F0/12 加入 VLAN 20。

Switch(config)#interface fastEthernet 0/1

Switch(config-if)#switchport mode access

Switch(config-if)#switchport access vlan 10

//将端口 F0/1 划分到 VLAN 10 中

Switch(config-if)#interface fastEthernet 0/2

Switch(config-if)#switchport mode access

Switch(config-if)#switchport access vlan 10

//将端口 F0/2 划分到 VLAN 10 中

Switch(config-if)#interface fastEthernet 0/11

Switch(config-if)#switchport mode access

Switch(config-if)#switchport access vlan 20

//将端口 F0/11 划分到 VLAN 20 中

Switch(config-if)#interface fastEthernet 0/12

Switch(config-if)#switchport mode access

Switch(config-if)#switchport access vlan 20

//将端口 F0/12 划分到 VLAN 20 中

Switch(config-if)#

④ 再次使用 show vlan 命令可以发现 F0/1、F0/2、F0/11、F0/12 已成功添加到相应的 VLAN 中，如图 4-69 所示。

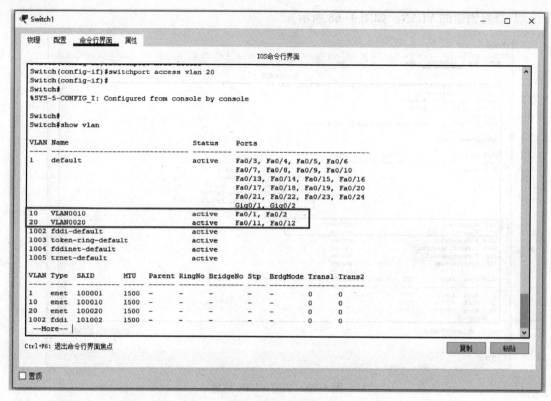

图 4-69 查看 VLAN 中端口添加情况

5. 测试

相同 VLAN 间可以 ping 通，不同 VLAN 间不能 ping 通。

在 PC0 中，能够 ping 通 PC1，不能 ping 通 PC2 与 PC3。

在 PC1 中，能够 ping 通 PC0，不能 ping 通 PC2 与 PC3。

在 PC2 中，能够 ping 通 PC3，不能 ping 通 PC0 与 PC1。

在 PC3 中，能够 ping 通 PC2，不能 ping 通 PC0 与 PC1。

【实训 4-3】跨交换机 VLAN 配置

实训目的

1. 掌握交换机的配置模式及相关命令。
2. 理解 VLAN 如何跨交换机实现。
3. 掌握基于端口的 VLAN 划分。
4. 理解 Trunk 端口类型的作用及应用。

实训步骤

① 实训拓扑如图 4-70 所示，使用到的设备有 Switch 2960-24T 两台，PC 机：4 台 (PC0、PC1、PC2、PC3)。使用直通线将 PC0、PC1 连接到 Switch1 交换机的 F0/1、F0/2，将 PC2、PC3 连接到 Switch2 交换机的 F0/1、F0/2 接口上。

② 根据表 4-12 中的 IP 规划配置各 PC 机的 IP 地址。

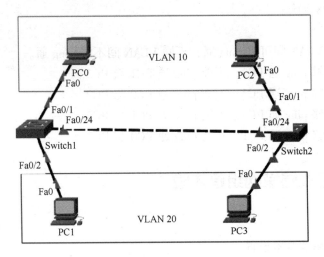

图 4-70　实训拓扑

表 4-12　PC 配置信息表

PC	IP 地址	子网掩码
PC0	192.168.1.1	255.255.255.0
PC1	192.168.1.2	255.255.255.0
PC2	192.168.1.11	255.255.255.0
PC3	192.168.1.12	255.255.255.0

Switch(config)#vlan 10

③ 交换机 Switch1 和 Switch2 的配置可参考如下命令。

```
witch(config)#vlan 10
Switch(config-vlan)#vlan 20
Switch(config-vlan)#exit
Switch(config)#interface fastEthernet 0/1
Switch(config-if)#switchport mode access
Switch(config-if)#switchport access vlan 10
Switch(config-if)#exit
Switch(config)#interface fastEthernet 0/2
Switch(config-if)#switchport mode access
Switch(config-if)#switchport access vlan 20
Switch(config-if)#exit
Switch(config)#interface fastEthernet 0/24
Switch(config-if)#switchport mode trunk
//将 F0/24 端口设置为 trunk 模式
Switch(config-if)#switchport trunk allowed vlan all
```

//允许所有 VLAN 通过 Trunk 口

Switch(config-if)#

④ 测试。

跨交换机相同 VLAN 间可以 ping 通，不同 VLAN 间不能 ping 通。

在 PC0 中，能够 ping 通 PC2，不能 ping 通 PC1 与 PC3。

在 PC1 中，能够 ping 通 PC3，不能 ping 通 PC0 与 PC2。

在 PC2 中，能够 ping 通 PC0，不能 ping 通 PC1 与 PC3。

在 PC3 中，能够 ping 通 PC1，不能 ping 通 PC0 与 PC2。

【实训 4-4】无线局域网组建体验

实训目的

1. 熟悉无线路由器基本设置。

2. 熟悉无线路由器安全设置。

3. 组建无线网络，实现访问 Web 服务器。

实训步骤

1. 实训拓扑与 IP 地址规划（如图 4-71 所示）

注意 Router0 和 Wireless Router0 之间使用自动选择连接类型连接。

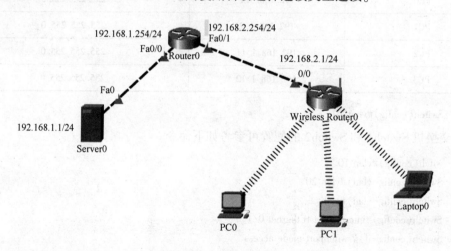

图 4-71　实训拓扑结构

2. 构建虚拟 Internet 路由器与互联网 Web 服务器

（1）路由器 Router0 配置

激活 FastEthernet0/0 并配置 IP 地址，如图 4-72 所示，激活 FastEthernet0/1 接口并配置 IP 地址，如图 4-73 所示。

（2）配置 Web 服务器

配置 Web 服务器 Server0 的 IP 地址如图 4-74 所示。

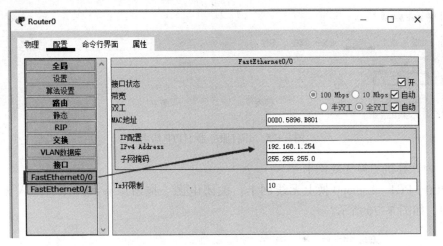

图 4-72　配置 F0/0 接口 IP 地址

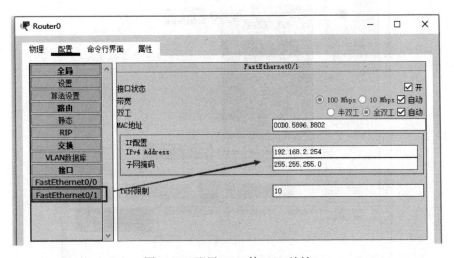

图 4-73　配置 F0/1 接口 IP 地址

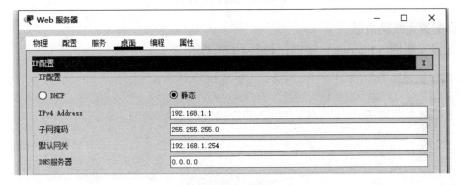

图 4-74　配置 Web 服务器 IP 地址

开启服务器的 HTTP 服务（默认开启），如图 4-75 所示。

图 4-75　开启服务器 HTTP 服务

（3）为计算机更换无线网卡

给 PC0、PC1、Laptop0 换上无线网卡：关闭电源、拖出原有线网卡、拖入无线网卡、打开电源，如图 4-76 所示。

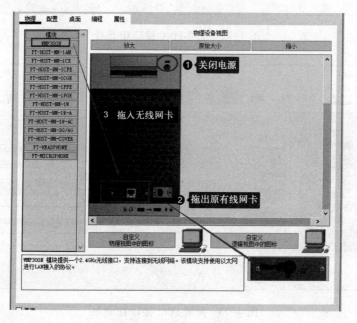

图 4-76　更换无线网卡

（4）配置无线路由器

① 配置互联网（Internet）接口，如图 4-77 所示。

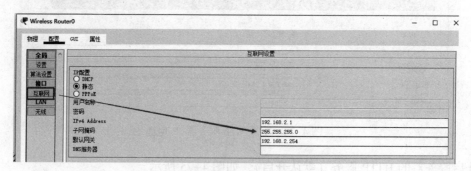

图 4-77　配置无线路由器互联网接口 IP 地址

② 配置 LAN 口，如图 4-78 所示。

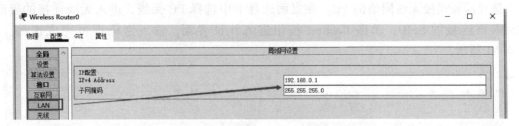

图 4-78　配置无线路由器 LAN 接口 IP 地址

③ 配置无线接入 SSID 和认证方式，如图 4-79 所示。

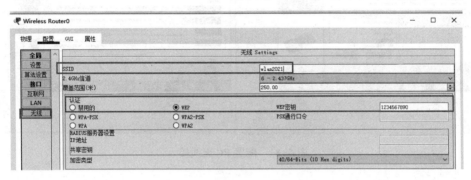

图 4-79　配置 SSID 和认证方式

④ 配置路由器地址池，如图 4-80 所示。

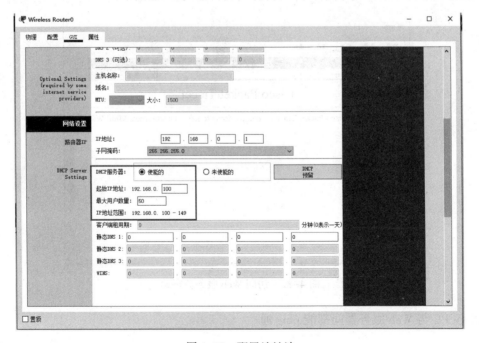

图 4-80　配置地址池

（5）配置 PC 实现无线接入

选择需要连接无线网络的 PC，在桌面选择卡中选择 PC 无线，进入无线连接的界面，找到需要连接的 SSID，单击 Connect 按钮进入认证界面，输入密码即可完成连接。如图 4-81 所示。

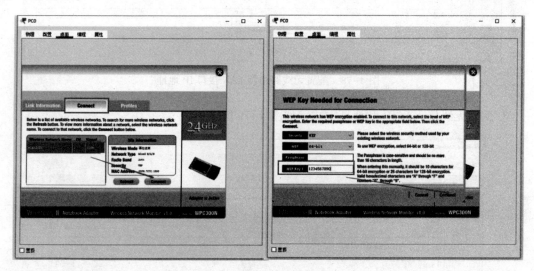

图 4-81　配置 PC 无线接入

（6）验证

① 使用 PC0 访问 Web 服务器上的资源，打开 PC 的网页浏览器，在地址栏中输入服务器 IP 地址 192.168.1.1，单击前往即可打开网页，如图 4-82 所示。

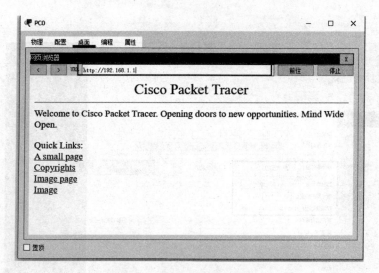

图 4-82　访问 Web 服务器资源

② 各 PC 与 Web 服务器间都能 ping 通。

[巩固提高]

项目 4 习题

一、单选题

1. 局域网通信是利用（　　）来发现目标物理设备的。

A. MAC 地址　　　　　　B. IP 地址　　　　　C. 端口号　　　　　D. 以上都是

2. CSMA/CD 指的是"载波侦听多路访问/冲突检测"技术，它在 CSMA 的基础上增加了冲突检测功能，当网络中的某个站点检测到冲突时，它就立即停止发送，而其他站（　　）。

A. 都会接收到阻塞信号　　　　　　　B. 都会处于等待状态

C. 都会竞争发送　　　　　　　　　　D. 仍有可能继续发送

3. 以下（　　）不是无线局域网的优势。

A. 灵活性和移动性　　　　　　　　　B. 安全性和保密性

C. 安装便捷　　　　　　　　　　　　D. 故障定位容易

4. 在 10Base-T 的以太网中，使用双绞线作为传输介质，最大的网段长度是（　　）。

A. 2 000 m　　　　　B. 500 m　　　　　C. 185 m　　　　　D. 100 m

5. 无线网络采用的数据通信标准是（　　）。

A. 802.2　　　　　B. 802.3　　　　　C. 802.11　　　　　D. 802.1Q

6. 交换机连成的网络属于同一个（　　）。

A. 冲突域　　　　　B. 广播域　　　　　C. 管理域　　　　　D. 控制域

7. 100Base-T 使用（　　）作为传输介质。

A. 同轴电缆　　　　　B. 光纤　　　　　C. 双绞线　　　　　D. 红外线

8. 两台计算机利用电话线路传输数据信号时必备的设备是（　　）。

A. 调制解调器　　　　B. 网卡　　　　　C. 中继器　　　　　D. 集线器

9. 下列正确的 MAC 地址是（　　）。

A. 16-5B-4A-34-2H　　　　　　　　　B. 192.168.1.55

C. 65-10-96-58-16　　　　　　　　　D. 00-06-5B-4F-45-BA

10. 设计数据链路层的主要目的是将一条原始的、有差错的物理线路变为对网络层无差错的（　　）。

A. 物理链路　　　　B. 数据链路　　　　C. 传输介质　　　　D. 端到端的连接

11. 虚拟局域网是基于（　　）实现的。

A. 集线器　　　　　B. 网桥　　　　　C. 交换机　　　　　D. 路由器

二、填空题

1. 以太网类型有_____、_____、_____、_____。

2. PPP 是点对点协议，英文为_____，它是一个工作于数据链路层的广域网协议。

3. 在交换机中，维护着一张_____表，表中存放着主机的_____与交换机端口的映射关系。

4. MAC 地址中 3~24 位表示_____，后 24 位表示_____。

5. MAC 地址长度为_____位。

6. 局域网的数据链路层分为_____和_____两个功能子层。

7. 计算机网络通信中常用的检错码有_____和_____。

三、简答题

1. 数据链路层的主要功能是什么？

2. 画出 Ethernet Ⅱ 帧结构，并描述各字段的含义。

3. 什么是 VLAN？划分 VLAN 的方法有哪些？

4. 简述交换机的工作原理与数据转发方式。

项目 5　网络层与网络互连

【学习目标】

☑ 了解：虚拟专用网和网络地址转换。

☑ 理解：网络层功能、路由控制方法、IPv6。

☑ 掌握：IPv4 地址结构、IPv4 地址分类、子网划分、ARP 协议和 ICMP 协议等。

【知识导图】

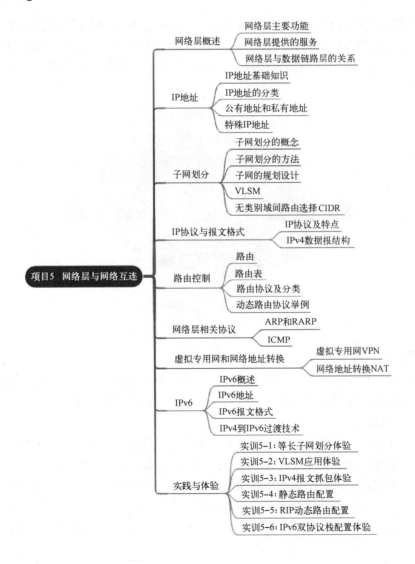

【项目导入】

网络为人们提供了各种各样的服务，如 Web 服务、电子邮件、在线聊天、网络游戏、网上购物等。从计算机网络专业的角度讲，这些服务的实现都是依靠通信线路传输数据包实现的。那么在错综复杂的网络中，数据包是如何转发的呢？又通过什么方式精确地将数据包传送给目标计算机？在本项目中，将详细介绍网络层与网络互连的相关知识，包括网络层功能及相关协议、IPv4 地址与子网划分、IPv6 报文格式、IPv6、路由控制等。

【项目知识点】

5.1 网络层概述

数据链路层提供了两个相邻结点之间数据帧的传输，网络层在此基础上将数据设法从源端经过若干个中间结点传送到目的端，从而向传输层提供服务。网络层数据传送单位是数据包（packet），网络层的任务就是选择合适的路径并转发数据包，使数据包能从发送方到达接收方，如图 5-1 所示。

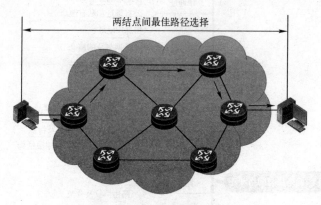

图 5-1　网络层的传输过程

5.1.1　网络层主要功能

网络层一般使用路由器将各种网络互连，形成一个统一的网络，并由它负责数据包的转发。为了有效地实现源到目标的数据传输，网络层提供以下几个功能。

1. 分组与封装

网络层规定了该层协议数据单元的类型和格式，将其称为分组，它完成传输层报文与网络层分组间的相互转换。由于上层下来的报文通常很长，不适合直接在分组交换网络中传输，因此，在发送端，网络层负责将传输层报文拆成一个个分组，再进行传输。在接收端，网络层负责将分组组装成的报文交给传输层处理。如图 5-2 所示，这种将长报文分割成若干短的分组进行多次传输，即以分组为单位的转发方式称为分组交换（或包交换）。它带来的好处主要有：由于分组长度小，大大提高了转发速率；发送端发出多个分组后，这些分组可以在不同的传输路径上同时被发送，降低了总体的传输时间；当传输出错时，只需要重传出错的分组，而不必重传整个报文，提高了效率。

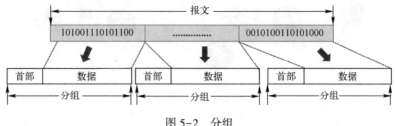

图 5-2　分组

2. 路由与转发

网络层的主要功能是将分组从源主机通过网络发送到目的主机，源主机与目的主机之间可能存在多条相通的路径，网络层选择一条"最佳"路径完成数据转发。这就是路由选择。路由器的基本功能是转发分组，路由器的不同接口连接不同的网络，当一个分组到达路由器时，路由器根据目的 IP 地址，并依据某种路由选择算法，选择适合的输出端口转发该分组，如图 5-3 所示。

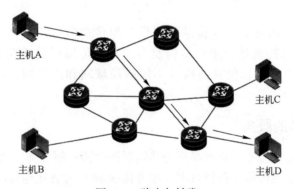

图 5-3　路由与转发

3. 拥塞控制

在为分组选择路径时要注意既不要使某些路径或通信线路处于超负载状态，也不能让另一些路径或通信线路处于空闲状态而浪费资源，即所谓的拥塞控制和负载平衡。

通常，当网络负载过重、带宽不够或通信子网中的路由设备不足时，都可能导致拥塞。当产生网络拥塞时，及时更换传输路径。如图 5-4 所示，主机 A—路由器 A—路由器 C—路由器 E—主机 B 是最佳的路径，分组 1、分组 2、分组 3 沿此路径传输，但当路由器 A 和路由器 C 间产生阻塞，分组 4 会及时改变路径进行传输。

4. 异种网络互连

当源主机和目标主机的网络不属于同一种网络类型时，如一端是 FDDI 网络，一端是以太网，为了解决不同网络在寻址、分组大小、协议等方面的差异，要求在不同种类网络交界处的路由器能够对分组进行处理，使得分组能够在不同网络上传输。网络层必须协调好不同网络间的差异，即所谓解决异构网络互连问题，如图 5-5 所示。

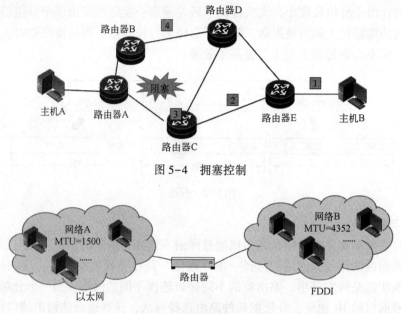

图 5-4　拥塞控制

图 5-5　异构网络互连

5. 透明传输

根据分层的原则，网络层在为传输层提供分组传输服务还要做到：服务与通信子网技术无关，即通信子网的数量、拓扑结构及类型对于传输层是透明的，传输层所能获得的地址应采用统一的方式，以使其能跨越不同的局域网和广域网，这也是网络层设计的基本目标。

5.1.2　网络层提供的服务

网络层为传输层提供服务，那网络层为传输层提供哪些服务呢？这是由网络层的设计目标决定的，网络层需要为传输层提供透明传输并解决异种网络互连等问题，针对这些问题，网络层设计的焦点问题主要集中在是提供面向连接的服务还是面向无连接的服务。

1. 数据报方式

以 Internet 为代表的阵营认为：通信子网仅仅是传送分组，不再做别的事情。他们认为不管子网如何设计，从本质上都是不可靠的，并且终端（传输层）要按照这种不可靠的方式自己解决差错控制和流量控制。这就是说，网络层应提供面向无连接的服务。网络层中传送的每个组需要携带完整的目标地址，分组的排序及流控需要由终端来解决，而不是网络层。

在这种方式下，每个分组被称为一个数据报（datagram）。每个数据报自身携带有完整的地址信息，它的传送是被单独处理的，独立寻址、独立传输，相互之间没有什么关系，彼此之间不需要保持任何顺序关系，一个结点接收到一个数据报后，根据数据报中的地址信息和结点所存储的路由信息，找出合适的路径，然后把数据报原样地发送到下一个结点。

如图 5-6 所示，主机 A 有一个较长的数据要传送给主机 B，这个数据被分成 4 个分组，主机 A 和主机 B 之间有多条链路可进行数据传输。当分组 1、2、3 到达路由器 A 时，它们被缓存起来，根据路由算法，路由器 A 认为将数据发给路由器 C 是最佳路径，于是每个分组被转发给 C，然后路由器 C 将分组 1 转发给 E，进一步转发给主机 B。分组 2 和 3 也分别经过相同的路径转发给 B，但分组 4 的情况有所不同，当它到达路由器 A 时，尽管它的目标也指向主机 B，但由于路由器 A—C 间出现流量拥塞，于是路由器 A 将分组 4 转发给路由器 B，然后经路由器 B—D—E 的路径转发给主机 B。

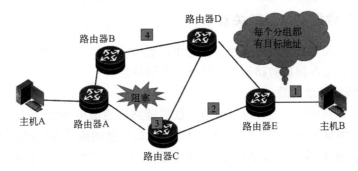

图 5-6　数据报传输过程

数据报工作方式的特点如下。

  ⌛ 数据报属于分组存储转发。

  ⌛ 每一个分组在传输时都必须带有目的地址和源地址。

  ⌛ 在数据报方式中，分组传送之间不需要预先在源主机和目的主机间建立线路连接。

  ⌛ 同一报文的不同分组可以由不同的传输路径通过网络。

  ⌛ 同一报文的不同分组到达目的结点时可能出现乱序、重复与丢失现象。

2. 虚电路方式

以电话公司为代表的阵营认为通信子网应该提供可靠的、面向连接的服务。他们认为服务质量是最重要的因素，因此通信的两端需要建立一条逻辑链路（不是物理链路），以保证传输的质量。这种方式被称为虚电路（virtual circuit）方式，如图 5-7 所示，在两端通信时首先建立一条虚电路，主机 A—路由器 A—路由器 C—路由器 E—主机 B，然后进行数据传输，在虚电路的方式中，一次通信中的所有分组使用同一条路径传输。虚电路并不是真正建立一条物理线路，而是在现有网络中指定了一条传输路径，因此称为虚电路。

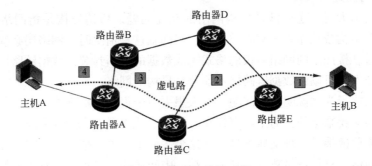

图 5-7　虚电路传输过程

虚电路方式的特点如下。

  ⌛ 在每次分组发送之前，必须在发送方和接收方之间建立一条逻辑连接。

　　↳ 一次通信的所有分组都通过这条虚电路顺序传送，因此报文分组不必带目的地址、源地址等辅助信息。分组到达目的结点时不会出现丢失、重复和乱序现象。

　　↳ 分组通过虚电路上的每个结点时，结点只需要做差错检测而不需要做路径选择。

　　由此可见，虚电路是在传输分组时临时建立的逻辑连接，因为这种虚电路不是专用的或实际存在的，每个结点到其他结点间可能有无数条虚电路存在。

5.1.3　网络层与数据链路层的关系

　　在数据链路层已经能利用物理层所提供的比特流传输服务，实现相邻结点之间的可靠数据传输，那为什么还要在数据链路层之上设计一个网络层呢？

1. 跨越互联网的寻址问题

　　在局域网中主要利用物理地址进行通信，数据链路层通信由 MAC 地址来标识网络中的每一个结点。当网络规模增大时，会因为网络中大量的广播帧流量而导致网络性能下降甚至瘫痪。这时就需要用 IP 地址进行路由寻址，以找到"最佳路径"进行数据传输，如图 5-8 所示。

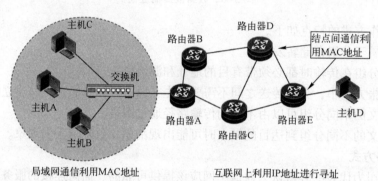

图 5-8　网络层与数据链路层数据传输寻址方式

　　通过物理地址直接寻址的方式只能适用于小型局域网，在绝大多数情况下，必须提供一种包含主机所在位置信息的结构化地址（IP 地址）来跨越多个局域网或者路由器来进行通信。互联网上两个结点（路由器）之间构成的网络可以看成一个小型局域网。

2. 异构网络互连

　　当网络规模增大时，还会涉及异构网络的互连问题。所谓异构是指网络技术、通信协议、计算机体系结构或操作系统存在差异性，当面临这种情况时，网络层必须设法解决异构网络互连的问题，按照不同网络协议的格式完成数据的重新封装，数据链路层实现的是保证两端链路的连通性，可以说数据链路层不能分辨异构的网络。

　　下面以一次旅行为例说明这一问题。有人想去一个很远的地方旅行，他手中有一张行程表，针对行程表需要乘坐的交通工具有汽车、飞机、火车等，每个区间乘坐一种交通工具，每到一个地方需要换乘另一种交通工具。在这个案例中，可以把每个区间的交通工具看成是数据链路层的通信，只负责将数据送到另一端，中间换乘的过程可以看成网络层解决异构网络的过程，行程表可以看成网络寻址的过程，它指引着旅行者最终到达目的地。我们可以这样理解：数据链路层负责区间的通信，而网络层负责解决异构网络的问题，并负责将数据发给目的端，如图 5-9 所示。

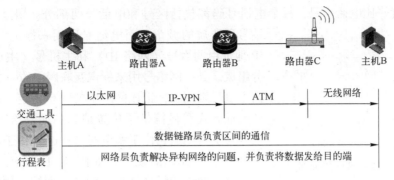

图 5-9   网络层与数据链路层数据传输方式

5.2   IP 地址

5.2.1   IP 地址基础知识

IP 地址用于在网络上唯一标记一台计算机。在如图 5-10 所示的网络中，包含多个小型网络与众多主机，假设其中的 PC1 要向 PC2 发送信息，那么 PC1 必须能在这个网络中找到 PC2，这要求 PC2 在整个网络中有一个唯一的标识，这个唯一的标识就是 IP 地址。

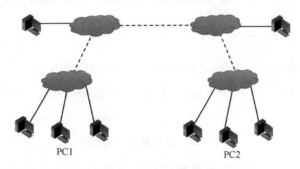

图 5-10   网络中的主机

1. IP 地址及结构

IP 地址（IPv4 地址）是主机在 Internet 上的一个全世界范围内唯一 32 位标识符。如 10000000 00001011 00000000 00000011 就是一个 IP 地址，但由于人们习惯使用十进制，因此将 32 位的 IP 地址每 8 位为一组，分成 4 组，并将其转换为十进制，中间用 "." 间隔，即平常看到的 IP 地址形式 128.11.0.3，称为点分十进制。而在计算机和网络设备中配置的 IP 地址使用的就是点分十进制，如图 5-11 所示。

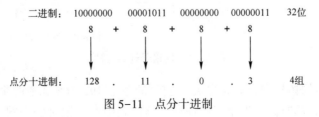

图 5-11   点分十进制

IP 地址就好比电话号码，每个电话号码都包括区号和电话号两部分，用区号来标识电

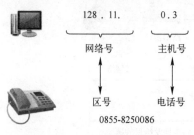

图 5-12　电话号码与 IP 地址

话号码所属的城市，而电话号码用来标记一台电话机。IP 地址由网络号（网络 ID）和主机号（主机 ID）两部分组成。其中网络号用来标识互联网中的一个特定网络，而主机号则用来标记该网络中的一台特定主机。IP 地址的编址方式明显携带了位置信息，如果给出一个 IP 地址，马上就知道它位于哪个网络，这给 IP 互联网的路由选择带来了极大的便利，如图 5-12 所示。在 Internet 中，每个网络的网络号是不同的，而同一网络内的主机必须有相同的网络号，但主机号不能重复，由此，可以通过设置网络号和主机号，在相互连接的整个网络中保证每台主机的 IP 地址都不会相互重叠，即 IP 地址具有唯一性。

2. 子网掩码

在实际数据通信中是通过什么方式来判断网络号的呢？主要是通过子网掩码（subnet mask）来实现的。在配置 TCP/IP 属性的时候，除了配置 IP 地址，还需要配置子网掩码。那子网掩码是怎么表示的呢？子网掩码也是 32 位二进制，通过将 IP 地址中网络号所占二进制位置为 1，主机号所占二进制位置为 0，然后转换成十进制计算得来的。例如：IP 地址 128.11.0.3，网络地址占 16 位，主机地址占 16 位，则子网掩码中的二进制 1 的位数为 16 位，二进制 0 的位数为 16 位，转为十进制就是 255.255.0.0，如图 5-13 所示。

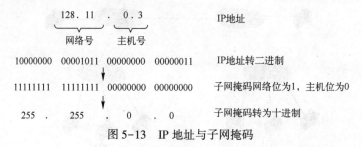

图 5-13　IP 地址与子网掩码

在数据传输过程中，计算机或者网络设备主要是通过子网掩码与 IP 地址进行与（AND）运算来得出 IP 地址的网络号并获知该 IP 地址所属网络。例如，已知 IP 地址为 128.11.0.3，子网掩码为 255.255.0.0，则其网络号为 128.11.0.0，可用前缀表示法表示为 128.11.0.0/16，其中 16 表示子网掩码中二进制 1 的数位，以后会经常使用这种表示方法，如图 5-14 所示。

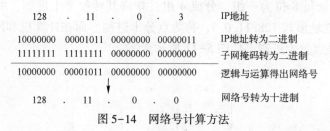

图 5-14　网络号计算方法

如图 5-15 所示的拓扑中，假设主机 A 向目的地址 192.168.3.3 的主机发送数据包，当数据包来到路由器 D 的时候，取出目的地址与路由表中路由记录的子网掩码 255.255.255.0

进行逻辑与运算，得到网络号为 192.168.3.0，就得到了目的网络。路由器根据网络号即可对数据进行转发。

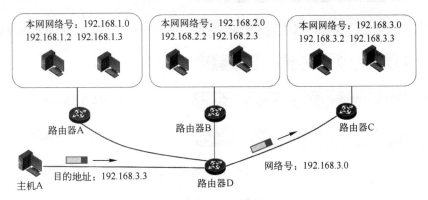

图 5-15　网络号的作用

3. 网关

网关（gateway）就是一个网络连接到另一个网络的"关口"，顾名思义，也就是网络关卡，就好比从一个房间走到另一个房间必然要经过一扇门。如图 5-16 所示的拓扑，公司内部网络 A 如果要与 Internet 进行通信，数据包的发送必须经过路由器的 F0 接口。那么 F0 的接口 IP 地址就是网络 A 所有主机的网关。在配置 IP 地址的时候有一个默认网关，默认网关的意思是一台主机如果找不到可用的网关，就把数据包发给默认网关，由默认网关来处理。现在主机使用的网关，一般指的是默认网关。

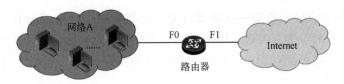

图 5-16　网关的作用

5.2.2　IP 地址的分类

在 Internet 中，每个网络所包含的主机数是不确定的，有的网络具有成千上万台主机，而有的网络仅仅有几台主机。为了适应不同的网络规模，将 IP 地址划分成 A、B、C、D 和 E 共 5 类。它是根据 IP 地址中第 1 位到第 4 位的数值对其网络号和主机号进行区分的，每一类 IP 地址包含的主机数量不同，以适应网络规模的大小，如图 5-17 所示。

A 类 IP 地址的首位以"0"开头，从第 1 位到第 8 位是它的网络号，因此第 1 个字节的地址范围为 0~127，0 是保留的，用来表示所有 IP 地址，而 127 也是保留的地址，用于测试环回，因此 A 类地址的范围其实是在 1~126 之间，用十进制表示的话，0.0.0.0~127.0.0.0 是 A 类的网络地址，A 类地址的后 24 位用于表示主机号，因此可以用于大型网络。

B 类的 IP 地址的前两位是"10"，从第 1 位到第 16 位是它的网络号，第 1 个字节的地址范围是 128~191。用十进制表示的话，128.0.0.0~191.255.0.0 是 B 类的网络地址。B 类地址的后 16 位是主机号。

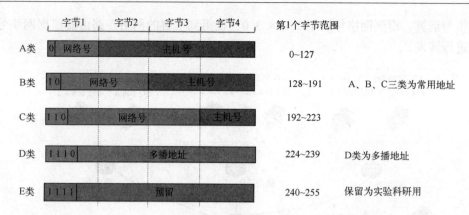

图 5-17　IP 地址的分类

C 类 IP 地址的前三位为"110", 从第 1 位到第 24 位是它的网络号, 第 1 个字节的地址范围是 192~223。用十进制表示的话, 192.0.0.0~223.255.255.0 是 C 类的网络地址。C 类地址的后 8 位是主机号。

D 类 IP 地址的前 4 位是"1110", 第 1 个字节的地址范围是 224~239, D 类地址是一个专门保留的地址, 它并不指向特定的网络, 目前这一类地址被用在多点广播 (multicast) 中, 多点广播地址用来一次寻址一组计算机, 它标识共享同一协议的一组计算机。

E 类 IP 地址的前 4 位是"1111", 第 1 字节的地址范围是 240~255, 为将来使用保留。

在这 5 类地址中, A、B、C 三类是常用地址, 也就是可以配置给普通主机所使用, 而 D、E 两类则不能配置给普通主机所使用。

在分配 IP 地址时关于主机有一点需要注意, 主机号不可以全部为 0 或全部为 1, 它们有特殊的含义, 主机号全为 0 时表示网络地址, 主机号全为 1 时表示广播地址, 表示网络中的所有主机。因此, 在分配过程中, 应该去掉这两种情况, 如一个 C 类的网络中可包含的主机数量为 $2^8-2=254$。

对于每一类地址中的子网掩码, 可以通过将网络位置为 1, 主机位置为 0 得出, 如 A 类 IP 网络位占 1 个字节, 因此子网掩码为 255.0.0.0, A、B、C 三类 IP 地址的子网掩码及包含的主机数量如表 5-1 所示。

表 5-1　各类 IP 地址的子网掩码与包含主机数量

类别	网络地址长度	主机地址长度	子网掩码	包含主机数量
A 类	8 位	24 位	255.0.0.0	$2^{24}-2=16\ 777\ 214$
B 类	16 位	16 位	255.255.0.0	$2^{16}-2=65\ 534$
C 类	24 位	8 位	255.255.255.0	$2^8-2=254$

5.2.3　公有地址和私有地址

1. 公有地址

Internet 的 IP 地址分配是分级进行的, 互联网名称与数字地址分配机构 (ICANN) 是负责对全球 Internet 上的 IP 地址进行编号分配的机构。根据 ICANN 的规定, ICANN 将部分 IP

地址分配给地区性 Internet 注册机构（regional internet registry，RIR），然后这些 RIR 负责该地区的登记注册服务。全球现有 5 个 RIR。

① RIPE NCC：欧洲网络协调中心，服务于欧洲、中东地区和中亚地区。

② LACNIC：拉丁美洲和加勒比地区互联网地址管理中心，服务于中美、南美以及加勒比海地区。

③ ARIN：美国 Internet 号码注册中心，服务于北美地区和部分加勒比海地区。

④ AFRINIC：非洲网络信息中心，服务于非洲地区。

⑤ APNIC：亚太互联网络信息中心，服务于亚洲和太平洋地区的国家。

在 RIR 之下还可以存在一些注册机构，如国家级注册机构（NIR），普通地区级注册机构（LIR）。这些注册机构都可以从 APNIC 那里得到 Internet 地址及号码，并可以向其各自的下级进行分配，我国的国家级注册机构是中国互联网络信息中心（CNNIC）。

IPv4 地址中的大多数都是公有地址，用于访问 Internet，只有使用公有 IP 地址的数据包才能被 Internet 的路由器转发。公有地址一般情况是运营商等机构向 InterNIC（互联网信息中心）申请，用户再向运营商租用。

2. 私有地址

私有地址又称为专用地址，专门保留给私有网络使用，这些地址只能用于一个机构的内部通信，而不能用于和 Internet 上的主机通信，私有地址只能用作本地地址而不能用作全球地址，在 Internet 中所有路由器对目的地址是专用地址的数据包一律不进行转发，私有地址的地址空间见表 5-2 所示。

表 5-2 私有地址范围

类 别	私有 IP 地址范围
A 类	10. 0. 0. 0 ~ 10. 255. 255. 255
B 类	172. 16. 0. 0 ~ 172. 31. 255. 255
C 类	192. 168. 0. 0 ~ 192. 168. 255. 255

在公网中使用公有地址，在私网或局域网中使用私有地址，位于不同网络中的主机可以使用相同的私有地址，如图 5-18 所示。

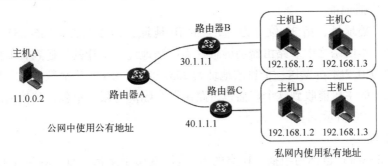

图 5-18 公有地址与私有地址

5.2.4 特殊 IP 地址

在互联网中，有一些 IP 地址是不能分配给主机来使用的，这些 IP 地址称为特殊 IP 地址。

1. 网络地址

在互联网中，经常需要使用网络地址，IP 地址方案规定，网络地址包含一个有效的网络号和一个全 "0" 的主机号。例如，在 A 类网络中，地址 120.0.0.0 就表示该网络的网络地址，而一个 C 类的 IP 地址 211.29.3.12 的主机所在的网络地址为 211.29.3.0，它的主机号为 12。

2. 广播地址

当一个设备向网络中的所有设备发送数据时，就产生了广播。为使网络中的设备都能接收这个广播，必须有一个可进行识别和侦听的 IP 地址。这类地址称为广播地址。IP 广播有两种形式：直接广播（directed broadcasting）和有限广播（limited broadcasting）。

（1）直接广播地址

包含一个有效的网络号和一个全 "1" 的主机号，即将 IP 地址中的主机号部分全部置为 1，就成了这个网络的直接广播地址。例如，C 类地址 212.1.10.255 就是一个直接广播地址，因其主机号全为 1。

这类广播地址可以在网络中进行转发，路由器不会屏蔽这类数据包，如图 5-19 所示，互联网上的主机 A 如果使用 210.1.10.255 的 IP 地址作为目的 IP 地址发送数据包，路由器收到目的地址为 210.1.10.255 的数据包会进行转发，那么 210.1.10.0 这个网络中的主机都会收到该广播数据包。

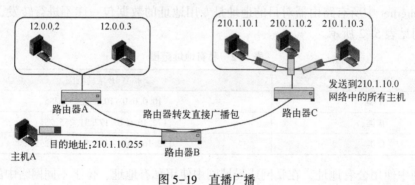

图 5-19　直播广播

（2）有限广播地址

也称受限广播地址，指 32 位全为 "1" 的 IP 地址，即 255.255.255.255。用于本网广播，即被限制在本网络之中。路由器会屏蔽这类广播地址，不让其发送到其他网络中。

例如，12.0.0.2 主机发送一个目的地址为 255.255.255.255 广播数据包，那么只有它自身所在的网络中的主机能收到这个广播包，路由器会隔离有限广播包，其他网络无法收到该广播包，如图 5-20 所示。

3. 多播地址

多播（multicast）也称为组播，D 类的 IP 地址就属于多播地址。在网络技术中应用并不是很多，网上视频会议、网上视频点播等适合使用多播。因为如果采用单播，逐个结点传输，有多少个目标结点，就会有多少次传送过程，这显然是低效的。如果采用不区分目标，广播方式。虽然一次可以传输完数据，但是显然达不到区分特定数据接收对象的目的。采用多播方式，既可以实现一次传送所有目标结点的数据，又可以穿透路由，达到只对特定对象传送数据的目的。

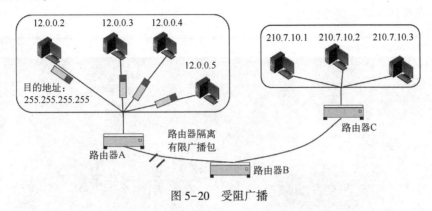

图 5-20　受阻广播

从 224.0.0.0 到 239.255.255.255 的范围都是多播地址，其中从 224.0.0.0 到 224.0.0.255 的范围不需要路由控制，在同一个链路内也能实现多播，而在这个范围之外设置多播地址会给全网所有组内成员发送多播包。如图 5-21 所示的拓扑中，主机 A、主机 C、主机 D、主机 G 和主机 I 属于同一组，主机 A 发送了一个组播数据包，这个组播包不仅发往本网中组播主机，而且还可以发送到其他网络中与它在同一个组中的主机。利用 IP 多播实现通信，除了地址外还需要 ICMP 等协议的支持。

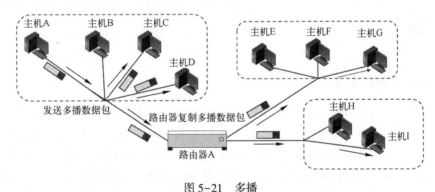

图 5-21　多播

4. 环回地址

在 A 类网络中，当网络号部分为 127，主机号为任意值时的地址称为环回地址。它主要用于网络软件测试及本地进程之间的通信。例如网络中使用 ping 127.0.0.1 来测试 TCP/IP 协议是否正常工作。无论什么网络程序，一旦使用环回地址作为目标地址，则所发送的数据都不会被送到网络上。

5. 0.0.0.0

严格意义上来说，0.0.0.0 已经不是真正意义上的 IP 地址了，它表示的是所有不清楚的主机和目的网络，也可以说是代表所有 IP 地址。这里的不清楚是指本机的路由表里没有特定条目指明如何到达。最常用的是默认路由，当不知道数据包转发到哪里去的时候，将会按照这个 0.0.0.0 的路由信息转发。另外，当主机没有获取 IP 地址时也会短暂以 0.0.0.0 作为自己的 IP 地址。

如果用户设置了一个默认网关，则 Windows 会自动生成一个目的地址为 0.0.0.0 的默认路由，意味着所有发往外部的数据全部按照这条路径发送。如图 5-22 所示为在主机中使用 route print 查看到的默认路由信息。

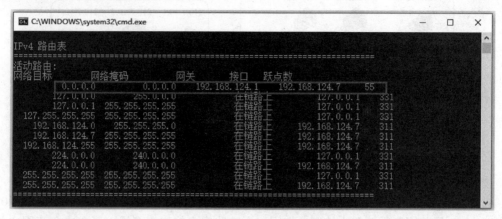

图 5-22　主机路由表

6. 169. 254. ＊. ＊

如果主机使用了 DHCP 功能自动获取 IP 地址，那么当 DHCP 服务器发生故障或响应时间太长而超出系统规定的一定时间后，Windows 系统会为用户分配这样一个地址。

5.3　子网划分

5.3.1　子网划分的概念

在同一个网络内的所有主机需要采用相同的网络号。在架构一个 B 类的网络时，理论上可以允许最多 65 534 台主机相连接，但在实际架构中，一般不会有这么多的主机连接到同一个网络中，一个 A 类的网络包含的主机数更多。随着 Internet 的发展，网络地址会越来越不足以应对需求，直接使用 A 类、B 类或 C 类地址就更加显得浪费资源。为此，人们开始使用一种新的方式以减少这种浪费，更加合理地利用每一个 IP 地址，这就是子网划分。

IP 地址具有层次结构，标准的 IP 地址分为网络号和主机号两层，为了避免 IP 地址的浪费，子网划分将 IP 地址进一步划分成子网号部分和主机号部分。划分子网后，通过使用掩码，把子网隐藏起来，使得从外部看网络没有变化。

子网划分具有以下优点。

ᗉ 有效利用 IP 地址，提高 IP 地址利用率，节约日益短缺的 IP 资源。

ᗉ 通过划分子网将大的网络划分成多个小的网络，方便网络管理，同时避免了不同网络之间的直接访问，增强了系统安全性。

ᗉ 通过划分子网，能减小广播域，避免了数据碰撞在大的网络内产生严重后果的可能，也避免了广播风暴的产生。

5.3.2　子网划分的方法

为了创建子网，需要从原来的 IP 地址的主机号中从最高位开始借出连续的若干位作为子网号，剩余部分仍为主机位，使 IP 地址的格式变为网络号+子网号+主机号。例如：B 类地址中网络号和主机号各占 16 位，如果借用 m 位主机位作为子网 ID，则网络号变为 $16+m$ 位，主机号剩余 n 位，$m+n=16$，如图 5-23 所示。

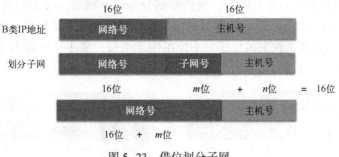

图 5-23　借位划分子网

划分子网后，IP 地址由原来的两层结构"网络号+主机号"形式变成了三层结构"网络号+子网号+主机号"形式，可以这样理解，经过划分后的子网因其主机数量减少，已经不需要原来那么多位作为主机号，从而可以借用多余的主机位作子网位。划分子网后，子网掩码也相应地发生变化，子网号也作为网络号的一部分，所以借几位主机位就应将子网掩码相应的位置为 1。例如，有一个 B 类网络 191.22.0.0，默认子网掩码 255.255.0.0，如果决定将其划分为 16 个子网（2^4），可以从主机中"借"出 4 位作为子网位，则其子网掩码变为 255.255.240.0，如图 5-24 所示。

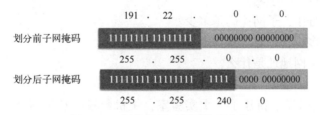

图 5-24　划分子网后子网掩码变化

划分子网后的地址除了用子网掩码进行标识外，还可以通过在每个 IP 地址后面追加网络号的位数并用"/"隔开的方式表示，如 191.22.0.0/20。

子网划分最基本的方法有两种，一种是按照子网的数量划分，另一种是按照主机的数量划分。

第一种方法：按子网的数量划分，首先要确定有多少子网，然后确定子网所占的位数，可遵照如下公式进行：

$$2^n \geqslant N \quad （N 代表网络数量，n 代表子网位数）$$

例如：原有网络 192.168.1.0/24，现需要划分成 2 个网络，代入公式为 $2^n \geqslant 2$，求出 $n=1$，则借用主机位为 1，得到两个子网 ID 为 0 和 1，转换为十进制就是 192.168.1.0/25，192.168.1.128/25，可将 192.168.1.0/25 分配给网络 1，192.168.1.128/25 分配给网络 2，如图 5-25 所示。

第二种方法：按主机数量划分，首先确定用多少位主机位能满足主机的数量，然后剩余的主机位为子网位，可遵照如下公式：

$$2^n-2 \geqslant N \quad (N\,代表主机数量,n\,代表主机所占位数)$$

在公式中 "−2" 是指，一个是主机号全 0 的，它代表网络地址，一个是主机号全 1 的，代表广播地址。

例如：原有网络 192.168.1.0/24，现需要划分为 2 个网络，每个网络包含 100 台主机，代入公式 $2^n-2 \geqslant 100$，求出 $n=7$，即需要 7 位主机地址才能满足主机数量的需要，由于原来的 IP 地址是 C 类，除去 7 位主机位还有 1 位可用于借位，借 1 位刚好有 2 个子网，所以划分后子网也是 192.168.1.0/25，192.168.1.128/25，如图 5−26 所示。

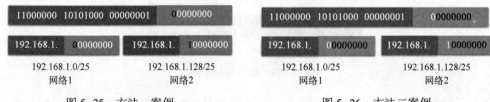

图 5−25　方法一案例　　　　　图 5−26　方法二案例

这两种划分方法只是简单的、基本的划分方法，对于一些复杂的情景，还要在同时满足子网数和主机数的情况下结合两种方法灵活运用。

5.3.3　子网的规划设计

在设计选择子网划分方案时，需要考虑以下 5 个问题：

① 该网络内划分几个子网？
② 在该子网划分中，子网掩码是多少？
③ 每个子网有多少台有效主机？
④ 每个有效的子网地址是什么？
⑤ 每个子网的广播地址是什么？

假设一个学校的财经系新建了三个实验室，主机数量分别是 50 台、62 台、48 台。如图 5−27 所示。现给一个 C 类网络地址 192.168.1.0/24，请将其进行子网划分，分配给这三个实验室使用。

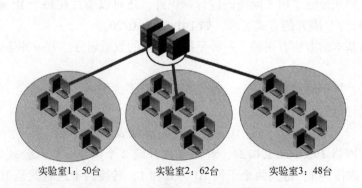

实验室1：50台　　　　实验室2：62台　　　　实验室3：48台

图 5−27　实验室及主机需要数量

1. 子网数目的计算

首先使用第一种方法：按照网络数量划分，$N=3$，代入公式 $2^n \geqslant N$，即 $2^n \geqslant 3$，求出

$n = 2$，所以借用 2 位主机位，从主机位中借出最高的两位，剩余的 6 位仍为主机位。借出的 2 位可以组成 $2^2 = 4$ 个子网号，可以任选 3 个用于 3 个实验室，如图 5-28 所示。

网络地址	192	168	1	0							
划分子网	192	168	1	0	0	0	0	0	0	0	0
	192	168	1	0	1	0	0	0	0	0	0
	192	168	1	1	0	0	0	0	0	0	0
	192	168	1	1	1	0	0	0	0	0	0

图 5-28　计算子网数目

第二种方法，按主机数量划分，主机数选取数量最多的 62，代入公式，$2^n - 2 \geq N$，即 $2^n - 2 \geq 62$，求出 $n = 6$，即需要 6 位主机位，所以可借 2 位主机号作为子网 ID，划分结果与使用第一种方法相同。

2. 子网掩码

当进行子网划分后，子网掩码变化的规则是：子网掩码中子网部分置为二进制"1"，主机部分置为二进制"0"，因为借了两位主机位作为子网号，所以子网掩码变化如图 5-29 所示，掩码变为 255.255.255.192。

默认掩码	255	255	255	0							
划分子网后的掩码	255	255	255	1	1	0	0	0	0	0	0

图 5-29　子网掩码变化

3. 主机数目的计算

每个子网的主机数目用公式 $M = 2^n - 2$ 来计算，n 是主机位数，-2 是指减去主机号全 0（网络地址）和主机号全 1（广播地址）的主机。在这个案例中，借用 2 位主机作为子网号，剩下 6 位是主机号，所以每个子网的有效主机数为 $2^6 - 2 = 62$。

4. 子网地址的计算

每个子网地址是指每个子网中主机号全 0 的地址，划分了几个子网，就有几个子网地址，在本例中，总共划分了 4 个子网，每个子网的地址如图 5-30 所示。

子网1	192	168	1	0							
网络地址	192	168	1	0	0	0	0	0	0	0	0
子网2	192	168	1	64							
网络地址	192	168	1	0	1	0	0	0	0	0	0
子网3	192	168	1	128							
网络地址	192	168	1	1	0	0	0	0	0	0	0
子网4	192	168	1	192							
网络地址	192	168	1	1	1	0	0	0	0	0	0

图 5-30　计算子网地址

5. 广播地址的计算

子网广播地址是指每个子网中主机号全"1"的地址，划分了几个子网，就有几个广播地址，在本例中，总共划分了 4 个子网，每个子网对应的广播地址如图 5-31 所示。

子网1	192	168	1	63							
广播地址	192	168	1	0	0	1	1	1	1	1	1
子网2	192	168	1	127							
广播地址	192	168	1	0	1	1	1	1	1	1	1
子网3	192	168	1	191							
广播地址	192	168	1	1	0	1	1	1	1	1	1
子网4	192	168	1	255							
广播地址	192	168	1	1	1	1	1	1	1	1	1

图 5-31　计算子网广播地址

综上所述，通过子网划分，三个实验室可分配的 IP 地址信息规划如表 5-3 所示。

表 5-3　IP 地址信息规划

子　　网	网　络　地　址	子　网　掩　码	IP 地址范围
实验室 1	192. 168. 1. 0	255. 255. 255. 192	192. 168. 1. 1 ~ 192. 168. 1. 62
实验室 2	192. 168. 1. 64	255. 255. 255. 192	192. 168. 1. 65 ~ 192. 168. 1. 126
实验室 3	192. 168. 1. 128	255. 255. 255. 192	192. 168. 1. 129 ~ 192. 168. 1. 190
保留	192. 168. 1. 192	255. 255. 255. 192	192. 168. 1. 193 ~ 192. 168. 1. 254

5.3.4　VLSM

当利用子网划分技术进行 IP 地址规划时，经常会遇到各子网主机规模不一致的情况。例如：对一家企业或公司来说，可能在公司总部会有较多的主机，而在分公司或部门的主机数会相对较少。为了尽可能地提高地址的利用率，应该根据不同子网的主机规模来进行不同位数的子网划分，从而会在网络内出现不同长度的子网掩码并存的情况，通常将这种允许在同一网络范围使用不同长度子网掩码的情况称为可变长子网掩码（variable length subnet mask，VLSM）。可变长子网掩码打破传统的以类（class）为标准的地址划分方法，是为了缓解 IP 地址紧缺而产生的。

VLSM 计算和编址设计的时候一般按照以下步骤：

① 确定所需子网的数量。

② 确定每个子网所需的主机数量。

③ 根据主机数量与子网数量设计合适的编址方案。

在 VLSM 编址方案设计时有以下两个原则：

↪ 安排子网的时候一般按照子网中主机数目从大到小的顺序安排。

↪ 安排地址的时候连续地安排，直到地址空间用尽（不跳用地址）。

下面举例说明可变长子网掩码 VLSM 的使用方法，这也是子网划分的一种重要方法。

例如 A 公司分配了一段 IP 地址 192.168.2.0/24，现在该公司有两层办公楼（二楼和三楼），统一从二楼的路由器上公网。二楼有 108 台计算机，三楼有 54 台计算机。如果你是该公司的网管，你该怎样去规划这个 IP？

根据需求分析，需要将 192.168.2.0/24 划分成 3 个网段，二楼一个网段，至少拥有 109 个可用 IP（含网关），三楼一个网段，至少拥有 55 个可用 IP 地址（含网关），二楼和三楼的路由器互连用一个网段，需要 2 个 IP 地址。如图 5-32 所示。

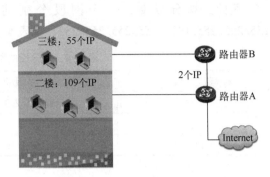

图 5-32　A 公司的网络部署情况

划分思路如下，由于网络中各网段的主机数量不同，因此在划分的时候为保证 IP 地址的充分利用，不能使用等长子网掩码的方式，需要采用可变长子网掩码。在划分子网时优先考虑最大主机数量来划分，划分步骤如下。

第 1 次划分，按主机数最多的进行划分，二楼 109 个 IP 最多，代入公式为 $2^n-2 \geqslant 109$，计算出 $n=7$，则主机位为 7 位，因为原来的 IP 地址是 C 类，所以可借用的主机位为 1，进而可划分为两个子网，192.168.2.0/25 和 192.168.2.128/25。我们将 192.168.2.0/25 给二楼使用，192.168.2.128/25 留给其他网络使用，如图 5-33 所示。

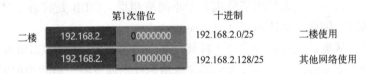

图 5-33　根据二楼主机数量划分

第 2 次划分，将 192.168.2.128/25 这个网络号分配给三楼和路由器间使用，由于三楼的主机数多，因此按三楼主机数进行划分，代入公式 $2^n-2 \geqslant 55$，计算出 $n=6$，即只需要 6 位主机位即可，所以在 192.168.2.128/25 的基础上再借用一位主机位，得到两个网络 192.168.2.128/26，192.168.2.192/26，这时可以将 192.168.2.128/26 给三楼使用，192.168.2.192/26 给路由器间使用，如图 5-34 所示。

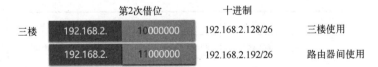

图 5-34　根据三楼主机数划分

第 3 次划分，为路由器间网络划分，两台路由之间只需要 2 个 IP 地址即可，代入公式 $2^n-2 \geqslant 2$，计算出 $n=2$，即只需要 2 位主机位，剩余的均可作为子网 ID。选择 110000 作为子网 ID，则路由器间使用的网络为 192.168.2.192/30。如图 5-35 所示。

图 5-35　第 3 次划分

至此，划分结束，三个网段分别使用了不同的子网掩码 255.255.255.128、255.255.255.192、255.255.255.252，如表 5-4 所示。

表 5-4　划分后的网络地址与子网掩码

部　　门	网　络　地　址	子　网　掩　码
二楼	192.168.2.0/25	255.255.255.128
三楼	192.168.2.128/26	255.255.255.192
路由器间	192.168.2.192/30	255.255.255.252

5.3.5　无类别域间路由选择

无类别域间路由选择（classless inter-domain routing，CIDR）不再区分 A、B、C 类网络地址，即不使用传统有类网络地址的概念，在分配 IP 地址段时也不再按照有类网络地址的类别进行分配，而是将 IP 网络地址空间看成是一个整体，并划分连续的地址块，然后采用分块的方法进行分配。

CIDR 借鉴了子网划分中取消 IP 地址分类结构的思想，使 IP 地址成为无类别的地址，但是，与子网划分将一个较大的网络分成若干小网络相反，CIDR 是将若干较小的网络合并成一个较大的网络，因此又被称为超网（supernet）。

子网划分时，从地址主机部分借位，将其合并进网络部分，而在 CIDR 中，则是将网络部分的某些位合并进主机部分，这种无类别超级组网技术通过将一组较小的无类别网络汇聚为一个较大的单一路由表项，减少了 Internet 路由域中路由表条目的数量。

1. CIDR 地址块

如果某企业申请到的地址块为 128.14.32.0/20，请问，该地址块的第一个地址和最后一个地址是多少？共有多少个地址？

前缀长度是 20，表示地址的前 20 位是不变的，把其余的 12 位置 0 就得到第一个地址，置 1 就得到最后一个地址，最后的 12 位是主机号，共有地址 $2^{12}-2$ 个地址。当然，全 0 和全 1 代表网络地址与广播地址，是不能给设备分配的，如图 5-36 所示。

地址块	128	14	32	0
第一个地址	1000 0000	0000 1110	0010 0000	0000 0000
	128	14	32	0
最后一个地址	1000 0000	0000 1110	0010 1111	1111 1111
	128	14	47	255
子网掩码	1111 1111	1111 1111	1111 0000	0000 0000

图 5-36　CIDR 地址块

由图 5-36 可知，128.14.32.0/20 地址块的最小地址是 128.14.32.0，最大地址是 128.14.47.255。

2. 路由聚合

一个 CIDR 地址块可以表示很多地址，这种地址的聚合常称为路由聚合，它使路由表中的一个项目可以表示很多个原来传统分类地址的路由。如图 5-37 所示，路由器 A 连接了 4 个局域网，其路由表中的条目应该有 4 条，通告给边界路由器的也有 4 条，而这 4 条就可以汇聚成一条精简路由。

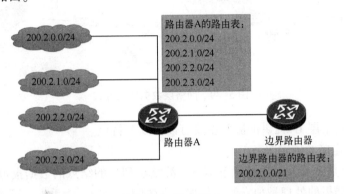

图 5-37　路由聚合

采用 CIDR 方法，在地址汇聚时，把网络地址转换成二进制，找到最长匹配前缀（前面相同的位），后面的位以 0 补足，就得到了汇聚地址 200.2.0.0/21，如图 5-38 所示。这样，在企业网与外部网的边界路由器上只要生成一条关于 200.2.0.0/21 的路由信息即可。

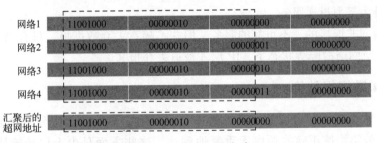

图 5-38　CIDR 汇聚方式

5.4　IP 协议与报文格式

5.4.1　IP 协议及特点

网际协议（IP）是 TCP/IP 网络层的核心协议，也是整个 TCP/IP 模型中的核心协议之一。由于 IP 用来使互连起来的许多计算机网络能够进行通信，因此在 TCP/IP 体系中的网络层常常称为网际层或 IP 层。IP 既提供了分组功能，用以实现端到端的分组（也叫数据报）传输，又提供了寻址功能，用以标识网络及主机结点的地址。IP 的独特之处在于：在报文交换网络中主机在传输数据之前，无须与先前未通信过的目的主机预先建立好一条特定的"通路"。互联网提供一种"不可靠"数据包传输机制。也就是说，它不保证数据能准确地传输，数据包在到达的时候可能已经损坏、顺序错乱、产生冗余包或者全部丢失，如图 5-39 所示。

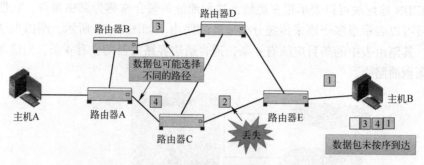

图 5-39　网络层数据传输方式

总结起来，网络层 IP 提供的服务主要有以下 3 个特点。

（1）面向无连接的传输服务

IP 不维护 IP 数据报发送后的状态信息，源结点到目的结点的数据报可能通过不同的路径，并且每个数据报的处理是独立的，数据报在传输过程中可能丢失，可能正确到达。

（2）不可靠的数据投递服务

IP 不能保证数据报的可靠投递。IP 本身没有能力证实发送的报文是否被正确接收。数据报可能在线路延迟、路由错误、数据报分片和重组等过程中受到损坏，但 IP 协议不检测这些错误，在错误发生时，IP 也没有可靠的机制来通知发送方或接收方。

（3）尽最大努力投递服务

IP 提供面向非连接的，不可靠的服务，但并不随意丢弃数据报，只有当系统资源用尽、接收数据错误或网络故障等状态下，IP 层才被迫丢弃报文。

5.4.2　IPv4 数据报结构

IPv4 是一种无连接的协议，尽最大努力交付分组，不保证任何分组都能送达目的地，也不保证所有分组均按正确的顺序无重复地到达。这些方面是由上层传输协议（如 TCP）处理的。

IPv4 数据报是由 IP 来定义的，整个 IP 数据报由报头区和数据区两大部分。其中数据区包括高层需要传输的数据，而报头区是为了正确传输高层数据增加的控制信息。可以把数据报比喻为快递包裹，快递的物品属于数据部分，为了保证物品不受损坏而使用的包装箱，以及为了准确送达目的地而使用的快递单就好比报头。

IPv4 数据报的报头区包括不可变部分和可变部分，格式如图 5-40 所示。报头区总长度在 20~60 B 之间，其中不可变部分 20 B，可变部分主要是选项和填充字段。

1. 首部固定部分

（1）版本（version）

版本是 IP 报文首部的第 1 个字段，占 4 位，表示该数据报所使用的 IP 协议版本号。用于正确解析相应的数据。例如：目前使用最多的 IP 为 IPv4，则本字段值为 4（二进制

0100）。在解封装数据报时，如果前4位为0100，则证明这是一个IPv4的报文，接下来按照IPv4的数据报格式进行解析。如果是0110，则证明这是一个IPv6报文，将按照IPv6的数据报格式进行解析。

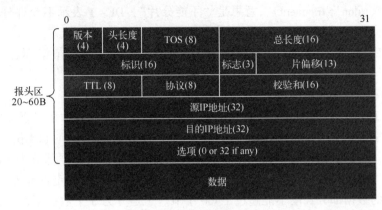

图 5-40 IPv4 报文结构

（2）头长度（head length）

头长度字段占4位，指明"报头区"的长度，以32位为单位，在报头区中"选项"和"填充"字段的长度是可变的，其他字段的长度都是固定的，因此头长度也是可变的，这个字段的最小值是5，即没有选项和填充字段，最大值是15。例如，某IP包的报头长度值是0111，表示该IP包的首部长度是$7\times32\,\text{bit}=28\,\text{B}$，由此可算出该IP包"选项+填充"字段值为 $(7-5)\times32\,\text{bit}=8\,\text{B}$。如没有选项和填充字段，该字段为0101，转十进制为5，则报头区长度 $5\times32\,\text{bits}=160\,\text{bits}=20\,\text{B}$。

（3）服务类型（type of service，TOS）

服务类型TOS，占8位，用来获得更好的服务。但实际一直没有被使用过。1998年IETF重新定义为区分服务（differentiated services，DS），只有在使用区分服务时，这个字段才起作用，在一般情况下都不使用这个字段。

（4）总长度（total length）

总长度占16位，定义了报文总长，包含首部和数据，单位为字节，值在20~65 535之间，最小为20 B（20 B首部+0 B数据），最长为 $2^{16}-1=65\,535$，然而在实际上传送这样长的数据报在现实中是极少遇到的。

（5）标识符（identification）

该字段占16位。其目的是让目标主机确定一个新到达的分段属于哪一个数据报。同一个数据报的所有分段包含相同的identification值。

在IP层的下面的每一种数据链路层协议都规定了一个数据帧中的数据字段的最大长度，称为最大传输单元（maximum transfer unit，MTU）。当一个IP数据报封装成数据链路层帧时，此数据报的总长度（首部+数据）一定不能超过下面的数据链路层所规定的MTU值。例如，最常用的以太网MTU值是1 500 B，若所传送的数据报长度超过数据链路层MTU值，就必须把长的数据报进行分片处理。在这种情况下标识字段的值被复制到所有的分片标识字段中，接收方根据分片中的标识来判断其归属，从而进行分片的重组。

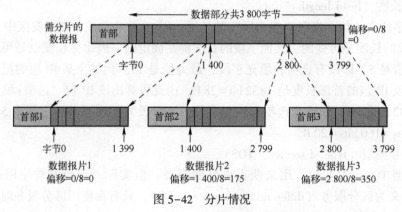

（6）标志位（flags）

占 3 位，如图 5-41 所示，用于控制和识别分片。目前只有后两位有意义。

图 5-41　标志位字段格式

标志位 DF（don't fragment），意思是"不能分片"，DF＝1 表示不允许分片，DF＝0 表示允许分片。

标志位 MF（more fragment），MF＝1 表示后面还有分片，MF＝0 表示已经是最后一个分片。

（7）片偏移（fragment offset）

该字段占 13 位。较长的分组在分片后，片偏移指明了每个分片相对于原始报文开头的偏移量，以 8 字节作单位，这就是说，每个分片的长度必须是 8 字节（64 位）的整数倍。

下面来看一个例子，现有一数据报总长度为 3 820 字节，其数据部分为 3 800 字节（使用固定首部），需要分片为长度不超过 1 420 字节的数据报片。因固定首部为 20 字节，因此每个数据报片的数据部分长度不能超过 1 400 字节。于是分为 3 个数据报片，其数据部分的长度分别为 1 400、1 400 和 1 000 字节。原始数据报首部被复制为各数据报片首部，但必须修改有关字段的值，如图 5-42 所示。

图 5-42　分片情况

在本例中，IP 数据报首部中与分片有关的字段中的数值如表 5-5 所示。其中标识字段的值是任意给定的（12345），具有相同标识的数据报片在目的站就可无误地重装成原来的数据报。

表 5-5　分片后各字段信息表

数据报	总　长　度	标　　识	MF	DF	片　偏　移
原始数据报	3 820	12345	0	0	0
数据报 1	1 420	12345	1	0	0
数据报 2	1 420	12345	1	0	175
数据报 3	1 020	12345	0	0	350

（8）生存时间（time to live，TTL）

该字段占 8 位，表明这是数据报在网络中的寿命。由发出数据报的源点设置这个字段。其目的是防止无法交付的数据报无限制地在互联网中兜圈子（如从路由器 R1 转发到 R2，再转发到 R3，然后又转发到 R1），因而白白消耗网络资源。

最初的设计是以秒作为 TTL 值的单位，每经过一个路由器，就把 TTL 值减去数据报在路由器所消耗的一段时间。若数据报在路由器消耗的时间小于 1 秒，就把 TTL 值减 1。当 TTL 值为零时，就丢弃这个数据报。

随着技术的进步，路由器处理数据报所需的时间不断缩短，一般都远远小于 1 秒，后来就把 TTL 字段的功能改为"跳数限制"（但名称不变）。路由器在每次转发数据报之前就把 TTL 值减 1。若 TTL 值减小到零，就丢弃这个数据报，不再转发。因此，现在 TTL 的单位不再是秒，而是跳数。TTL 的意义是指明数据报在互联网中至多可经过多少个路由器。显然，数据报能在互联网中经过的路由器的最大数值是 255。

（9）协议（protocol）

协议字段定义了该报文数据区使用的协议。当网络层组装完一个完整的数据报后，它需要知道该如何对它进行处理。协议字段指明了该将它交给哪个进程进行处理。如 TCP、UDP、ICMP 等，常用的一些协议和相应的协议字段值如表 5-6 所示。

表 5-6　协议字段中常见协议与值

协议字段值	协议名称	缩　　写
1	互联网控制信息协议	ICMP
2	互联网组管理协议	IGMP
6	传输控制协议	TCP
17	用户数据报协议	UDP
41	IPv6	IPv6
89	开放最短路径优先协议	OSPF

（10）首部校验和（header checksum）

这个字段只校验数据报的首部部分（报头区），不包括数据部分（数据区）。这是因为数据报每经过一个路由器，路由器都要重新计算一下首部校验和（一些字段，如生存时间、标志、片偏移等都可能发生变化）。不检验数据部分可以减少计算的工作量。为了进一步减小计算校验和的工作量，IP 首部的校验和不采用复杂的 CRC 而采用下面简单的计算方法：在发送端，先把 IP 数据报首部划分为许多 16 位字的序列，并把校验和字段置零。用反码算术运算把所有 16 位字相加后，将得到的和的反码写入校验和字段，接收方收到数据报后，将首部的所有 16 位字再使用反码算术运算相加一次。将得到的和取反码，即得出接收方校验和的计算结果。若首部未发生任何变化，则此结果为 0，于是就保留这个数据报，否则即认为出错，并将此数据报丢弃，如图 5-43 所示。

（11）源 IP 地址和目的 IP 地址

IPv4 地址由 4 字节 32 位二进制构成，此字段的值是将每个字节转为二进制并拼在一起所得到的 32 位值，源 IP 地址（source address）是报文的发送端地址，目的 IP 地址（de-stination address）是报文的接收端地址。

2. 首部可选部分

选项（options）字段与填充（padding）字段组成了 IP 首部的可变部分。选项字段用来支持排错、测量以及安全等措施，内容很丰富。长度可变，1 B 到 40 B 不等，取决于所选择的项目。某些选项只需要 1 B，它只包括 1 B 的选项代码，而有些选项需要多个字节，这些选项一个个拼接起来，中间不需要有分隔符，最后用全 0 的填充字段补齐成为 4 B 的整数倍。

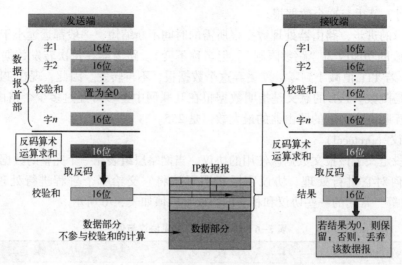

图 5-43　IP 数据报首部校验和计算过程

增加首部的可变部分是为了增加 IP 数据报的功能，但同时也使得 IP 数据报的首部长度成为可变的。增加了每一个路由器处理数据报的开销。实际上这些选项很少被使用，很多路由器都不考虑 IP 首部的选项字段，因此新的 IP 版本 IPv6 就把 IP 数据报的首部长度做成固定的。

3. 数据

数据（data）字段内容是传输层所封装的完整数据。它不是首部的一部分，因此并不包含在校验和中，数据的格式在协议首部字段中被指明，并可以是任意的传输层协议。

5.5　路由控制

5.5.1　路由

路由器提供了将异构网络互联起来的机制，实现将一个数据包从一个网络发送到另一个网络。路由就是指导 IP 数据包发送的路径信息。

在互联网中进行路由选择要使用路由器，路由器根据所收到的数据包头的目的地址，选择一个合适的路径（通过某一个网络），将数据包传送到下一个路由器，路径上最后的路由器负责将数据包送交目的主机。

路由器的特点是逐跳转发。在如图 5-44 所示的网络中，路由器 A 收到主机 A 发往服务器的数据包后，将数据包转发给路由器 B，路由器 A 并不负责指导路由器 B 如何转发数据包。所以，路由器 B 必须自己将数据包转发给路由器 D，路由器 D 再转发给路由器 E。这就是路由器的逐跳性。即路由器只指导本地的转发行为，不会影响其他设备的转发行为，设备之间的转发是相互独立的。

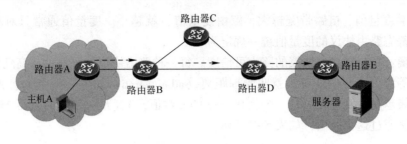

图 5-44　路由报文示意图

5.5.2　路由表

路由器转发数据包的依据是路由表。每个路由器中都保存着一张路由表，表中每条路由项指明数据包到某子网或某主机应通过路由器的哪个物理端口发送，然后就可到达该路径的下一个路由器，或者不再经过别的路由器而传送到直接相连的网络中的目标主机。

路由表中的路由信息包括路由信息来源、目标网络和转发端口或下一跳地址等。如图 5-45 显示的内容是一个路由表信息范例。

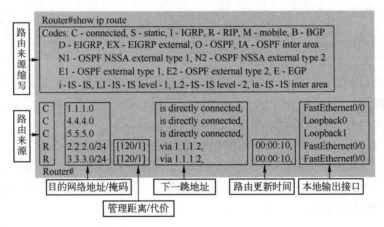

图 5-45　路由表示例

路由来源：路由信息产生方式，主要有直连路由（C）、静态路由（S）和动态路由，用动态路由协议的首字母表示（如 R 表示 RIP，O 表示 OSPF 等）。

目的网络地址/掩码：用来标识 IP 数据包的目的地址或目的网络。将目的地址和网络掩码"逻辑与"后可得到目的主机或路由器所在网段地址。

下一跳：与之相连的下一跳路由器地址。如果只配置了出接口，下一跳地址是出接口的地址。

度量值：度量值表示到达这条路由所指目的地址的代价，也称路由权值。各路由协议度量值的方法不同，通常考虑的因素有：带宽（bandwidth）、跳数（hops）、链路延迟、链路使用率、链路可信度和链路 MTU。

不同的动态路由协议会选择其中的一种或几种因素来计算代价。在常用的路由协议中，RIP 使用"跳数"来计算度量值，跳数越小，其路由度量值也就越小；而 OSPF 使用"链路带宽"来计算度量值，链路带宽越大，路由度量值也就越小。度量值通常只对动态路由协议有意义，静态路由协议的度量值统一规定为0。

管理距离：指一种路由协议的路由可信度。每一种路由协议按可靠性从高到低，依次分配一个信任等级，这个信任等级就叫管理距离（administrative distance，AD）。AD值越低，则它的优先级越高。管理距离是一个从0~255的整数值，0是最可信赖的，而255则意味着不会有业务量通过这个路由，如表5-7所示。

表5-7　路由器管理距离对照表

路 由 来 源	默认管理距离
直连路由	0
静态路由	1
EBGP	20
IGRP	90
OSPF	110
IS-IS	115
RIP	120
不可达路由	255

本地输出接口：去往目的网络的IP数据包由路由器的哪个接口被发送出去。

路由更新时间：说明该路由已经存在的时间长短，以"时:分:秒"方式显示，只有动态路由学习到的路由才有该字段。

路由器如何利用路由表进行数据转发呢？在如图5-46所示的网络中，三个路由器连接了4个网络，每个路由器的路由表中均有到达4个网络的路由表项，下面以PC1（IP地址128.1.0.2）向PC2（128.4.0.2）发送数据报文为例，通过数据报文的转发过程来说明路由器转发IP数据包的过程。

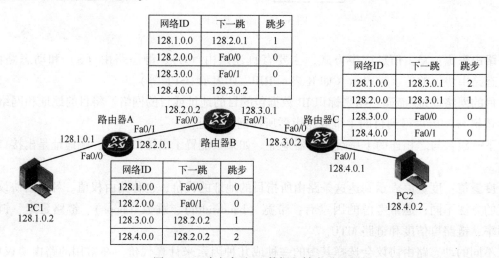

图5-46　路由表及IP数据包转发过程

第 1 步：路由器 A 收到目的地址为 128.4.0.2 的报文，查路由表发现有一条路由匹配，数据包可以从路由器 A 的端口 Fa0/1 发出经下一跳 128.2.0.2 到达目标网络，于是将数据包转发给路由器 B。

第 2 步：路由器 B 收到数据包后，查找路由表，查找匹配的路由，根据路由记录得知需要将其转送至下一跳 128.3.0.2，于是将数据包转发给路由器 C。

第 3 步：路由器 C 收到数据包后，查路由表发现目标网络与路由器直接连接，从端口 Fa0/1 可以直接将数据包发送到目标主机 PC2（128.4.0.2）。

5.5.3　路由协议及分类

路由表中的路由信息是怎么产生的呢？它们是通过路由协议创建的，路由协议就是在路由指导 IP 数据包发送过程中事先约定好的规定和标准。它通过在路由器之间共享路由信息来支持路由协议创建路由表，描述网络拓扑结构。路由协议与路由器协同工作，执行路由选择和数据包转发功能。

1. 路由类型

① 直连路由：即路由器的直连网络的路由，是在接口配置 IP 地址并启用后由路由器直接添加的。由于直连路由反映的是接口所直接连接的网络，非"二手"信息，因此其可信度是最高的。

② 静态路由：由管理员手工输入的指向远程网络的路由，它不会自动跟随网络拓扑的变化而变化。静态路由不会占用路由器的 CPU 和 RAM，也不占用线路的带宽，一般适用于结构比较简单的网络。静态路由的可信度比直连路由略低。

③ 动态路由：由路由协议生成的指向远程网络的路由。由运行同一路由协议的多个路由器动态交换路由表信息而来。当目的网络有多条路径，其中一条路径失效时，动态路由会自动切换到另一条路径，能及时反映网络变化，动态路由可信度较低。

④ 默认路由：一种特殊的静态路由，指的是当路由表中与数据包的目的地址之间没有匹配的表项时路由器能够做出的选择。如果没有默认路由，那么目的网络在路由表中没有匹配上的包将被丢弃。

2. 动态路由协议的分类

由于 Internet 的规模非常大，如果让路由器保存和其他所有网络的路由信息，那么路由表将会非常大，路由转发速率也将非常低。可以想象，所有这些路由器之间交换路由信息所需的带宽就会使 Internet 的通信链路饱和。因此，有必要将 Internet 划分成规模较小的单元，在每个单元内部选用合适的路由协议。

另外，许多单位不愿让外界了解本单位的网络细节（如本单位网络的拓扑结构和所采用的路由选择协议），但同时还是希望连接到 Internet 上，对于这种需求，也需要把 Internet 进行划分，既允许各单位选择不同的路由协议，又保证各单位能相互通信。

基于以上两个原因，Internet 采用分层次的路由选择协议。动态路由协议分为内部网关协议（interior gateway protocol，IGP）和外部网关协议（external gateway protocol，EGP）。

Internet 将整个互连网络划分为许多较小的自治系统（autonomous system，AS），一个自治系统就是一个互连网络，其最重要的特点就是自治系统有权自主地决定在本系统内采用何种路由选择协议。一个自治系统内的所有网络都由一个行政单位（例如一个公司、一所大学、政府的一个部门等）来管辖，一个自治系统的所有路由器在本自治系统内都必须是连通的。

内部网关协议（IGP）是在一个自治系统内部使用的路由选择协议，这类路由协议目前使用得最多，如 RIP 和 OSPF 协议。

外部网关协议（EGP）是在自治系统之间使用的路由协议，若发送方和接收方处在不同的自治系统中，当数据报传到一个自治系统的边界时，就需要使用一种协议将路由选择信息传递到另一个自治系统中，这样的协议就是外部网关协议，目前使用得最多的外部网关协议是 BGP-4。

内部网关协议和外部网关协议关系如图 5-47 所示。

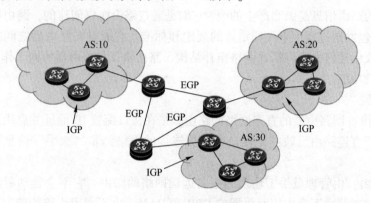

图 5-47　IGP 和 EGP

3. 主要路由协议

路由协议分很多种，每种都有自己的特点及适合使用的网络，如表 5-8 所示。

表 5-8　主要路由协议

协议名称	使用的下层协议	类型	适用范围
RIP	UDP	距离矢量路由协议	域内
OSPF	IP	链路状态路由协议	域内
EIGRP	IP	综合了距离矢量和链路状态两种协议	域内
IS-IS	IP	链路状态协议	域内
EGP	IP	距离矢量	对外连接
BGP	TCP	路径矢量	对外连接

5.5.4　动态路由协议举例

1. 路由信息协议

路由信息协议（routing information protocol，RIP）是一种内部网关协议，是距离矢量路由协议的一种，用于自治系统（AS）内路由信息的传递，用跳数来衡量到达目的地址的路由距离。这种协议的路由器只与自己相邻的路由器交换信息，范围限制在 15 跳之内。RIP 的默认管理距离是 120。

① RIP 采用距离矢量算法，即路由器根据距离选择路由。RIP 通过 UDP 报文交换路由信息，每 30 s 向外发送一次更新报文，如果路由器经过 180 s 没有收到更新报文，则将来自所有其他路由器的路由信息标记为不可达。若在其后的 120 s 内仍未收到更新报文，就将这些路由从路由表中删除。

② RIP 使用跳数来衡量到达目的地的距离，称为路由量度。在 RIP 中路由器到与之直接连接的网络的跳数为 0，通过一个路由器可达的网络的跳数为 1，以此类推。为限制收敛时间，RIP 规定最大跳数的取值是 0~15 的整数，大于或等于 16 的跳数被定义为无穷大即目的网络或主机不可达。

③ RIP 有 RIP v1 和 RIP v2 两个版本。RIP v2 支持明文认证和 MD5 认证，并支持变长子网掩码。

RIP 简单可靠、易于配置，但支持的网络规模有限，最多支持 15 跳，只适用于小型互联网。RIP 协议和相邻路由器，按照固定的时间间隔交换路由信息，当网络出现故障时，要经过比较长的时间才能将此信息传送到所有路由器。

路由信息协议 RIP 的工作原理为：通过路由器将自己知道的路由信息，每隔 30 s 广播给它的邻居，通过互相之间的广播，计算出到达每一个目的地的最佳路径。如图 5-48 所示：路由器 A 告诉 B 到网络 A 的距离为 1，路由器 B 告诉 D 到网络 A 的距离为 2，路由器 B 告诉 C 到网络 A 的距离为 2，路由器 C 告诉 D 到网络 A 的距离为 3。这样，网络 A 信息经过路由器 A、路由器 B、路由器 C 广播后，路由器 D 知道了到达网络 A 有两条路径，一条是"路由器 D—路由器 B—路由器 A"，距离为 2，另一条是"路由器 D—路由器 C—路由器 B—路由器 A"，距离为 3，因此，如果路由器 D 要发送数据到网络 A，将会选择"路由器 D—路由器 B—路由器 A—网络 A"，这条最佳路径。其他路由器也通过同样的过程把自己知道的网段互相通告，最后达到全网互通的目的。

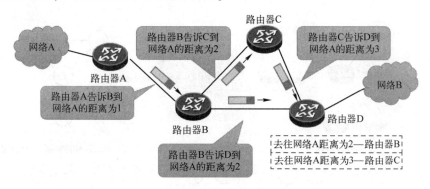

图 5-48　RIP 构建路由表过程

2. 开放最短路径优先

开放最短路径优先（open shortest path first，OSPF）协议，是由 IETF（Internet engineering task force）于 1988 年提出的一种链路状态路由协议，服务于 IP 网络。也是内部网关协议 IGP 之一，工作在一个自治系统（AS）内部，用于交换路由选择信息，默认管理距离为 110。

运行 OSPF 协议的网络，路由器之间交换链路状态生成网络拓扑信息，这一点与距离矢量路由协议不同。OSPF 协议工作的基本思想：互联网上的每个路由器周期性地向其他路由器广播自己与相邻路由器的连接关系，如链路类型、IP 地址和子网掩码、带宽、延迟等，从而使网络中的各路由器能获取远方网络的链路状态信息，使各个路由器都能画出一张互联网拓扑结构图。利用这张图和最短路径优先算法（SPF），每个路由器就都可以计算出自己到达各个网络的最短路径。

OSPF 路由计算过程如下。

（1）评估一台路由器到另一台路由器所需要的开销（cost）

OSPF 协议是根据路由器的每一个接口指定的度量值来决定最短路径的，这里的度量值指的就是接口指定的开销（cost），一条路由的开销是指沿着到达目的网络的路径上所有路由器接口的开销总和。cost 值与接口带宽密切相关，如 H3C 路由器的接口开销是根据公式 100/带宽（Mbps）计算得到的。

（2）同步 OSPF 区域内每台路由器的 LSDB（link state database，链路状态数据库）

OSPF 路由器通过交换 LSA（link state advertisement，链路状态公告）实现 LSDB 的同步。LSA 不但携带了网络连接状况信息，而且携带了各接口的 cost 值。

由于一条 LSA 是对一台路由器或一个网段拓扑结构的描述，整个 LSDB 就形成了对整个网络拓扑结构的描述。LSDB 实质上就是一张带权的有向图，这张图便是对整个网络拓扑结构的真实反映。显然，OSPF 区域内所有路由器得到的是一张完全相同的图。

（3）使用 SPF 计算出路由

如图 5-49 所示，OSPF 路由器用 SPF 算法以自身为根结点计算出一棵最短路径树，在这棵树上，由根到各结点的累计开销最小，即由根到各结点的路径在整个网络中都是最优的，这样也就获得了由根去往各个结点的路由，计算完成后，路由器将路由加入 OSPF 路由表。当 SPF 算法发现有两条到达目的网络路径的 cost 值相同时，就会将这两条路径都加入 OSPF 路由表，形成等价路由。

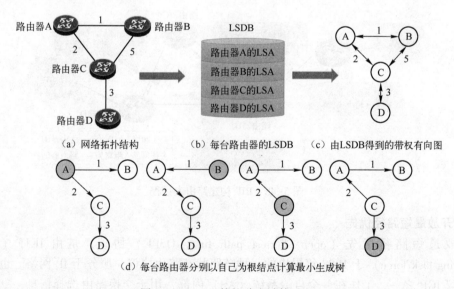

（a）网络拓扑结构　（b）每台路由器的LSDB　（c）由LSDB得到的带权有向图

（d）每台路由器分别以自己为根结点计算最小生成树

图 5-49　OSPF 协议路由计算过程

5.6　网络层相关协议

5.6.1　ARP 和 RARP

1. ARP

（1）ARP 的作用

作为网络中主机的身份标识，IP 地址是一个逻辑地址，路由器根据 IP 首部的目的 IP 地址进行路由选择。网络层把封装好的 IP 数据包交给数据链路层时，数据包会继续被封装成帧，整个 IP 数据包成为数据链路层帧的数据，并在帧首部中添加源主机和目的主机的 MAC 地址，主机或路由器收到数据帧后，取出目的 MAC 地址，根据这个地址决定是接收还是丢弃，如果收下数据帧，则会再剥去 MAC 帧首部和尾部后把数据部分交付给网络层。即数据包在 Internet 中转发依靠的是 IP 地址进行寻址，而在局域网中依靠的是 MAC 地址完成数据的转发，如图 5-50 所示。那局域网中的主机是如何知道目的主机的 MAC 地址的呢？这就需要 ARP（address resolution protocol，地址解析协议）。

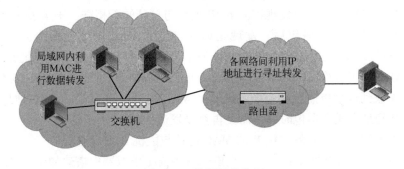

图 5-50　数据转发依据

每一台主机都有一个 ARP 高速缓存，用于保存本局域网上其他所有主机和路由器的 IP 地址到 MAC 地址的映射关系。每当一台主机 A 要向本局域网中的另一台主机 B 发送数据包时，主机 A 就先从自己的 ARP 高速缓存中根据主机 B 的 IP 地址查找其 MAC 地址，如果找到主机 B 的映射记录，就把主机 B 的 MAC 地址封装到 MAC 帧中，如果没有找到，主机 A 就通过地址解析协议 ARP 来获得主机 B 的 MAC 地址，并把主机 B 的映射记录写入自己的 ARP 高速缓存中。ARP 的基本功能就是通过目的设备 IP 地址查询目的设备的 MAC 地址，以保证通信的顺利进行。不过，ARP 只适用于 IPv4，不能用于 IPv6，IPv6 中可以用 ICMPv6 替代 ARP 进行目的 MAC 地址查询。

（2）ARP 的工作原理

ARP 协议的工作原理：简单来说 ARP 是借助 ARP 请求与 ARP 响应两种类型的包来确定 MAC 地址的。

下面通过一个案例说明 ARP 寻址过程。如图 5-51 所示，假定主机 A 向同一局域网主机 B 发送数据包，主机 A 的 IP 地址为 192.168.1.1，主机 B 的 IP 地址为 192.168.1.2。它们互不知道对方的 MAC 地址。主机 A 为了与主机 B 通信，必须先知道 B 的 MAC 地址，因此，在通信前首先进行 ARP 寻址。

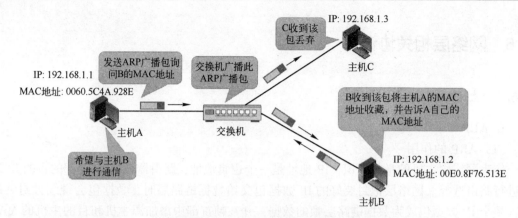

图 5-51　ARP 地址解析过程

① 主机 A 发送 ARP 请求报文，这个 ARP 请求报文中包含了主机 A 的 IP 地址（192.168.1.1）和 MAC 地址（0060.5C4A.928E），以及主机 B 的 IP 地址（192.168.1.2），该 ARP 包数据帧是一个广播包，目的 MAC 地址：FF-FF-FF-FF-FF-FF。

② 同一个局域网中的所有主机都会收到这个广播包。

③ 主机 C 收到包后，检查发现询问的 IP 地址与自己的不相符，于是丢弃该包。

④ 主机 B 收到这个广播包后，发现是询问自己的 MAC 地址是多少，于是先把 A 的 MAC 地址收藏起来，然后发送一个目的地址为主机 A 的 MAC 地址，源地址是自己的 MAC 地址的单播 ARP 响应包给主机 A，告诉主机 A 自己的 MAC 地址是 00E0.8F76.513E。

⑤ 主机 A 收到这个单播包后会将主机 B 的 MAC 地址放入自己的 ARP 地址表中。下一次再向这个 IP 地址发送数据包时就不需要再重复发送 ARP 请求了。

⑥ 主机 A 利用解析得到的主机 B 的 MAC 地址与主机 B 进行通信。

为了更好地理解 ARP 的工作原理，在 Packet Tracer 模拟器中搭建如图 5-52 所示的拓扑结构，观察 ARP 的运行过程，分析 ARP 请求和响应报文。

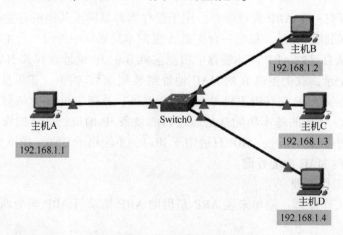

图 5-52　ARP 原理拓扑结构

① 进入主机 A 和主机 B 中的命令提示符，使用"arp -a"命令查看其 ARP 高速缓存，如图 5-53 所示，ARP 缓存为空。

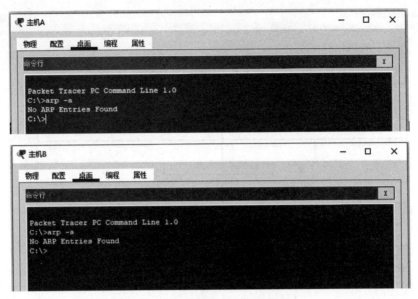

图 5-53　ARP 解析前的 ARP 缓存信息

② 把 Packet Tracer 模拟器切换到模拟模式，以主机 A 作为源地址，主机 B 作为目的地址创建一个简单 PDU，观察报文发送情况。可以发现主机 A 发送了一个 ARP 广播报文，其他所有主机都可以收到，如图 5-54 所示。

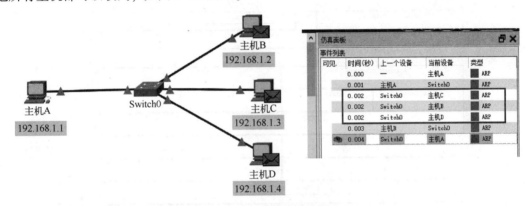

图 5-54　ARP 广播请求报文

③ 打开主机 B 收到的 ARP 请求报文，格式如图 5-55 所示。

从报文中看出，目的 IP 地址是 192.168.1.2，目的 MAC 地址未知，以 0 填充。源 IP 地址 192.168.1.1，MAC 地址 0090.2165.8D62。这个 ARP 请求报文所对应的数据帧目的 MAC 地址是一个全 1 的广播帧，值为 FFFF.FFFF.FFFF，说明该帧要广播到整个局域网中。

其他主机收到广播报文后发现自己并不是主机 A 所要请求的目的主机，因此丢弃报文。只有主机 B 做出回应，因为主机 A 发送的数据包的目的 IP 地址是主机 B 的 IP 地址。主机 B 发送给主机 A 的 ARP 响应报文如图 5-56 所示。主机 B 在 ARP 响应报文中写入了自己的 MAC 地址。ARP 响应报文的数据帧目的 MAC 地址是主机 A 的 MAC 地址，因此 ARP 响应报文是一个单播报文。

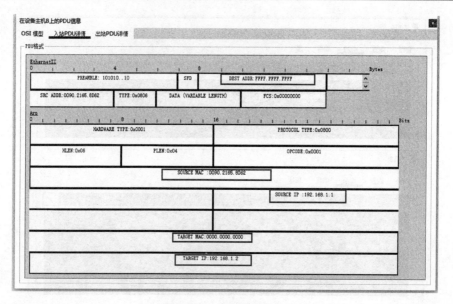

图 5-55　ARP 请求报文

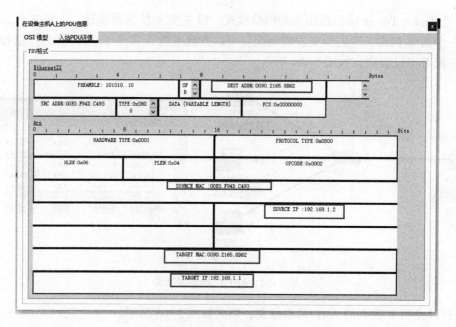

图 5-56　ARP 响应报文

④ 通信结束后再次查看主机 A 和主机 B 的 ARP 缓存，如图 5-57 所示。可以看到主机 A 和主机 B 的 ARP 高速缓存中都已经保存了对方的 IP 地址和 MAC 地址的映射关系。

需要说明的是，网络中的主机可随时离开网络，也可以更换网卡，这些情况都会导致保存在 ARP 高速缓存的映射关系失效。为了防止主机使用失效的映射关系进行封装数据，对 ARP 高速缓存中的每一条映射关系都设置一个生存时间。主机自动删除超过生存时间的映射关系，并重新运行 ARP 更新 ARP 高速缓存。

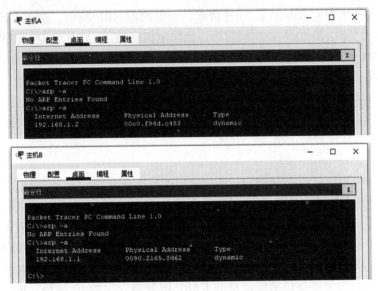

图 5-57　ARP 解析后的 ARP 缓存信息

（3）代理 ARP

当主机不了解网关的信息，或主机无法判断目的主机是否处于本网段时，某些主机会对处于其他网段的目的主机 IP 地址直接进行 ARP 解析。此时，路由器可以运行代理 ARP（proxy ARP）协助主机实现通信。

图 5-58 所示为一个典型的代理 ARP 工作过程，主机 A 希望与另一网段的主机 C 通信，但由于某种原因，主机 A 直接发送了 ARP 请求，解析主机 C 的 MAC 地址。运行了代理 ARP 的路由器收到 ARP 请求后，代理主机 A 在 20.0.0.0 网段发出 ARP 请求，解析主机 C 的 MAC 地址。

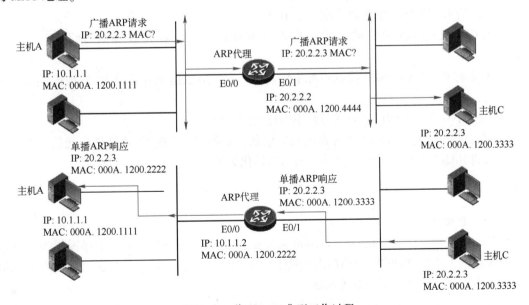

图 5-58　代理 ARP 典型工作过程

主机 C 认为路由器向其发出了 ARP 请求，于是回应 ARP 响应，通告自己的 MAC 地址 000A.1200.3333，路由器收到 ARP 响应后，也向主机 A 发送 ARP 响应，但通告的 MAC 地址是其连接到 10.0.0.0 网络的 E0/0 的 MAC 地址 000A.1200.2222。这样在主机 A 的 ARP 缓存表中就形成了 IP 地址 20.2.2.3 与 MAC 地址 000A.1200.2222 的映射项。

因此主机 A 实际上会将所有的要发给主机 C 的数据包发送到路由器上，路由器再将其转发给主机 C，反之也相同，主机 C 实际上会将所有的要发给主机 A 的数据包发送到路由器上，路由器再将其转发给主机 A。

2. RARP

ARP 地址解析协议是设备通过自己知道的 IP 地址来获得自己不知道的物理地址的协议。假如一个设备不知道它自己的 IP 地址，但是知道自己的物理地址，网络上的无盘工作站就是这种情况，设备知道的只是网络接口卡上的物理地址。这种情况下应该怎么办呢？反向地址解析协议（reverse address resolution protocol，RARP）正是针对这种情况的一种协议。

RARP 以与 ARP 相反的方式工作。RARP 发出要反向解析的物理地址并希望返回其对应的 IP 地址，应答包由能够提供所需信息的 RARP 服务器发出的 IP 地址。RARP 的工作原理如图 5-59 所示。

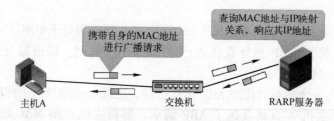

图 5-59   RARP 的工作原理

① 源主机发送一个本地的 RARP 广播，在此广播包中，声明自己的 MAC 地址并且请求任何收到此请求的 RARP 服务器分配一个 IP 地址。

② RARP 服务器收到此请求后，检查其 RARP 列表，查找该 MAC 地址对应的 IP 地址。

③ 如果存在，RARP 服务器就给源主机发送一个响应数据包并将此 IP 地址提供给对方主机使用。

④ 如果不存在，RARP 服务器对此不做任何的响应。

⑤ 源主机收到来自 RARP 服务器的响应信息，就利用得到的 IP 地址进行通信；如果一直没有收到 RARP 服务器的响应信息，表示初始化失败。

5.6.2   ICMP

1. ICMP 概述

因特网控制消息协议（Internet control message protocol，ICMP）定义了错误报告和其他回送给源点的关于 IP 数据报处理情况的消息，可以用于报告 IP 数据报传递过程中发生的错误、失败等信息，提供网络诊断等功能。

IP 是尽力传输的网络协议，其提供的数据传送服务是不可靠的、无连接的，不能保证 IP 数据报能成功的到达目的地，正是因为 IP 不能提供可靠的服务，所以在某些情况下，路由器或目的主机可能需要与源主机进行直接通信，以便交互某种信息。例如，假定一个中途路由器没有去往目的网络的路由，该路由器可能需要向源主机报告这个消息，ICMP 正是为这个目的而设计的。

ICMP 允许主机或路由器报告差错情况和提供有关异常情况的报告，如果在传输过程中发生某种错误，设备便会向源端返回一条 ICMP 消息，告知它发生的错误类型。

ICMP 基于 IP 运行，但 ICMP 实际上是集成于 IP 中的一部分，并且必须被 IP 实现。ICMP 的设计目的并非是使 IP 成为一种可靠的协议，而是对通信中发生的问题提供反馈。ICMP 消息的传递同样得不到任何可靠的保证，因而可能在传递途中丢失。

ICMP 中的消息分为两类：一类是 ICMP 差错控制报文，即通知出错原因的消息，另一类是 ICMP 询问报文，即用于诊断的查询消息。ICMP 的主要消息类型如表 5-9 所示。

表 5-9　ICMP 的主要消息类型

ICMP 消息的种类	值	ICMP 报文的类型
差错控制报文	3	目标不可达
	5	重定向
	11	超时
	12	参数问题
询问报文	0 或 8	回送（echo）请求或回答
	13 或 14	时间戳（timestamp）请求或回答

ICMP 报文利用 IP 数据报来承载，报文格式如图 5-60 所示。ICMP 报文的前 4 个字节是统一的格式，共有 3 个字段，依次是类型、代码、校验和，接着是 4 字节的内容（内容与 ICMP 报文的类型有关），最后是数据字段，其长度取决于 ICMP 的类型。其中代码字段是为了进一步区分某种类型中的几种不同情况，校验和字段用来校验整个 ICMP 报文，因为 IP 数据报首部校验和并不检验 IP 数据报的内容，因此不能保证经过传输的 ICMP 报文不产生差错。

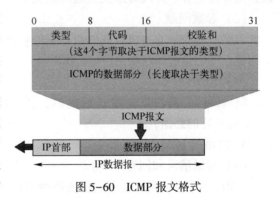

图 5-60　ICMP 报文格式

2. 常用的 ICMP 差错控制报文

（1）目标不可达

当路由器或主机不能交付数据报时就向源点返回目标不可达的消息，并在这个消息中显示具体原因，其种类代码如表 5-10 所示。

表 5-10　目标不可达的消息类型

错误号	ICMP 不可达消息
0	目的网络不可达
1	目的主机不可达
2	目的协议不可达
3	目的端口不可达
4	要求分段并设置 DF flag 标志
5	源路由失败
6	未知的目的网络
7	未知的目的主机
8	源主机隔离
9	禁止访问的网络
10	禁止访问的主机

在实际通信中经常会遇到的错误代码是 1，表示主机不可达（host unreachable），它是指路由表中没有该主机的信息，或者该主机没有连接到网络的意思，根据 ICMP 不可达的具体消息，发送端主机也就可以了解此次发送不可达的具体原因。

（2）超时

当路由器收到生存时间为零的数据报时，除丢弃该数据报外，还要向源点发送超时报文。当目的主机在预先规定的时间内不能收到一个数据报的全部数据报片时，就把已收到的数据报片都丢弃，并向源点发送超时报文。

（3）参数问题

当路由器或目的主机收到的数据报的首部中有的字段的值不正确时，就丢弃该数据报，并向源点发送参数问题报文。

（4）重定向

路由器改变路由报文发送给主机，让主机知道下次应将数据报发送给另外的路由器（可通过更好的路由）。

3. 常用的 ICMP 询问报文

（1）回送请求和回答

ICMP 回送请求报文是由主机或路由器向一个特定的目的主机发出的询问，收到此报文的主机必须给源主机或路由器发送 ICMP 回答报文，这种询问报文用来测试目的站是否可达及了解其有关状态。

（2）时间戳请求和回答

ICMP 时间戳请求报文是请某台主机或路由器回答当前的日期和时间，在 ICMP 时间戳回答报文中有一个 32 位的字段，其中写入的整数代表从 1900 年 1 月 1 日起到当前时刻一共有多少秒。时间戳请求与回答可用于时钟同步和时间测量。

4. ICMP 的应用

在网络工作实践中，ICMP 被广泛使用于网络测试。例如，ping 和 tracert 是两个使用极其广泛的测试工具，这两个工具都是利用 ICMP 协议来实现的。

（1）ping

ping 是 ICMP 的一个最常见的应用，主机可通过它来测试网络的可达性，用户运行 ping 命令时，源主机向目的主机发送 ICMP Echo Request 的消息。Echo Request 的消息封装在 IP 包内，其目的地址为目的主机的 IP 地址，目的主机收到 Echo Request 消息后，向源主机回送一个 ICMP Echo Reply 消息。如果收到 Echo Reply 消息即可获知该目的主机是可达的，假定某个中间路由器没有到达目的网络的路由，便会向源主机返回一条 ICMP Destination Unreachable 消息，告知源主机目的不可达。源主机如果在一定时间内无法收到回应，则认为目的主机不可达，并返回超时消息，如图 5-61 所示。

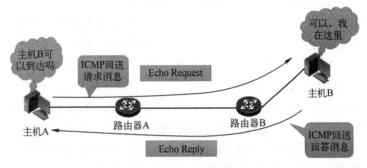

图 5-61　ping 实现原理

如图 5-62 所示为使用 ping 命令测试与 www. baidu. com 的连通性的返回信息，共返回 4 个测试信息，字节 = 32 表示测试中发送的数据包大小默认是 32 字节，TTL = 54 表示当前测试使用的生存时间是 54。默认发送 4 个包，收到 4 个包，没有包丢失，测试结果表示网络连接正常。

使用 ping 命令时，可以简单使用 ping 目的 IP 地址或目的域名的形式，也可以使用 ping［选项］目的 IP 地址或目的域名的形式。具体选项可以通过 ping /? 进行查看，各参数含义如表 5-11 所示。

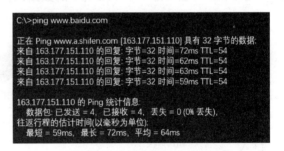

图 5-62　ping 命令的使用

表 5-11　ping 命令选项

选　　项	含　　义
-t	连续发送和接收回送请求和回答 ICMP 报文，直到按 Ctrl+C 键停止
-a	将地址解析为主机名
-n Count	发送回送请求 ICMP 报文的数量
-l Size	发送探测数据包的大小（默认值为 32 字节）
-f	不能分片（默认为允许分片）

对于路由器或其他网络设备，ping 命令测试返回不同的标志符，返回信息的含义如表 5-12 所示。

表 5-12　ping 命令测试返回的信息含义

返 回 信 息	含 义
！（叹号）	成功收到响应，网络可达
．（点）	等待响应超时（request timed out）

（2）tracert

利用 ping 只能测试到达目的主机的连通性，却不能了解数据包的传递路径，因而在不能连通时也难以了解问题发生在网络的哪个位置。利用 tracert 工具可以追踪数据包的转发路径，探测到某一个目的地的途中经过哪些中间转发设备。

在 IP 头中有一个 TTL 字段，其原本是为了避免一个数据包沿着一个路由环永久循环转发而设计的。收到数据包的每一个路由器都要将该数据报头中的 TTL 值减 1。如果 TTL 值为 0，则设备会丢弃这一数据包，并向源主机发回一个 ICMP 超时消息报告错误，tracert 正是利用 TTL 字段和 ICMP 协议结合实现的。

在需要探测路径时，源主机的 tracert 程序将发送一系列的数据包并等待每一个响应。在发送第一个数据包时，将它的 TTL 置为 1，途中的第一个路由器收到这一数据包会将 TTL 减 1，然后丢弃这一数据包并发回一个 ICMP 超时消息，由于 ICMP 消息是通过 IP 数据包传送的，因此 tracert 程序可以从中取出 IP 源地址，就是去往目的地的路径上第一个路由器的地址。之后 tracert 会发送一个 TTL 为 2 的数据包，途中第一个路由器将 TTL 减 1 并转发这一数

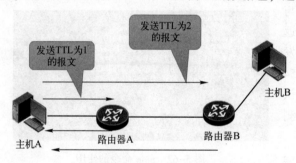

据包，第二个路由器会再将 TTL 减 1，然后丢弃这一数据包并发回一个 ICMP 超时消息。tracert 程序可以从中取出 IP 源地址，也就是去往目的地的路径上的第二个路由器的地址。类似地，tracert 程序可以逐步获得途中每一个路由器的地址，并最终探测到目的主机的可达性，如图 5-63 所示。

图 5-63　tracert 原理

为了更好地理解 tracert 原理，我们在 Packet Tracer 中搭建如图 5-64 所示的网络拓扑，使用 tracert 命令探测由 PC0 到 PC1 的路径情况，如图 5-65 所示。

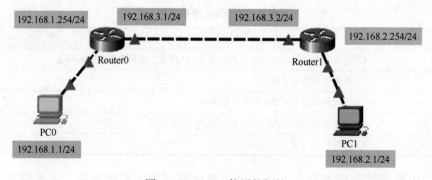

图 5-64　tracert 使用的拓扑

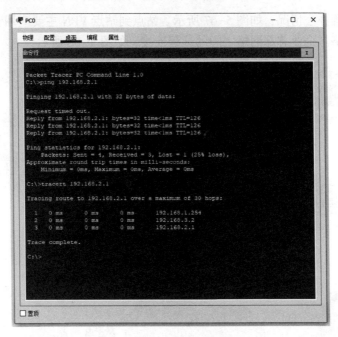

图 5-65 tracert 命令探测结果

5.7 虚拟专用网和网络地址转换

5.7.1 虚拟专用网

1. VPN 概述

VPN（virtual private network，虚拟专用网络）是将不同地域的企业私有网络，通过公用网络连接在一起，如同在不同地域之间为企业架设了专线一样，也就是说 VPN 的核心就是利用公共网络建立虚拟私有网。

VPN 被定义为通过一个公用网络（通常是 Internet）建立一个临时的、安全的连接，是一条穿过混乱的公用网络的安全、稳定的隧道。它利用已加密的隧道协议（tunneling protocol）来达到保密、发送端认证、消息准确性等私人消息的安全效果。这种技术可以用不安全的网络来发送可靠、安全的消息。需要注意的是，加密消息与否是可以控制的，没有加密的虚拟专用网消息依然有被窃取的危险。

实现 VPN 功能的网络设备通常有 VPN 服务器、防火墙、路由器、专用 VPN 网关等，如图 5-66 所示。

虚拟的概念是相对于传统私有专用网络的构建方式而言的，对于广域网连接，传统的组网方式是通过远程拨号和专线连接来实现的。而 VPN 是利用服务提供商所提供的公共网络来实现远程的广域连接。通过 VPN，企业可以更低的成本连接其远程办事机构、出差人员及业务合作伙伴。

2. VPN 的分类

VPN 可以简单地分为远程访问 VPN 和站点到站点 VPN 两种。远程访问 VPN 主要应用于企业员工的远程办公情况，如图 5-67 所示。站点到站点 VPN 主要应用于企业分支机构网络或商业伙伴网络与企业总部网络之间的远程连接，如图 5-68 所示。

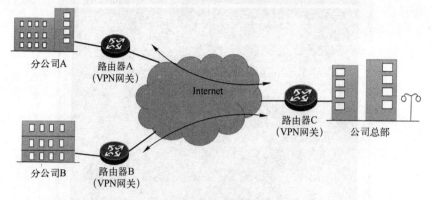

图 5-66　　VPN 架构

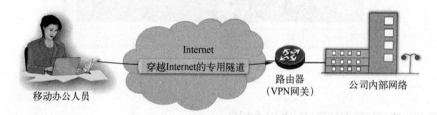

图 5-67　　远程访问 VPN

图 5-68　　站点到站点 VPN

3. VPN 中常用技术

VPN 主要通过隧道技术来实现业务，但由于公网上业务复杂，安全性较差，因此 VPN 还需要采取其他技术保证数据的安全性，主要包括加解密技术、密钥管理技术、数据认证技术和身份认证技术等。

隧道技术：在隧道的两端通过封装及解封装技术在公网上建立一条数据通道，使用这条隧道对数据报文进行传输。

加解密技术：当数据封装进入隧道后立即进行加密，只有当数据到达隧道对端后，才能由隧道对端对数据进行解密。

密钥管理技术：在不安全的公用数据网上安全地传输密钥而不被窃取。

数据认证和身份认证技术：数据认证技术主要保证数据在网络传输过程中不被非法篡改；身份认证技术主要保证接入 VPN 的操作人员的合法性以及有效性。

5.7.2　网络地址转换 NAT

当前的 Internet 主要是基于 IPv4 协议，用户访问 Internet 的前提条件是拥有属于自己的 IPv4 地址，但随着 Internet 用户的快速增长，加上地址分配不均等因素，很多国家已经陷入 IP 地址不够使用的窘境。为了解决 IPv4 地址短缺的问题，IETF 提出了 NAT（network address translation，网络地址转换）解决方案。IP 地址分为公有地址和私有地址，公有地址由 IANA 统一分配，用于 Internet 通信；私有地址可以自由分配，用于私有网络内部通信，NAT 技术的主要作用是将私有地址转换成公有地址，使私有网络中的主机可以通过共享少量公有地址访问 Internet。

NAT 技术的出现，主要目的是解决 IPv4 地址匮乏的问题，另外 NAT 屏蔽了私网用户真实地址，也提高了私网用户的安全性。如果企业全网采用公有地址，则企业外部结点与内部结点就可以直接通信，从企业网络的内部和外部互相访问的实际情况来看，大部分企业希望对内部主动访问外部实施比较宽松的限制，而对外部主动访问内部实施严格的限制，例如只允许外界访问 HTTP 服务等。地址转换技术是满足上述需求的一个好办法。

如图 5-69 所示是典型的 NAT 组网模型。网络被划分为公网和私网两部分，各自使用独立的地址空间，私网使用私有地址 10.0.0.0/24，而公网结点均使用 Internet 地址。为了使私网客户端主机 A 和主机 B 能够访问 Internet 上的服务器（IP 地址：12.1.1.2），在网络边界部署一台 NAT 设备用于执行地址转换。

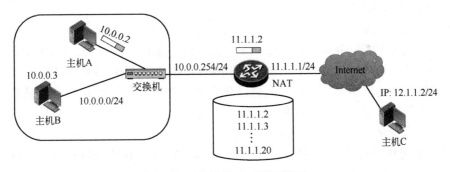

图 5-69　典型的 NAT 组网模型

5.8　IPv6

5.8.1　IPv6 概述

IP 是互联网的关键协议。现在广泛部署的互联网协议是 IPv4，实践证明 IPv4 是一个非常成功的协议。然而，互联网发展的速度与规模及新技术应用需求的不断增长，使得互联网面临 IPv4 地址空间不足的问题。解决 IP 地址耗尽的问题主要有以下措施。

① 采用无类别域间路由（CIDR），使 IP 地址的分配更加合理。

② 采用网络地址转换（NAT）以节省全球 IP 地址。

③ 采用具有更大地址空间的新版本 IPv6。

IETF 于 1992 年 6 月提出要制定下一代互联网协议即 IPv6（Internet protocol version 6），1998 年，IETF 正式发布了 IPv6 的系列草案标准，IPv6 不仅能解决 IPv4 地址耗尽的问题，它还试图弥补 IPv4 中的绝大多数缺陷。目前，人们正在着力于进行 IPv4 与 IPv6 之间的相互通信与兼容性方面的测试。

与 IPv4 相比，IPv6 主要的新特性如下。

- 更大的地址空间：IPv6 将地址从 IPv4 的 32 位增大到 128 位。
- 性能提升：IPv6 包首部长度采用固定的值（40 B），不再采用首部检验和字段。简化首部结构，减轻路由器负荷。路由器不再做分片处理（通过路径 MTU 发现只由发送端主机进行分片处理）。
- 支持即插即用功能：即使没有 DHCP 服务器也可以实现自动分配 IP 地址。
- 采用认证与加密功能：IPv6 集成了 IPSec 用于网络层的认证与加密，为用户提供端到端的安全特性。
- 多播、mobile IP 成为扩展功能：因为 IPv6 报头之后添加了扩展报头，将 IPv4 中的选项功能放在了可选的扩展报头中，可按照不同协议要求增加扩展头的种类，IPv6 可以很方便地实现功能扩展，如多播和 mobile IP。因此可以预期，曾在 IPv4 中难以应用的这两个功能在 IPv6 中能够顺利使用。

5.8.2 IPv6 地址

1. IPv6 地址表示法

IPv6 地址长度 128 位，如果将 IPv6 地址像 IPv4 的地址一样用十进制表示的话显得有些麻烦，一般人们将 128 位 IPv6 地址以每 16 位为一组，采用十六进制，每组间用冒号（:）隔开，这种方式称为"冒号分十六进制"，如 108A:0:0:0:8:800:200C:417A。

为了尽量缩短地址的书写长度，在冒号分十六进制记法中，IPv6 地址可以采用压缩方式来表示，在压缩时有以下几个规则。

（1）省略前导的零

在 IPv6 地址中共有 8 个 16 位段，每个 16 位段中前导的 0 都可以省略，注意前导即数学表达式中的"高位"的意思，尾部的 0 是不能省略的，例如：

- 0000 可以表示为 0。
- 000A 可以表示为 A。
- 0D00 可以表示为 D00。
- 00EF 可以表示为 EF。

（2）零压缩

在分配某种形式的 IPv6 地址时，会发生包含长串 0 位的地址，为了简化包含 0 位地址的书写，可以使用双冒号（"::"）简化多个 0 位的 16 位组，需要注意的是：双冒号在一个地址中只能出现一次，该符号也可以用来压缩地址中前部和尾部的 0，例如：108A:0:0:0:8:800:200C:417A 压缩格式表示为 108A::8:800:200C:417A；0:0:0:0:0:0:0:1 压缩格式表示为 ::1；0:0:0:0:0:0:0:0 压缩格式表示为 ::。

对于 108A:0:0:8:0:0:0:417A 可以压缩表示为 108A::8:0:0:0:417A 或 108A:0:0:8::417A，但不能表示为 108A::8::417A，因为这样会不知道哪部分有三个 0。

IPv6 取消了 IPv4 的网络号、主机号和子网掩码的概念，代之以前缀、接口标识符、前缀长度。IPv6 也不再有 IPv4 地址中 A 类、B 类、C 类等地址分类的概念。

前缀：前缀的作用与 IPv4 地址中的网络部分类似，用于标识这个地址属于哪个网络。

接口标识符：与 IPv4 地址中的主机部分类似，用于标识这个地址在网络中的具体位置。

前缀长度：作用类似于 IPv4 地址中的子网掩码，用于确定地址中，哪一部分是前缀，哪一部分是接口标识。

IPv6 地址通过前缀来表示，该表示方法类似于采用 CIDR 标记方法，其表示格式如下：

ipv6-address/prefix-length

其中，prefix-length 是一个十进制数，表示该地址最左侧的连续位数。例如 IPv6 地址 1234:5678:90AB:CDEF:ABCD:EF01:2345:6789/64，"/64" 表示此地址的前缀长度是 64 位，所以此地址的前缀是：1234:5678:90AB:CDEF，剩下的 64 位是接口标识 ABCD:EF01:2345:6789。

2. IPv6 地址的分类

IPv6 地址可以分为单播地址（unicast）、多播地址（multicast）和任播地址（anycast）。

（1）单播地址

单播地址用来唯一标识一个接口，类似于 IPv4 的单播地址。单播地址只能分配给一个结点上的一个接口。发送到单播地址的数据报文将被传送给此地址所标识的接口。

IPv6 单播地址根据其作用范围的不同，又可以分为全局单播地址、唯一本地地址和链路本地地址。

① 全局单播地址：与 IPv4 中的公有地址类似。现在 IPv6 的网络中所使用的格式为，前 64 位为网络标识，后 64 位为主机标识，如图 5-70 所示。全局单播地址由 IANA（Internet 地址分配机构）负责进行统一分配。全局单播地址的前缀前 3 位固定是 001，有效地址范围前缀（2000~3FFF）。

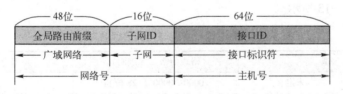

图 5-70　全局单播地址结构

② 唯一本地地址：在限制型网络中，即那些不与互联网直接接入的私有网络，可以使用区域唯一本地地址，相当于 IPv4 的私有地址，唯一本地地址虽然不会与互联网连接，但是也会尽可能地随机生成一个唯一的全局 ID，结构如图 5-71 所示。由于企业兼并、业务统一、效率提高等原因，很有可能会需要用到唯一本地地址进行网络之间的连接，在这种情况下，人们希望可以在不改动 IP 地址的情况下即可实现网络的统一。唯一本地地址固定前缀为 FC00::/7，即前 7 位为 6 个 1 加 1 个 0，L 表示地址的范围，取值 1 表示本地范围，0 则保留。全局 ID 全球唯一前缀，随机方式生成，子网 ID 在划分子网时使用。

③ 链路本地地址：用于链路本地结点之间的通信。在 IPv6 中，以路由器为边界的一个或多个局域网段称为链路。使用链路本地地址作为目的地址的数据报文不会被转发到其他链

路上。特定前缀 FE80::/10，同时将接口 ID 添加在后面作为地址的低 64 位。如图 5-72 所示，在 IPv6 邻居结点之间的通信协议中广泛使用了该地址，如邻居发现协议、动态路由协议等。当一个结点启用 IPv6 时自动生成。

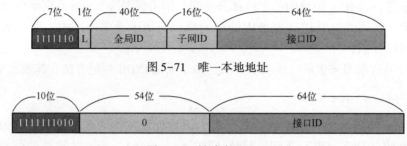

图 5-71　唯一本地地址

图 5-72　链路本地地址

（2）多播地址

多播地址也称组播地址，用来标识一组接口（通常这组接口属于不同的结点）。多个接口可以配置相同的组播地址，发送到组播地址的数据报文被传送给此地址所标识的所有接口。特定前缀 FF00::/8。

（3）任播地址

任播地址是 IPv6 中特有的地址类型，也用来标识一组接口。但与组播地址不同的是发送到任播地址的数据报文，被传送给此地址所标识的一组接口中，距离源结点最近的一个接口，例如移动用户在使用 IPv6 协议接入因特网时，根据地理位置的不同，接入距离用户最近的一个接收站。

任播地址是从单播地址空间中分配的，并使用单播地址的格式。仅看地址本身，结点是无法区分任播地址与单播地址的，所以必须在配置时明确指明它是一个任播地址。

IPv6 地址类型是由地址前面几位（地址前缀）来指定的，主要地址类型与格式前缀的对应关系，如表 5-13 所示。

表 5-13　IPv6 地址类型与格式前缀的对应关系

类　型		格式前缀（二进制）	IPv6 前缀标识
单播地址	未定义	0000…0000（128 位）	::/128
	环回地址	0000…0001（128 位）	::/1
	唯一本地地址	1111 110	FC00::/7
	链路本地地址	1111 1110 10	FE80::/10
	全球单播地址	其他形式	——
多播地址		1111 1111	FF00::/8
任播地址		从单播地址空间中进行分配，使用单播地址格式	

5.8.3　IPv6 报文格式

IPv6 报文格式如图 5-73 所示，IPv6 将首部长度变为 40 B，称为基本首部，将不必要的功能取消了，首部的字段数量减少到只有 8 个。为减轻路由器的负担，取消了首部的校验和字段，因此路由器不必再计算校验和，提高了数据转发效率，在基本首部的后面允许零个或多个扩展首部，所有的扩展首部和数据合起来叫作数据报的有效载荷（payload）。

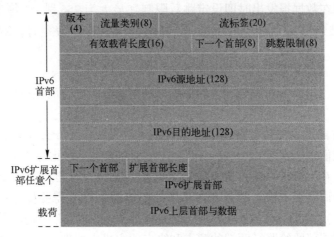

图 5-73　IPv6 报文格式

1. IPv6 首部

（1）版本（version）

与 IPv4 一样，由 4 位组成，表示该数据报所使用的 IP 协议版本号，值为二进制 0110。

（2）流量类别（traffic class）

长度为 8 位，相当于 IPv4 中的 TOS，出于今后研究使用保留了这一字段，主要用以标识 IPv6 分组类别和优先级。发送结点和转发路由器可以根据这个字段值来决定发生拥塞时如何更好地处理分组。例如，若由于拥塞的原因两个连续的数据报中必须丢弃一个，那么具有低优先级的数据报将被丢弃。

（3）流标签（flow label）

长度为 20 位，IPv6 的一个新的机制是支持资源预分配，并且允许路由器把每一个数据报与一个给定的资源分配相联系。IPv6 提出流（flow）的抽象概念，所谓"流"是互联网络上从特定的源点到特定终点（单播或多播）的一系列数据报（如实时音频或视频传输），而在这个"流"所经过的路径上的路由器都保证指明的服务质量。所有属于同一个流的数据分组都具有相同的流标签。因此，流标签对实时音频/视频数据的传送特别有用，对于传统的电子邮件或非实时数据，流标签则没有用处，把它置为 0 即可。

（4）有效载荷长度（payload length）

该字段长度为 16 位，它指明 IPv6 数据报除基本首部以外的字节数（所有扩展首部都在有效载荷之内），最大值为 65 535 字节。

（5）下一个首部（next header）

长度为 8 位，相当于 IPv4 中的协议字段或可选字段。

当 IPv6 数据报没有扩展首部时，下一个首部字段的作用和 IPv4 的协议字段一样，它的值指出了基本首部后面的数据应交付 IP 层上面的哪一个高层协议（例如：6 或 17 分别表示交付传输层 TCP 或 UDP）。

当出现扩展首部时，下一个首部字段的值就标识后面第一个扩展首部的类型。

（6）跳数限制（hop limit）

长度为 8 位，该字段用以保证数据报不会无限期地在网络中存在。相当于 IPv4 中的生存时间 TTL。源站在数据报发出时即设定跳数限制（最大为 255 跳）。每个路由器在转发数据报时，要先把跳数限制字段中的值减 1，当跳数限制的值为零时，就要把这个数据报丢弃。

（7）源地址（source address）和目的地址（destination address）

长度为 128 位，用以标识发送分组的源主机和接收分组的目的主机的 IPv6 地址。

2. 扩展首部

IPv6 的扩展首部是跟在基本 IPv6 报头后面的可选报头。为什么在 IPv6 中要设计扩展首部这种字段呢？我们知道在 IPv4 中报头包含了所有的选项，因此每个中间路由器都必须检查这些选项是否存在，如果存在，就必须处理它们，这种设计方法会降低路由器转发 IPv4 数据报的效率，然而实际上很多的选项在途中的路由器上是不需要检查的（因为不需要使用这些选项的信息）。为了解决这种矛盾，IPv6 把原来 IPv4 首部中选项的功能都放在扩展首部中，并把扩展首部留给路径两端的源点和终点的主机来处理，而数据报途中经过的路由器都不处理这些扩展首部（只有一个首部例外，即逐跳选项扩展首部），这样就大大提高了路由器的处理效率。

每一个扩展首部都由若干个字段组成，它们的长度也各不同。但所有扩展首部的第一个字段都是 8 位"下一个首部"字段，此字段的值指出了在该扩展首部后面的字段是什么。扩展首部中还可以包含扩展首部协议及下一个扩展首部字段。IPv6 首部中没有标识及标记字段，在需要对 IP 数据报进行分片时，就可以使用扩展首部，如图 5-74 所示。

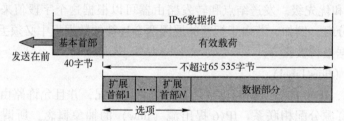

图 5-74　具有多个可选扩展首部的 IPv6 数据报格式

5.8.4　IPv4 到 IPv6 过渡技术

尽管 IPv6 比 IPv4 具有明显的先进性，但要在短时间内将 Internet 和各个企业网络中的所有系统全部从 IPv4 升级到 IPv6 是不可能的。这样，向 IPv6 过渡只能采用逐步演进的方法，同时，还必须使新安装的 IPv6 系统向后兼容。这就是说，IPv6 系统必须能够接收和转发 IPv4 分组，并且能够为 IPv4 分组选择路由。

IPv4 的网络将在相当长时间内和 IPv6 的网络共存，为了促进与保证 IPv4 的网络向 IPv6 网络的平滑迁移，IETF 已经设计了 3 种过渡策略，双协议栈、隧道技术和协议转换。

1. 双协议栈

双协议栈是一种最直接的过渡机制，指在完全过渡到 IPv6 之前，使一部分主机（或路由器）同时实现 IPv4 和 IPv6 两种协议，因此双协议栈主机（或路由器）既能够和 IPv6 的系统通信，又能够和 IPv4 的系统通信。

双协议栈主机在和 IPv6 主机通信时采用 IPv6 地址，而和 IPv4 主机通信时则采用 IPv4 地址。那么双协议栈主机是怎样知道目的主机是采用哪一种地址呢？它是使用域名系统 DNS 来查询的。若 DNS 返回的是 IPv4 地址，双协议栈的源主机就使用 IPv4 地址，而当 DNS 返回的是 IPv6 地址，源主机就使用 IPv6 地址。

如图 5-75 所示，源主机 A 和目的主机 F 都使用 IPv6，所以 A 向 F 发送 IPv6 数据报，路径是 A—B—C—D—E—F。中间 B 到 E 这段路径是 IPv4 网络，路由器 B 不能向 C 转发 IPv6 数据报，因为 C 只使用 IPv4 协议。B 是 IPv6/IPv4 路由器，它把 IPv6 数据报首部转换为 IPv4 数据报首部后发送给 C，C 再转发给 D。当 D 转发到 IPv4 的出口路由器 E 时（E 也是 IPv6/IPv4 路由器），再恢复原来的 IPv6 数据报。需要注意的是，IPv6 首部中的某些字段却无法恢复。例如，原来 IPv6 首部中的流标号 X 在最后恢复出的 IPv6 数据报中只能变为空缺。这种信息的损失是使用首部转换方法所不可避免的。

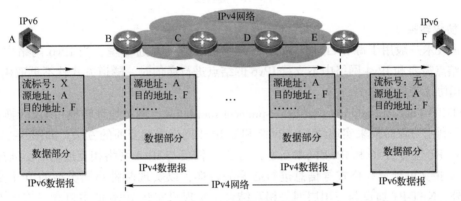

图 5-75　双栈协议应用

由于双协议栈需要同时支持 IPv4 和 IPv6 两种协议，因此整个协议栈的结构比较复杂。特别是对于双协议栈路由器，不仅需要支持 IPv4 和 IPv6 下的路由协议，同时还需要保存两套路由表，从而要求路由器提供较高的 CPU 处理能力和更多的内存资源，如果将双协议栈机制用于骨干网，则需要对大量的网络设备进行升级，其难度比较大。因此，在现阶段双协议栈网元一般只用于 IPv4 网络或 IPv6 网络的边缘，作为隧道过渡机制的隧道端点部署，以解决 IPv4 或者 IPv6 网络的直接互通问题。

2. 隧道技术

隧道技术（tunneling）是 IPv4 向 IPv6 过渡的另一种技术。图 5-76 给出了隧道技术的工作原理。这种方法的要点就是在 IPv6 数据报要进入 IPv4 网络时，把 IPv6 数据报封装成为 IPv4 数据报。现在整个的 IPv6 数据报变成了 IPv4 数据报的数据部分，这样的 IPv4 数据报从路由器 B 经过路由器 C 和 D，传送到 E，而原来的 IPv6 数据报就好像在 IPv4 网络的隧道中传输，什么都没发生变化。当 IPv4 数据报离开 IPv4 网络中的隧道时，再把数据部分（原来的 IPv6 数据报）交给主机的 IPv6 协议栈。图 5-76 中的粗实线表示在 IPv4 网络中好像有一个从 B 到 E 的"IPv6 隧道"，路由器 B 是隧道的入口而 E 是出口。在隧道中传输的数据报源地址是 B 而目的地址是 E。

要使双协议栈的主机知道 IPv4 的数据报里面封装的数据是一个 IPv6 数据报，就必须把 IPv4 首部协议字段的值设置为 41（41 表示数据报的数据部分是 IPv6 数据报）。

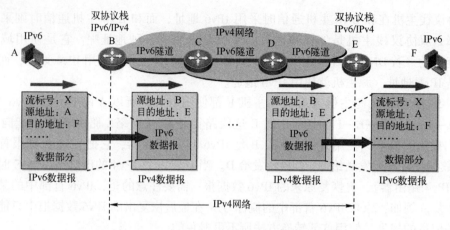

图 5-76　隧道技术

3. 协议转换

隧道技术一般用于源和目标均为 IPv6 网络的互连、互通环境，当 IPv6 网络中不支持 IPv4 的结点需要和 IPv4 网络中不支持 IPv6 的结点进行通信时，隧道方式就不再适用。此时需要使用协议转换的方法。

NAT-PT（network address translation-protocol translation，网络地址转换-协议转换）技术就是一种利用协议转换来实现纯 IPv6 网络和纯 IPv4 网络之间互通的方法。如图 5-77 所示，使用 NAT-PT 进行 IPv6 和 IPv4 网络互通，当 IPv6 需要与 IPv4 网络相互通信时，通过 NAT-PT 网关对报文的地址和格式等信息进行必要的转换，以实现两种不同类型的 IP 网络的互联，另外，NAT-PT 通过与应用层网关相互结合，实现只安装 IPv6 的主机和只安装 IPv4 主机的大部分应用的相互通信。NAT-PT 较好地解决了纯 IPv6 和纯 IPv4 的互通问题，但是，与 IPv4 的 NAT 机制类似，由于需要对 IP 地址进行转换，因此不能继续使用那些需要保存地址信息的网络应用，而且这种方式也牺牲了端到端的安全性。

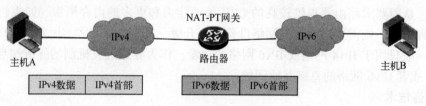

图 5-77　NAT-PT 技术

【实践与体验】

【实训 5-1】等长子网划分体验

实训目的
1. 掌握 IP 地址结构与等级。
2. 理解子网划分原理。

3. 学会等长子网划分方法。

实训步骤

假设有一个网络地址为 172.31.0.0/16，要在此网络中划分 16 个子网。请根据子网划分的情况填写以下信息：

（1）划分的子网数为 16，则需要借用_____位主机位。

（2）划分子网后，子网掩码为_____。

（3）各子网地址：

子 网	子 网 地 址	子 网	子 网 地 址
1		9	
2		10	
3		11	
4		12	
5		13	
6		14	
7		15	
8		16	

（4）每个子网内有效的主机数为_____。请将每个子网可分配的 IP 地址范围填入下表（除去主机全 0 和全 1 的情况）。

子 网	IP 地址范围	子 网	IP 地址范围
1		9	
2		10	
3		11	
4		12	
5		13	
6		14	
7		15	
8		16	

（5）广播地址为主机号全 1 的地址，请填写下表：

子 网	广 播 地 址	子 网	广 播 地 址
1		9	
2		10	
3		11	
4		12	
5		13	
6		14	
7		15	
8		16	

【实训5-2】 VLSM 应用体验

实训目的

1. 掌握 IP 地址结构与等级。

2. 理解子网划分原理。

3. 学会 VLSM 子网划分方法。

实训步骤

A 公司分配了一段 IP 地址 192.168.100.0/24，该公司有两个部门企划部和广告部，企划部有 105 台计算机需要联网，广告部有 58 台计算机联网，如图 5-78 所示。如果你是该公司的网管，你该怎么去规划这个 IP？（注意：企划部需要的 IP 地址数为 106，广告部需要的 IP 地址是 59，因为各需要一个网关 IP 给路由器接口。）

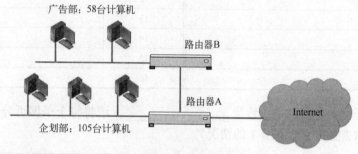

图 5-78　公司网络环境

① 为满足企划部 IP 地址的需求，利用公式 $2^n-2 \geq N$，即 $2^n-2 \geq 106$，得出主机所占位数 $n=7$，则子网号位数为 1，这时将原先的网络地址划分成了 2 个子网 192.168.100.0/25 和 192.168.100.128/25，可以将第 1 个子网 192.168.100.0/25 分配给企划部使用，另一个网段留给广告部和路由器之间使用。需要注意的是网络号已经变成了 25 位，子网掩码由_____变成了_____。

② 将 192.168.100.128/25 这个网络号分配给广告部和路由器之间使用。利用公式 $2^n-2 \geq N$，即 $2^n-2 \geq 59$，得出需要占用 6 位主机位，这时还剩 1 位为子网号，进一步划分为两个子网 192.168.100.128/26 和 192.168.100.192/26，这时可以将 192.168.100.128/26 的网络地址分配给广告部使用，另一个 192.168.100.192/26 给路由器之间使用。需要注意的是网络号已经变成了 26 位，子网掩码由_____变成了_____。

③ 由于两个路由器连接的网段只需要两个 IP 地址，因此继续将 192.168.100.192/26 网络地址划分。利用公式 $2^n-2 \geq N$，即 $2^n-2 \geq 2$，得出需要占用 2 位主机位，即网络号为 30 位，选取子网号为 110000，则两个路由器间 IP 地址分别为_____、_____。

④ 请完成下表信息填写。

部　　门	网 络 地 址	子 网 掩 码	IP 地 址 范 围
企划部			
广告部			
路由器 A-路由器 B			

【实训 5-3】 IPv4 报文抓包体验

实训目的

1. 熟练使用 Wireshark 软件抓取 IPv4 报文。

2. 准确分析抓到的 IPv4 报文信息。

实训步骤

1. 运行 Wireshark 软件

双击有流量的接口，开始抓包。

2. 测试连通性

在命令提示符中使用 ping www.baidu.com 测试到达百度的连通性，如图 5-79 所示。抓取测试过程中的报文。

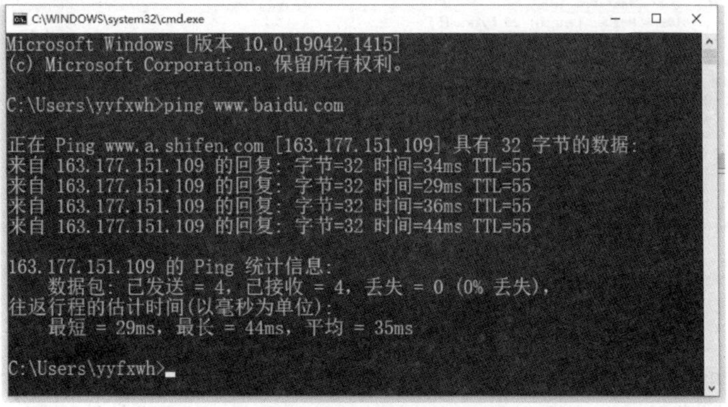

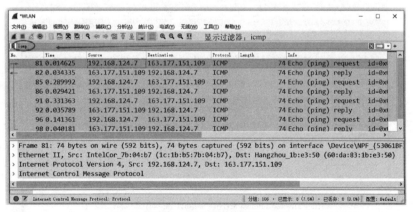

图 5-79　使用 ping 命令测试连通性

3. 过滤

在显示过滤器中输入过滤条件只保留 ICMP 报文，如图 5-80 所示。

图 5-80　编辑过滤器

4. 协议字段含义分析

（1）版本和头长度

选择报文进行 IPv4 报文格式分析，如选择 81 号报文，在数据包封装明细区中，可以看到"Version：4"信息，单击后可以在数据区中看到其二进制值 0100，代表该 IP 包协议版本为 IPv4。版本值后面的字段是首部长度，二进制值为 0101，由于每个数值的单位为 4 B（32 位），则得出该 IP 数据包的首部长度为 5×4 B＝20 B，即数据包封装明细区中的"Header Length：20bytes"，如图 5-81 所示。

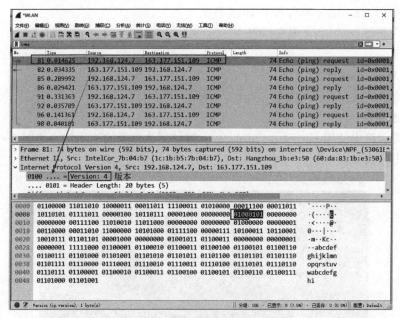

图 5-81 查看协议版本和头长度

（2）Total Length

IP 包的"总长度"，Total Length：60，单击 Total Length 可以在数据区中看到该字段值为 00000000 00111100，由此可以推断出该 IP 数据包长度为 40 B。如图 5-82 所示。

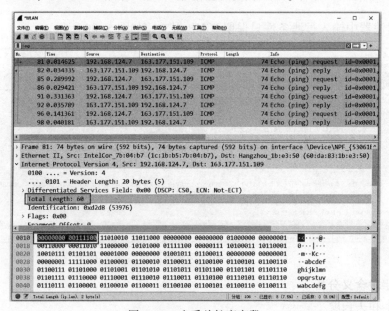

图 5-82 查看总长度字段

（3）DF 和 MF

单击 Flags（标志位）前的"+"号，可以看到 DF 和 MF 位均为 0。数据报文未分片，如图 5-83 所示。

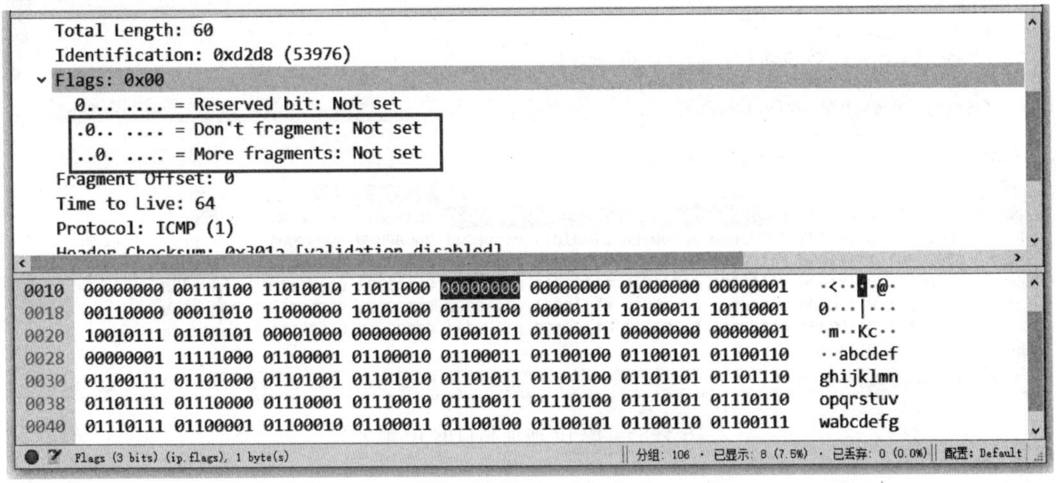

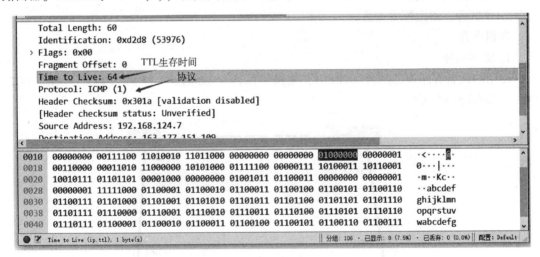

图 5-83　标志位字段信息

（4）TTL 生存时间和协议

Time to live 的值为 64，二进制值为 01000000，该值代表该 IP 包最多还可以经过 64 个路由器。Protocol：ICMP（1），该值代表该 IP 包的上层封装协议为 ICMP，如图 5-84 所示。

图 5-84　TTL 和协议字段

（5）源 IP 地址和目的 IP 地址

该 IP 包的源 IP 地址：192.168.124.7，目的 IP 地址：163.177.151.109，如图 5-85 所示。

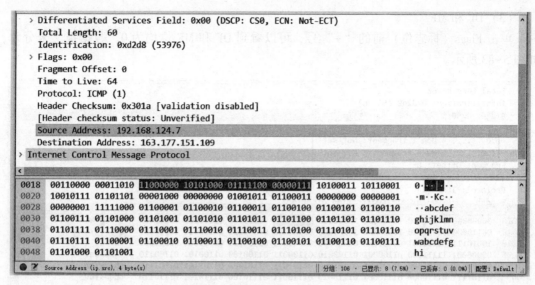

图 5-85　源 IP 地址和目的 IP 地址

【实训 5-4】 静态路由配置

实训目的

1. 理解路由分类。
2. 掌握静态路由配置方法。

实训步骤

1. 实训拓扑

使用的设备有路由器两台（2811），交换机两台（2950），4 台 PC（PC0、PC1、PC2、PC3），如图 5-86 所示。

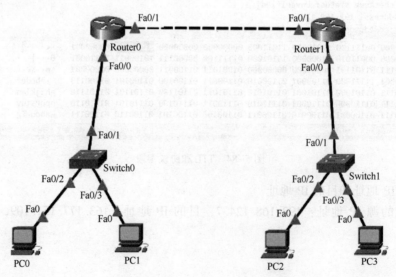

图 5-86　实训拓扑

2. IP 地址规划

各设备 IP 地址规划如表 5-14 所示。

表 5-14　设备 IP 地址规划表

设　　备	接　　口	IP 地址	子网掩码	网　关
PC0	Fa0	192.168.1.1	255.255.255.0	192.168.1.254
PC1	Fa0	192.168.1.2	255.255.255.0	192.168.1.254
PC2	Fa0	192.168.2.1	255.255.255.0	192.168.2.254
PC3	Fa0	192.168.2.2	255.255.255.0	192.168.2.254
Router0	F0/0	192.168.1.254	255.255.255.0	
Router0	F0/1	192.168.3.1	255.255.255.0	
Router1	F0/0	192.168.2.254	255.255.255.0	
Router1	F0/1	192.168.3.2	255.255.255.0	

3. 路由器配置

① 掌握路由器配置模式及作用，如表 5-15 所示。

表 5-15　路由器配置模式

配置模式	命令提示符	描　　述
用户模式	Router>	简单查看路由器的软件、硬件版本信息、进行简单测试
特权模式	Router#	管理路由器配置文件，查看路由器的配置信息，测试和调试网络等
全局配置模式	Router(config)#	可配置路由器的全局性参数（如主机名、登录信息），可配置路由器的具体功能
端口模式	Router(config-if)#	配置路由器的接口参数

② Router0 的配置参考命令。

```
Router>enable
Router#configure terminal
Router(config)#interface fastEthernet 0/0
Router(config-if)#ip address 192.168.1.254 255.255.255.0
//配置 F0/0 接口 IP 地址
Router(config-if)#no shutdown
Router(config-if)#exit
Router(config)#interface fastEthernet 0/1
Router(config-if)#ip address 192.168.3.1 255.255.255.0
//配置 F0/1 接口 IP 地址
Router(config-if)#no shutdown
Router(config-if)#exit
Router(config)#ip route 192.168.2.0 255.255.255.0 192.168.3.2
//添加静态路由,目标网络 192.168.2.0 ,子网掩码:255.255.255.0 下一跳:192.168.3.2
Router(config)#
```

③ Router1 的配置参考命令。

Router>enable

Router#configure terminal

Router(config)#interface fastEthernet 0/0

Router(config-if)#ip address 192. 168. 2. 254 255. 255. 255. 0

//配置 F0/0 接口 IP 地址

Router(config-if)#no shutdown

Router(config-if)#exit

Router(config)#interface fastEthernet 0/1

Router(config-if)#ip address 192. 168. 3. 2 255. 255. 255. 0

//配置 F0/1 接口 IP 地址

Router(config-if)#no shutdown

Router(config-if)#exit

Router(config)#ip route 192. 168. 1. 0 255. 255. 255. 0 192. 168. 3. 1

//添加静态路由,目标网络 192. 168. 1. 0 子网掩码:255. 255. 255. 0 下一跳:192. 168. 3. 1

Router(config)#

④ 使用 show ip route 命令查看路由表。图 5-87 所示为 Router0 的路由表。

图 5-87　查看路由表

⑤ 连通性测试，PC0、PC1、PC2、PC3 之间能相互 ping 通。

【实训 5-5】 RIP 动态路由配置

实训目的

1. 理解 RIP 协议的原理。

2. 掌握 RIP 的配置方法。

实训步骤

1. 实训拓扑

使用的设备有路由器两台（2811），交换机两台（2950），4 台 PC（PC0、PC1、PC2、PC3），如图 5-88 所示。

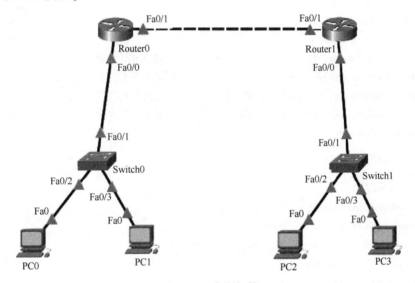

图 5-88　实训拓扑

2. IP 地址规划

各设备 IP 地址规划如表 5-16 所示。

表 5-16　设备 IP 地址规划表

设　　备	接　　口	IP 地址	子网掩码	网　　关
PC0	Fa0	192.168.1.1	255.255.255.0	192.168.1.254
PC1	Fa0	192.168.1.2	255.255.255.0	192.168.1.254
PC2	Fa0	192.168.2.1	255.255.255.0	192.168.2.254
PC3	Fa0	192.168.2.2	255.255.255.0	192.168.2.254
Router0	F0/0	192.168.1.254	255.255.255.0	
Router0	F0/1	192.168.3.1	255.255.255.0	
Router1	F0/0	192.168.2.254	255.255.255.0	
Router1	F0/1	192.168.3.2	255.255.255.0	

3. 路由器配置

① Router0 的配置。

```
Router>enable
Router#configure terminal
Router(config)#interface fastEthernet 0/0
Router(config-if)#ip address 192.168.1.254 255.255.255.0
//配置 F0/0 接口 IP 地址
Router(config-if)#no shutdown
Router(config-if)#exit
Router(config)#interface fastEthernet 0/1
Router(config-if)#ip address 192.168.3.1 255.255.255.0
//配置 F0/1 接口 IP 地址
Router(config-if)#no shutdown
Router(config-if)#exit
Router(config)#router rip                    //创建 RIP 路由进程
Router(config-router)#version 2              //定义版本为 2
Router(config-router)#network 192.168.1.0    //定义关联网络
Router(config-router)#network 192.168.3.0    //定义关联网络
Router(config-router)#
```

② Router1 的配置。

```
Router>enable
Router#configure terminal
Router(config)#interface fastEthernet 0/0
Router(config-if)#ip address 192.168.2.254 255.255.255.0
//配置 F0/0 接口 IP 地址
Router(config-if)#no shutdown
Router(config-if)#exit
Router(config)#interface fastEthernet 0/1
Router(config-if)#ip address 192.168.3.2 255.255.255.0
//配置 F0/1 接口 IP 地址
Router(config-if)#no shutdown
Router(config-if)#exit
Router(config)#router rip
Router(config-router)#version 2
Router(config-router)#network 192.168.2.0
Router(config-router)#network 192.168.3.0
Router(config-router)#
```

4. 查看路由表

使用 show ip route 命令查看路由表。图 5-89 所示为 Router0 的路由表。

5. 连通性测试

PC0、PC1、PC2、PC3 之间能相互 ping 通。

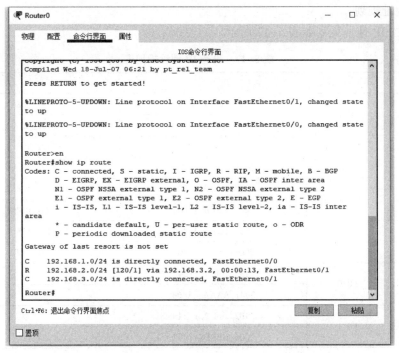

图 5-89　查看路由表

【实训 5-6】IPv6 双协议栈配置体验

实训目的

1. 熟知 IPv6 地址。

2. 学会配置 IPv6 地址。

实训步骤

1. 实训拓扑

使用一台路由器（2811）连接两个网络 LAN1 和 LAN2，如图 5-90 所示。

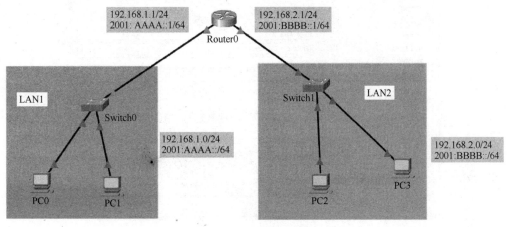

图 5-90　实训拓扑

2. IP 地址规划

各设备的 IP 地址规划如表 5-17 所示。

表 5-17　设备 IP 地址规划表

设　　备	接　　口	IP 地址	网　　关
PC0	Fa0	192. 168. 1. 2/24	192. 168. 1. 1
		2001:AAAA::2/64	2001:AAAA::1
PC1	Fa0	192. 168. 1. 3/24	192. 168. 1. 1
		2001:AAAA::3/64	2001:AAAA::1
PC2	Fa0	192. 168. 2. 2/24	192. 168. 2. 1
		2001:BBBB::2/64	2001:BBBB::1
PC3	Fa0	192. 168. 2. 3/24	192. 168. 2. 1
		2001:BBBB::3/64	2001:BBBB::1
Router0	F0/0	192. 168. 1. 1/24	
		2001:AAAA::1/64	
	F0/1	192. 168. 2. 1/24	
		2001:BBBB::1/64	

3. IP 地址配置

完成 PC0、PC1、PC2、PC3 的 IP 地址配置，如图 5-91 为 PC0 的配置信息。

图 5-91　配置 PC 的 IP 地址

4. 路由器 Router0 的配置参考命令

Router>enable

Router#configure terminal

Router(config)#ipv6 unicast-routing　　　　//全局开启 IPv6 路由功能

Router(config)#interface fastEthernet 0/0

Router(config-if)#ip addr 192.168.1.1 255.255.255.0

Router(config-if)#ipv6 enable　　　　　　//接口启用 IPv6,默认已开启

Router(config-if)#ipv6 address 2001:AAAA::1/64

Router(config-if)#no shutdown

Router(config-if)#exit

Router(config)#interface fastEthernet 0/1

Router(config-if)#ip address 192.168.2.1 255.255.255.0

Router(config-if)#ipv6 enable　　　　　　//接口启用 IPv6,默认已开启

Router(config-if)#ipv6 address 2001:BBBB::1/64

Router(config-if)#no shutdown

5. 连通性测试

在 PC0 中打开命令提示符, 测试到达 PC2(192.168.2.2/2001:BBBB::2)的连通性, 如图 5-92 所示。

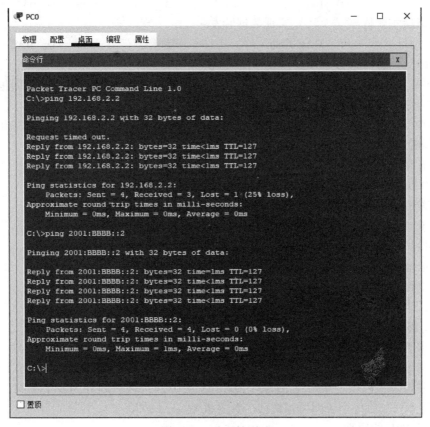

图 5-92　连通性测试

【巩固提高】

项目 5 习题

一、单选题

1. 以下不属于网络层的协议的是（　　　）。

A. IP　　　　　　　B. ICMP　　　　　　　C. ARP　　　　　　D. HTTP

2. IP 地址 255. 255. 255. 255 称为（　　　）。

A. 直接广播地址　　B. 受限广播地址　　　C. 回环地址　　　　D. 间接广播地址

3. 下面有效的 IP 地址是（　　　）。

A. 202. 280. 130. 45　　　　　　　　　　B. 130. 192. 33. 45

C. 192. 256. 130. 45　　　　　　　　　　D. 280. 192. 33. 456

4. 在下面的 IP 地址中属于 C 类地址的是（　　　）。

A. 141. 0. 0. 0　　　　　　　　　　　　B. 10. 10. 1. 2

C. 197. 234. 111. 123　　　　　　　　　D. 225. 33. 45. 56

5. IPv4 地址由一组（　　　）比特的二进制数字组成。

A. 8　　　　　　　　B. 16　　　　　　　　C. 32　　　　　　D. 64

6. 网络层主要依靠（　　　）实现数据转发。

A. IP 地址　　　　　B. MAC 地址　　　　　C. 端口号　　　　D. MAC 地址表

7. 网络层的协议数据单元被称为（　　　）。

A. 比特　　　　　　B. 帧　　　　　　　　C. 段　　　　　　D. 数据包

8. 网络层的功能不包括（　　　）。

A. 路由选择　　　　B. 物理寻址　　　　　C. 拥塞控制　　　　D. 网络互联

二、填空题

1. 动态路由协议分为_____和_____两种。

2. 0. 0. 0. 0 表示_____，255. 255. 255. 255 表示_____。

3. 通常 ping 环回地址_____，来测试本地 TCP/IP 协议是否正常工作。

4. 在 IP 地址中，_____类地址属于多播地址。

5. 直接广播地址是将 IP 地址的主机号全部置为二进制_____。

6. IP 地址由_____和_____两个部分组成。

7. 虚电路方式是在通信两端建立一条_____链路，以保证传输质量。

8. IPv6 地址分为三大类，分别是_____、_____和_____。

三、简答题

1. 试求下列地址的网络地址和广播地址：172. 16. 10. 255/16，192. 168. 1. 47/27。

2. 试问下列地址是否可以分配给主机：192. 168. 10. 31/28，172. 16. 10. 255/19。

3. 某公司内部采用一个 C 类网段：192. 168. 0. 0/24，若想划分为 8 个子网，应如何设置子网掩码？划分后每个子网可容纳多少台主机？

4. 简述 ARP 的原理。

项目 6　传输层与数据传输

【学习目标】

☑ 了解：TCP 差错与流量控制。

☑ 理解：传输层的作用、端口号的分类与应用。

☑ 掌握：TCP 协议格式、TCP 的通信过程、抓取 TCP 和 UDP 报文并进行分析。

【知识导图】

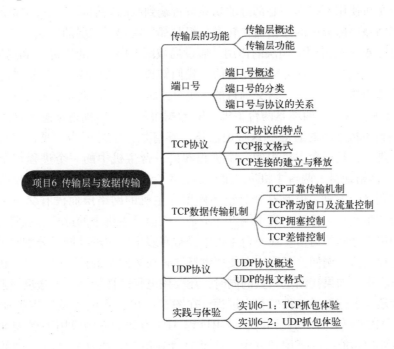

【项目导入】

在网络中，数据包在通信双方的终端上是如何知道将数据发送给哪个应用程序的呢？这就是传输层的主要功能。用户的应用进程，最终需要得到的是端到端的通信服务，传输层的主要任务就是建立应用程序间的端到端连接，并为数据传输提供可靠或不可靠的通信服务，TCP/IP 协议中的传输层协议主要包括传输控制协议（transmission control protocol，TCP）和用户数据报协议（user datagram protocol，UDP），TCP 是面向连接的可靠的传输层协议，它支持在不可靠网络上实现面向连接的可靠数据传输。UDP 是无连接的传输协议，主要用于在相对可靠的网络上的数据传输，或用于对延迟较敏感的应用等。在本项目中，将围绕这两个协议来学习传输层的通信机制。

【项目知识点】

6.1　传输层的功能

6.1.1　传输层概述

在 OSI/RM 中，传输层位于网络层与会话层之间，而在 TCP/IP 协议栈中，传输层位于应用层和网际层（网络层）之间。从通信和信息处理的角度看，传输层为它上面的应用层提供通信服务，它属于面向通信部分的最高层，同时也是用户功能的最低层。当网络的边缘部分中的两台主机使用网络的核心部分的功能进行端到端的通信时，只有主机的协议栈才有传输层，而网络核心部分中的路由器在转发分组时都只用到下三层的功能。

下面通过图 6-1 来说明传输层的作用。假设局域网 LAN1 上的主机 A 和局域网 LAN2 上的主机 B 通过互连的广域网 WAN 进行通信。我们知道，IP 协议能够把源主机 A 发送出的分组，按照首部中的目的地址，送交到目的主机 B，那么，为什么还需要传输层呢？

从 IP 层来说，通信的两端是两台主机。IP 数据报的首部明确地标志了这两台主机的 IP 地址。但"两台主机之间的通信"这种说法还不够清楚，这是因为，真正进行通信的实体是在主机中的进程，是这台主机中的一个进程和另一台主机中的一个进程在交换数据（即通信）。因此，严格地讲，两台主机进行通信就是两台主机中的应用进程互相通信。IP 协议虽然把分组送到目的主机，但是这个分组还停留在主机的网络层而没有交付主机的应用进程。从传输层的角度看，通信的真正端点并不是主机而是主机中的进程。也就是说，端到端的通信是应用进程之间的通信。在一台主机中经常有多个应用进程同时分别和另一台主机中的多个应用进程通信。例如，某用户在使用浏览器查找某网站的信息时，其主机的应用层运行浏览器客户进程。如果在浏览网页的同时，还要用电子邮件给网站发送反馈意见，那么主机的应用层就还要运行电子邮件的客户进程。在图 6-1 中，主机 A 的应用进程 AP1 和主机 B 的应用进程 AP3 通信，而与此同时，应用进程 AP2 也和对方的应用进程 AP4 通信。传输层有一个很重要的功能——复用和分用。这里的"复用"是指在发送方不同的应用进程都可以使用同一个传输层协议传送数据（当然需要加上适当的首部），而"分用"是指接收方的传输层在剥去报文的首部后能够将这些数据正确交付目的应用进程。

从这里可以看出网络层和传输层的明显的区别。网络层为主机之间提供逻辑通信，而传输层为应用进程之间提供端到端的逻辑通信。

传输层和网络层面向对象有所差别，传输层面向具体的应用进程，而网络层面向主机，应用进程指向的是应用层的应用程序。

根据应用程序的不同需求，传输层主要有两种不同的传输协议，即面向连接的传输控制协议 TCP 和无连接的用户数据报协议 UDP，两种协议在协议栈中的位置如图 6-2 所示。

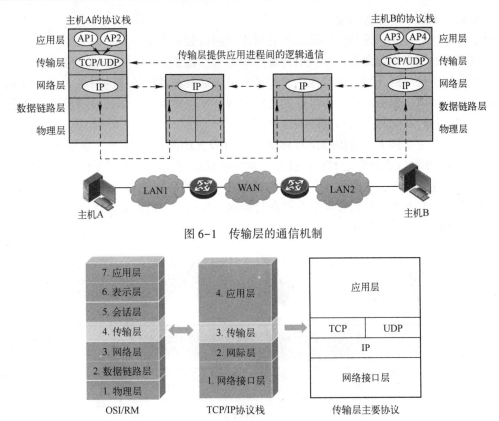

图 6-1 传输层的通信机制

图 6-2 传输层主要协议

6.1.2 传输层功能

传输层作为整个网络体系结构中的重要的一层，它的主要功能是实现源主机和目的主机进程之间端到端的传输，传输层以下的各层只提供相邻结点间点到点的数据传输，如源主机到路由器、路由器之间、路由器到目的主机的数据传输。从"点到点"到"端到端"通信是一次质的飞跃。

传输层向上屏蔽了低层通信子网细节，使高层用户看不见实现通信功能的物理链路是什么，看不见数据链路层使用什么协议，传输层使高层用户看到，好像两个传输实体之间有一条端到端的、可靠的、全双工通信通路。因此，从通信和信息处理的角度来看，传输层起到了承上启下的作用，是网络体系结构中的关键。

传输层的主要功能有以下几方面。

① 数据的分割与重组：大多数网络中，单个数据包能承载的数据量都有限制，传输层会将应用层的消息分割成若干子消息，并封装为报文段传输。

② 按端口寻址：传输层向每个应用程序分配标识符，此标识符为端口号，利用端口号可以实现多个应用进程对同一个 IP 地址的复用。

③ 跟踪各个会话：由于每个应用程序都与一台或多台远程主机上的一个或多个应用程序通信，传输层负责维护并跟踪这些会话，完成端到端通信链路的建立、维护和管理。

④ 差错控制和流量控制：传输层要向应用层提供通信服务的可靠性，避免报文的出错、

丢失、延迟、重复、乱序等现象。

由于传输层的存在,这使得传输服务有可能比网络服务更加可靠,丢失的分组和损坏的数据可以在传输层上检测出来,并且由传输层来补偿。也正是有了传输层,应用程序开发人员可以只专注于程序的开发,而且他们的程序有可能运行在各种各样的网络上,他们不用处理不同的子网接口,也不用担心不可靠的传输过程,在现实世界中,传输层承担了将子网的技术、设计和各种缺陷与上层隔离的关键作用。

下面通过一个案例来了解传输层具体的通信过程。如图 6-3 所示,在服务端开启了多个服务,其中 80 端口监听的是 HTTP 服务,客户端现在想访问服务器上的 HTTP 服务,那么它发送一个连接请求,这时候在传输层的数据中封装的目标端口就是 80,这个数据将会发送到服务器,服务器端收到数据后会根据目标端口发送给 HTTP 服务器,然后这个服务再根据发送端的端口号返回给客户端。

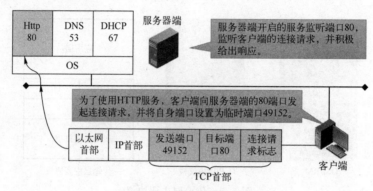

图 6-3   HTTP 连接请求过程

6.2   端口号

6.2.1   端口号概述

前面已经提到传输层的复用和分用功能。其实在日常生活中也有很多复用和分用的例子。假定一个机构的所有部门向外单位发出的公文都由收发室负责寄出,这相当于部门都"复用"这个收发室。当收发室收到从外单位寄来的公文时,则要完成"分用"功能,即按照信封上写明的本机构的部门地址把公文正确进行交付。

传输层的复用和分用功能也是类似的。应用层所有的应用进程都可以通过传输层再传送到网络层,这就是复用。传输层从网络层收到发送给各应用进程的数据后,必须分别交付指明的各应用进程,这就是分用。显然,给应用层的每个应用进程赋予一个非常明确的标志是至关重要的。

我们知道,在单个计算机中的进程是用进程标识符来标志的。但是在互联网环境下,用计算机操作系统所指派的这种进程标识符来标志运行在应用层的各种应用进程则是不行的。这是因为在互联网上使用的计算机的操作系统种类很多,而不同操作系统又使用不同格式的进程标识符。为了使运行不同操作系统的计算机的应用进程能够互相通信,就必须用统一的方法（而这种方法必须与特定操作系统无关）对 TCP/IP 体系的应用进程进行标志。

但是，把一个特定机器上运行的特定进程指明为互联网上通信的最后终点还是不可行的。这是因为进程的创建和撤销都是动态的，通信的一方几乎无法识别对方机器上的进程。另外，我们往往需要利用目的主机提供的功能来识别终点，而不需要知道具体实现这个功能的进程是哪一个（例如，要和互联网上的某个邮件服务器联系，并不一定要知道这个服务器功能是由目的主机上的哪个进程实现的）。

解决这个问题的方法就是传输层使用协议端口号（protocol port number），或简称为端口（port）。这就是说，虽然通信的终点是应用进程，但只要把所传送的报文交到目的主机的某个合适的目的端口，剩下的工作（最后交付目的进程）就由 TCP 或 UDP 来完成。

由此可见，两个计算机中的进程要互相通信，不仅必须知道对方的 IP 地址（为了找到对方的计算机），而且要知道对方的端口号（为了找到对方计算机中的应用进程）。理解端口号的概念，对于理解 TCP/IP 协议的通信非常重要。

端口号的作用主要是区分服务类型和在同一时间进行的多个会话，端口号由 16 位二进制数组成，最大为 65 535。下面通过一个具体的案例来说明端口号的作用，如图 6-4 所示。

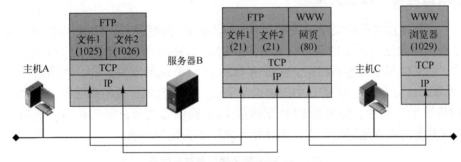

图 6-4　端口号的作用

服务器 B 除了提供 FTP 服务外，还提供 WWW 服务。如果没有端口号存在的话，是无法区分这两种服务的。实际上，当网络上主机 C 需要访问 B 的 FTP 服务时，就要指定目的端口是 21，当需要访问 B 的 WWW 服务时，则需要将目的端口号设为 80，这时 C 根据和 B 访问的端口号，就可以区分 B 的两种服务，这就是端口号区分服务类别的作用。

如果主机 A 需要同时下载 FTP 服务器 B 上的两个文件，那么 A 需要与 B 建立两个会话，这两个会话就得靠源端口来区分，在这种情况下，如果没有源端口的概念，那么 A 就无法区分 B 传回的数据究竟是属于哪个会话，或属于哪个文件。而实际通信过程是，A 使用本机的 1025 号端口请求 B 的 21 号端口上的文件 1，同时又使用 1026 号端口请求文件 2，对于返回的数据，发现是传回给 1025 号端口的，就认为是属于文件 1，传回给 1026 号端口的，则认为是属于文件 2，这就是端口号区分多个会话的作用。

6.2.2　端口号的分类

在实际通信时，通信两端要事先确定端口号，端口号的使用方法分为以下两种。

1. 服务器端使用的端口号

这里又分为两类，最重要的一类叫知名端口号（well known ports）或系统端口号，范围是 0～1 023。IANA 把这些端口号指派给了 TCP/IP 最重要的一些应用程序，让所有用户都知道。当一个新的应用程序出现后，IANA 必须为它指派一个知名端口，否则互联网上的其他应用进程就无法和它进行通信。如表 6-1 给出了一些常用的知名端口号。

表 6-1　常用知名端口号

应用程序	FTP	Telnet	SMTP	DNS	TFTP	HTTP	HTTPS
知名端口号	21	23	25	53	69	80	443

另一类叫作登记端口号，数值为 1 024~49 151。这类端口号是给没有知名端口号的应用程序使用的，使用这类端口号必须在 IANA 按照规定的手续登记，以防止重复。

2. 客户端使用的端口号

这类端口号又称临时端口号，范围是 49 152~65 535。只要运行的程序向系统提出访问网络的申请，那么系统就可以从这些端口号中分配一个供该程序使用，当服务器收到客户进程报文时，就知道了客户进程所使用的端口号，因而可以把数据发给客户进程。通信结束后，刚才已使用过的客户端口号就不复存在，这个端口号又可以供其他客户进程使用。

6.2.3　端口号与协议的关系

端口号由其使用的传输层协议决定。因此，不同的传输层协议可以使用相同的端口。例如表 6-2 所示的常见知名端口及对应服务中，DNS、Telnet 等可同时使用 TCP 和 UDP 的一个端口号。但是使用目的各不相同，这是由 TCP 和 UDP 的特点决定的。在网络中，当数据包到达 IP 层后，会先检查 IP 首部中的协议号字段，根据其值再传给相应协议的模块，如果是 TCP 则传给 TCP 模块，如果是 UDP 则传给 UDP 模块去处理，即使是同一个端口号，由于传输协议是各自独立地进行处理，因此相互之间不会受到影响。

表 6-2　常见知名端口及对应服务

服 务 类 型	端 口 号	传输层协议	内　　容
ftp-data	20	TCP/UDP	文件传送协议
FTP	21	TCP	文件传送协议
SSH	22	TCP/UDP	SSH 远程登录协议
Telnet	23	TCP/UDP	远程登录协议
SMTP	25	TCP	简单邮件传送协议
DNS	53	TCP/UDP	域名系统
HTTP	80	TCP	超文本传送协议
POP3	110	TCP	邮局协议
SNMP	161	UDP	简单网络管理协议
HTTPS	443	TCP	超文本传送安全协议

此外，那些知名端口号与传输层协议并无关系，只要端口一致都将分配同一种程序进行处理。例如 53 号端口在 TCP 和 UDP 中都用于 DNS 服务。而 80 端口用于 HTTP 通信，从目前来看，由于 HTTP 通信必须使用 TCP，因此 UDP 的 80 端口并未投入使用，但是将来，如果 HTTP 协议的实现也开始应用 UDP 协议以及应用协议被相应扩展的情况下，就可以原样使用与 TCP 保持相同的 80 端口号了。

知道一个特定的 TCP/IP 应用程序服务使用了哪一个端口是非常重要的，如果把主机当成一个封闭的堡垒，那么端口号就是堡垒上窗户的编号，可以开放主机上特定的端口来允许其他人访问，也可以关闭特定的端口来阻止非法的访问。

6.3　TCP 协议

6.3.1　TCP 协议的特点

RFC 793 定义的 TCP 是一种面向连接的端到端的可靠传输协议，TCP 的主要特点如下。

（1）TCP 是面向连接的传输层协议

这就是说，应用程序在使用 TCP 协议之前，必须先建立 TCP 连接。在传输数据完毕后，必须释放已建立的 TCP 连接。

（2）点到点的连接

每一条 TCP 连接只能有两个端点，每一条 TCP 连接只能是点到点的。

（3）TCP 提供全双工通信

TCP 允许通信双方的应用进程在任何时候都能发送数据。TCP 连接的两端都设有发送缓存和接收缓存，用来临时存放双向通信的数据。在发送时，应用程序把数据传送给 TCP 的缓存后，就可以做自己的事，而 TCP 会在合适的时候把数据发送出去。在接收时，TCP 把收到的数据放入缓存，上层的应用进程会在合适的时候读取缓存中的数据。

（4）TCP 提供可靠交付的服务

通过 TCP 连接传送的数据，无差错、不丢失、不重复，并且按序到达。

（5）面向字节流

TCP 中的"流"指的是流入到进程或从进程流出的字节序列。"面向字节流"的含义是：虽然应用程序和 TCP 的交互是一次一个数据块（大小不等），但 TCP 把应用程序交下来的数据仅仅看成是一连串的无结构的字节流。TCP 并不知道所传送的字节流的含义。TCP 不保证接收方应用程序所收到的数据块和发送方应用程序所发出的数据块具有对应的大小关系（例如，发送方应用程序交给发送方 TCP 共 10 个数据块，但接收方的 TCP 可能只用 4 个数据块就把收到的字节流交付上层的应用程序）。但接收方应用程序收到的字节流必须和发送方应用程序发出的字节流完全一样。当然，接收方的应用程序必须有能力识别收到的字节流，把它还原成有意义的应用层数据，如图 6-5 所示。

图 6-5 中，为了突出示意图的要点，只画出了一个方向的数据。但请注意，在实际的网络中，一个 TCP 报文段包含上千个字节是很常见的，而图中的各部分都只画出了几个字节，这仅仅是为了更方便地说明"面向字节流"的概念。还有一点很重要的是，图 6-5 中的 TCP 连接是一条逻辑连接，而不是一条真正的物理连接。TCP 报文段先要传送到 IP 层，加上 IP 首部后，再传送到数据链路层。再加上数据链路层的首部和尾部后，才离开主机发送到物理网络。

（6）窗口机制

通过可调节的窗口，TCP 接收方可以通告期望的发送速率，从而控制数据流量。

由于 TCP 具有的这些特点，一些对数据传输可靠性、次序等比较敏感的应用程序和协议使用 TCP 作为其传输层协议。常用的基于 TCP 的应用层服务有 HTTP、Telnet、SMTP、FTP 等。

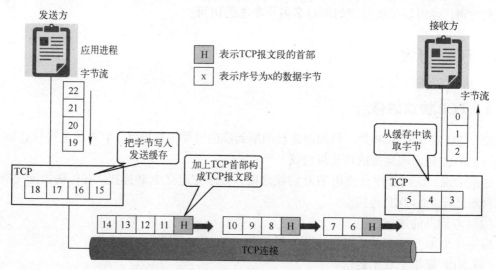

图 6-5　面向字节流示意图

6.3.2　TCP 报文格式

TCP 虽然是面向字节流的，但 TCP 传送的数据单元却是报文段。一个 TCP 报文段分为首部和数据两部分，TCP 的各种功能的实现依赖于它的首部数据结构，在 TCP 的首部中包含了 TCP 数据段的重要信息，如果不计任选字段，它通常是 20 B，如图 6-6 所示。

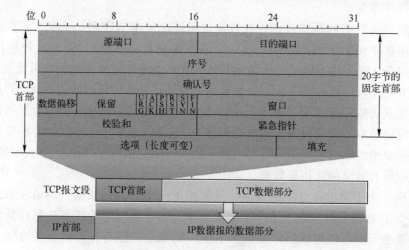

图 6-6　TCP 首部数据格式

接下来对 TCP 的首部数据结构进行详细的讲解。

1. 源端口号和目的端口号

TCP 中源端口号和目的端口号标明了连接的两个端口的端口号，长度为 16 位。源端口和目的端口合起来标识一个连接。源端口是由发送端进程产生的一个随机数，一般使用临时端口。目的端口号，对应接收进程，接收端收到数据段后，根据其来确定把数据送给哪个应用程序的进程。

2. 序号

占 4 字节，序号范围 $0 \sim 2^{32}-1$，序号增加到 $2^{32}-1$ 后，下一个序号就又回到 0，即序号使用 mod 2^{32} 运算。TCP 是面向字节流的，在一个 TCP 连接中传送的字节流中的每一个字节都按顺序编号，整个要传送的字节流的起始序号必须在连接建立时设置。首部中的序号字段值则指的是本报文段所发送的数据的第一个字节的序号。例如，一个报文段的序号字段值是 401，而携带的数据共有 100 字节。这就表明：本报文段的数据的第一个字节的序号是 401，最后一个字节的序号是 500。显然，下一个报文段（如果还有的话）的数据序号应当从 501 开始，即下一个报文段的序号字段值应为 501。

3. 确认号

占 4 字节，是期望对方发送的下一个报文段的首字节序号，并声明该序号之前的字节都已正确接收。例如，B 正确收到了 A 发送过来的一个报文段，其序号字段值是 501，而数据长度是 200 字节（序号 501~700），这表明 B 正确收到了 A 发送的到序号 700 为止的数据。因此，B 期望收到 A 的下一个数据序号是 701，于是 B 在发送给 A 的确认报文段中把确认号置为 701。请牢记，若确认号=N，则表明：到序号 N-1 为止的所有数据都已正确收到。

由于序号字段有 32 位长，可对 4 GB 的数据进行编号，在一般情况下，可保证当序号重复使用时，旧序号的数据早已通过网络到达终点了。

4. 数据偏移

占 4 位，它指出 TCP 报文段的数据起始处距离 TCP 报文段的起始处有多远。这个字段实际上是指出 TCP 报文段的首部长度。由于首部中还有长度不确定的选项字段，因此数据偏移字段是必需的。但应注意，"数据偏移"的单位是 32 位（4 B），如该部分值是 0111，则表示长度为 7×4 = 28 B。一般情况下，TCP 的首部长度是 20 B，但当要扩展首部长度大小时可以使用这个字段，比如把这 4 位都置为 1 就得到 TCP 首部长度的最大值 60 B，4 位最大是 1111，转换为十进制就是 15，表示首部长度是 15 行，而每行是 32 位 4 B，所以首部长度是 15×4 B = 60 B。

5. 保留字段

保留字段占用 6 位，为将来定义新的用途保留，目前应置为 0。

6. 标志位

标志位共有 6 位，每一位标志可以打开一个控制功能。这些字段指挥着 TCP 连接建立、维持与释放等功能。各位含义如表 6-3 所示。

表 6-3　标志位及含义

字　段	含　义
URG（紧急指针有效位）	与第 5 行的 16 位紧急指针配合使用，如果紧急指针被使用了，则 URG 被设置 1
ACK（确认位）	只有当 ACK=1 时，确认号字段才有效，如 ACK=0，则表示该字段不包含确认信息
PSH（推送位）	为 1 时要求接收方尽快将数据段送达应用层，这个标志位是为了加快特殊数据的处理速度，但很少使用
RST（重置位）	值为 1 时，表明 TCP 连接中出现严重差错，必须释放连接，然后再重新建立连接。RST 置 1 还用来拒绝一个非法的报文段或拒绝打开一个连接

续表

字　　段	含　　义
SYN（同步序号位）	在连接建立时用来同步序号，当 SYN＝1 而 ACK＝0 时，表明这是一个连接请求报文段，对方若同意建立连接，则应在响应的报文段中使用 SYN＝1 和 ACK＝1。因此 SYN＝1 就表示这是一个连接请求或连接接受报文
FIN（结束位）	完成数据传输需要断开连接时，提出断开连接的一方将这个位置 1

7. 窗口大小

占 2 字节，窗口值是 $0 \sim 2^{16}-1$ 之间的整数。窗口指的是发送报文段的一方的接收窗口（而不是自己的发送窗口）。窗口值告诉对方：从本报文段首部中的确认号算起，接收方目前允许对方发送的数据量（以字节为单位）。之所以要有这个限制，是因为接收方的数据缓存空间是有限的。总之，窗口值作为接收方让发送方设置其发送窗口的依据。

例如，发送了一个报文段，其确认号是 701，窗口字段值是 1 000。这就是告诉对方："从 701 号算起，我（即发送此报文段的一方）的接收缓存空间还可接收 1 000 个字节数据，你在给我发送数据时，必须考虑到这一点。"请牢记：窗口字段明确指出了现在允许对方发送的数据量，窗口值经常在动态变化着。

8. 校验和

校验和字段占 16 位。校验和字段校验的范围包括首部和数据这两部分。在发送数据时，由发送端计算 TCP 数据段所有字节的校验和，当到达目标端时又进行一次校验和计算，若两次校验和一致则说明数据基本是正确的；否则将认为该数据已被破坏。

9. 紧急指针

该字段占 16 位，紧急指针仅在 URG＝1 时才有意义，它指出本报文段中的紧急数据的字节数（紧急数据结束后就是普通数据）。因此，紧急指针指出了紧急数据的末尾在报文段中的位置，当所有紧急数据都处理完时，TCP 就告诉应用程序恢复到正常操作。值得注意的是，即使窗口为零时也可发送紧急数据。

10. 选项

长度可变，最长可达 40 字节。当没有"选项"时，TCP 的首部长度是 20 字节。

① 最大报文长度 MSS（maximum segment size）：用于告诉对方"我的缓冲区所能接收数据段的最大长度是 MSS"。MSS 是每一个报文段中的数据字段的最大长度。数据字段加上 TCP 首部才等于整个的 TCP 报文段。

② 时间戳（timestamp option）：发送方在每一个数据段中放置一个时间戳值，接收方也要返回该值，用于数据段的往返时间。

③ 选择性确认选项 SACK（selective acknowledgement）：使 TCP 只重新发送丢失的包，不用发送后续所有的包，此选项提供相应的机制，使接收方能告诉发送方有哪些数据丢失，哪些数据重发了，哪些数据已经提前收到等。

11. 填充

填充字段主要是填充 0，用于保证首部的长度是 32 位的整数倍。

6.3.3　TCP 连接的建立与释放

TCP 是面向连接的协议，在通信开始前发送方和接收方之间要建立连接，通信结束后断开连接。

1. TCP 连接建立过程

通信的双方为保证建立连接的时效性和可靠性，需要经过三个过程建立连接，这就好比两个人在进行网络聊天并进行文件传输。如图 6-7 所示，一方先发送一句，在吗？对方回答在的，确认对方在线后，告诉对方要干什么事，比如我给你发一个文件，你收一下，接下来就可以发文件了，这样可以保证对方收到文件。

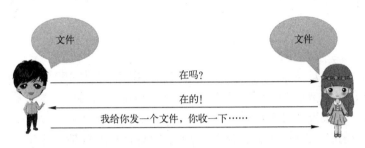

图 6-7　网络聊天传输文件过程

TCP 的连接建立同样要经过这样的三个过程，可以把这三个过程形象比喻为"三次握手"，三次握手机制通过请求、确认、再确认三个报文确保 TCP 连接成功建立。如图 6-8 所示，其中，seq 为序号（sequence number），ack 为确认号（acknowledgement number），ACK 为确认位，SYN 为同步序号位。同时把主动发起连接建立请求的一方称为客户端，把接受连接请求的一方称为服务器。

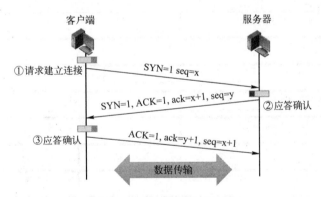

图 6-8　TCP 建立连接过程

第一次握手：客户端发送一个连接请求，将 SYN 位置为 1，同时告诉服务器使用哪个序号作为数据传输时数据段的起始号，在这里 seq=x。

第二次握手：服务器收到这个请求后，将会给客户端一个确认，确认号为发送过来的连接请求的序号加 1，即 x+1，在确认应答中，将 ACK 位置为 1，SYN 位置为 1，SYN=1 与发送方建立同步过程，ACK=1 说明这是一个确认报文，确认报文本身的序号为 y。

第三次握手：当客户端收到服务器的确认后，客户端再发送一个数据段，确认收到服务器的数据段，即"再确认"报文，将确认报文中的 ACK 位置为 1。确认号为 y+1，seq=x+1。

经过三次握手，数据将开始传输，三次握手有如下特点：没有应用层数据，SYN 这个标志位只有 TCP 建立连接时才被置为 1，握手完成后 SYN 标志位被置为 0。

为了正确理解三次握手的过程，在 Packet Tracer 中搭建如图 6-9 所示的拓扑。

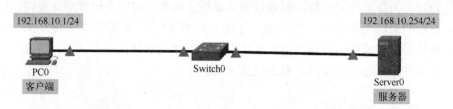

图 6-9　TCP 连接拓扑

配置客户端 IP 地址为 192.168.10.1，服务器 IP 地址为 192.168.10.254，将 Packet Tracer 切换到模拟模式，打开客户端 PC0 的 Web 浏览器，输入服务器 IP 地址：192.168.10.254，观察报文发送过程。因为 HTTP 服务是基于 TCP 的，所以当请求访问网页时会先建立 TCP 连接，图 6-10 所示为客户端发送的 TCP 连接请求报文，即第一次握手报文，从报文中可以看出，HTTP 服务使用端口号 80，报文序号 0，确认序号也是 0，SYN 同步标记置 1。

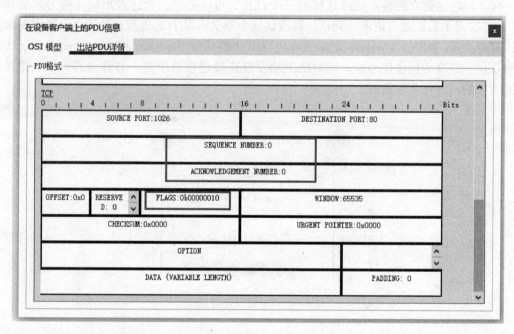

图 6-10　TCP 第一次握手报文

图 6-11 所示为第二次握手报文，服务器发送的确认报文，序号为 0，确认序号为 1，同时将 SYN 和 ACK 两个标志位置 1。

图 6-12 所示为第三次握手报文，即客户端再确认报文，由于客户端的连接建立请求报文已消耗掉一个序号，因此这个再确认报文的序号为 1，确认号为 1，ACK 标记置 1。

2. TCP 释放连接的过程

在数据传输结束后，通信双方都可以发出释放连接的请求。也就是说，TCP 连接释放是在两个方向上分别释放连接的，每个方向上连接的释放只终止本方向的数据传输。当一个方向的连接释放后，TCP 的连接就处于"半连接"或"半关闭"状态。当两个方向的连接都已释放后，TCP 连接才完全释放。如图 6-13 所示，显示了 TCP 连接的释放过程。

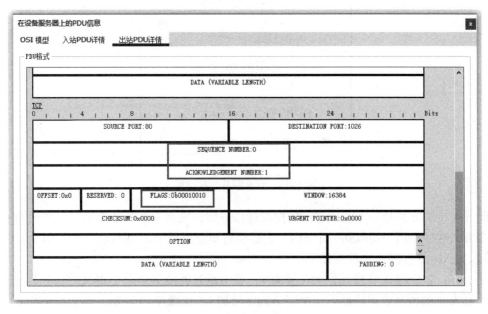

图 6-11 TCP 第二次握手报文

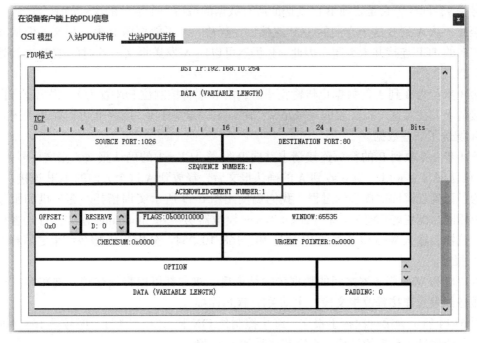

图 6-12 TCP 第三次握手报文

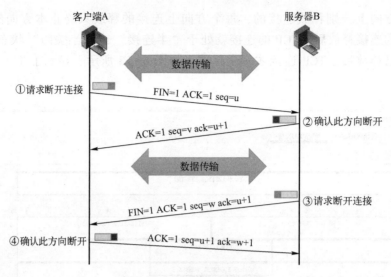

图 6-13　TCP 断开连接过程

断开连接的方法是一方完成它的数据发送任务后，发送一个 FIN 来向另一方通知将要终止这个方向连接，当一端收到一个 FIN，它必须通知应用层 TCP 连接已终止了那个方向的数据传送。图 6-13 连接释放过程如下。

第 1 步：客户端 A 将控制位 FIN 置为 1，提出断开连接的请求，报文的序号为 u，它是之前 A 已发送的所有数据的最后一个字节的序号加 1。按照 TCP 规定，这个 FIN 报文段要消耗一个序号。

第 2 步：对端 B 收到 A 发来的释放请求并向 A 发出确认，确认序号是 u+1，B 的确认报文序号是 v，同样，它是之前 B 已发送的所有数据的最后一个字节的序号加 1。

至此，从 A 到 B 这个方向的 TCP 连接已经释放，A 不能再向 B 发送报文。但从 B 到 A 这个方向的 TCP 连接并未关闭，因此，B 仍然可以向 A 发送报文。这时的 TCP 连接处于半关闭状态。

第 3 步：当 B 到 A 的数据也传输完毕后，由 B 端将控制位 FIN 置为 1，提出反方向的释放连接请求。注意这个报文段的序号是 w，而 w 不一定等于 v，因为 B 可以在半关闭状态下又向 A 发送了一些数据。

第 4 步：A 收到 B 的释放连接请求并向 B 发送 ACK=1 的确认报文，报文序号为 seq=u+1，确认序号为 w+1。当 B 收到 A 的确认报文后，释放到 A 这个方向的 TCP 连接。

为了正确理解四次挥手的过程，我们仍使用图 6-9 所示实训拓扑。客户机和服务器的配置也相同。配置好信息后，将 Packet Tracer 模拟器切换到 Simulation 模式，打开客户机的网页浏览器，输入 Web 服务器的 IP 地址 192.168.10.254，分析 Web 服务结束之后释放连接的 TCP 报文。

客户机和 Web 服务器之间的数据传输结束后，双方都可以释放连接，现在客户机先向 Web 服务器发送连接释放报文段，主动关闭 TCP 连接。

图 6-14 所示为第一次挥手报文：终止控制位 FIN 和 ACK 置为 1，序号是 104（即客户机之前已传送过的数据的最后一个字节序号加 1），确认号是 472。

图 6-15 所示为第二、三次挥手报文：Web 服务器收到连接释放报文段后立即发出确认

报文段。这时的 TCP 连接处于半关闭状态。也就是说，从客户机到 Web 服务器这个方向的连接已经断开，但是从 Web 服务器到客户机这个方向的连接是正常的。因此，Web 服务器仍可正常向客户端发送数据，客户机也要正常处理。如果现在 Web 服务器没有数据需要向客户机发送，它就向客户机发送一个连接释放报文，这个报文的终止控制位 FIN 和 ACK 都置为 1，确认序号是 105，报文序号 472。

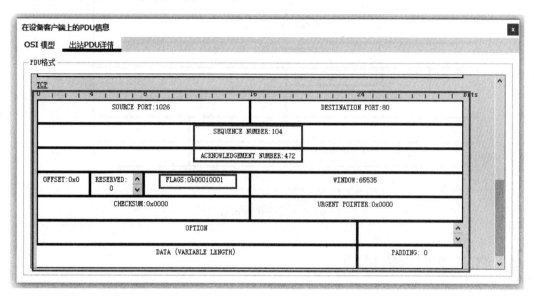

图 6-14　客户机连接释放请求报文

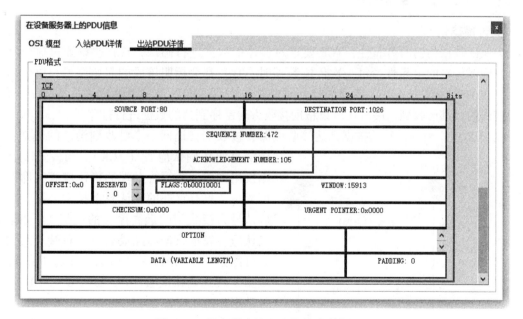

图 6-15　服务器确认和连接释放请求报文

图 6-16 所示为第四次挥手报文：客户机收到 Web 服务器的连接释放请求报文后，也要对此发出确认报文段。在确认报文段中把 ACK 置为 1，确认序号 472，报文序号 105。

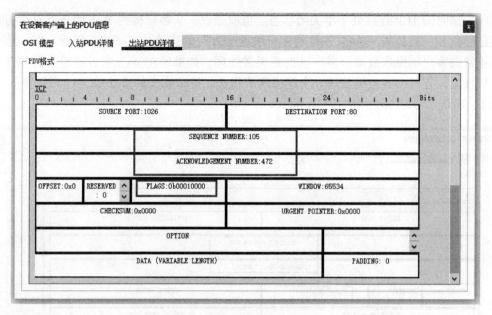

图 6-16　客户机确认报文段

6.4　TCP 数据传输机制

6.4.1　TCP 可靠传输机制

1. 传输确认

为保证数据传输的可靠性，TCP 要求对传输的数据进行确认，TCP 协议通过序号和确认号来确保传输的可靠性，每一次传输数据时，TCP 都会标明该段的起始序号，以便对方确认。在 TCP 协议中并不直接确认收到哪些段，而是通知发送方下一次该发送哪一个段，表示前面的段都已收到，序号还可以帮助接收方对乱序到达的数据进行排序。

在 TCP 中，当发送端的数据到达接收端时，接收端会返回一个已收到消息的通知，这个消息叫作确认应答（ACK）。当发送端将数据发出去后，会等待对端的确认应答，即对方回复一个只有首部的确认数据报文，报文中的确认号为接收到的最高序号的值加 1，如果有确认应答表示数据已经成功到达对端。反之则有可能丢失。如图 6-17 所示，发送 1～100 号数据，收到确认应答 101，接着发送 101～200 号数据，确认应答 201。

收到一个段确认一个段的方法虽然简单，但是会消耗较多的网络资源，为了提高通信效率，TCP 采取了一些提高效率的方法。

首先，TCP 并不要求对每个段一对一地发

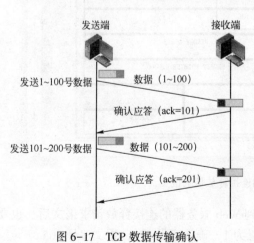

图 6-17　TCP 数据传输确认

送确认。接收端可以用一个 ACK 确认之前收到的所有数据。例如，接收到确认序号为 $N+1$ 时，表示接收方对到 N 为止的所有数据全部正确接收。

另外，TCP 并不要求必须单独发送确认，而是允许将确认放在传输给对方的 TCP 数据段中，如果收到一个数据段后没有数据段要马上传到对方，TCP 通常会等待一个微小延时，希望将确认与后续的数据段合并发出。

由于每个段都有唯一的编号，这样对方收到了重复的段时容易发现，数据段丢失后也容易定位，乱序后也可以重新排列。在动态路由网络中，一些数据包很可能经过不同的路径，因此报文可能会乱序到达。图 6-18 给出了一个简化的 TCP 传输过程示例。为了便于理解，只演示了主机 A 到主机 B 的单向传输。假设发送端 A 向接收端 B 发送数据，发送窗口为 4 096 B，初始序号为 1，A 向 B 发送的每个报文段数据长度为 1 024 B，A 向 B 连续发送 4 个报文段，而 B 收到并校验了数据的正确性后，在回送确认时只需要发送确认 4 097，即表示之前的全部数据都已经正确接收，下一次期望接收从 4 097 开始的数据。

2. 超时重传

TCP 的重传策略有以下几种情况。

第 1 种情况：数据丢失重发，发送端在规定的特定时间内没有收到接收端的确认信息，就要将未被确认的数据重新发送。即使数据在途中丢失，也可以通过重新发送保证接收端能够收到数据，从而保证可靠性传输，如图 6-19 所示。

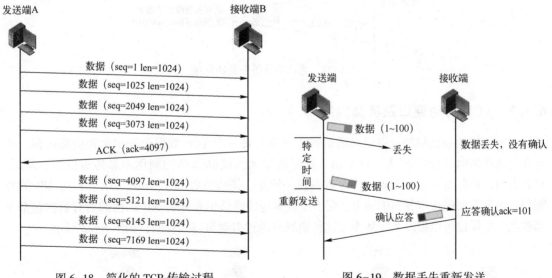

图 6-18　简化的 TCP 传输过程　　　　图 6-19　数据丢失重新发送

第 2 种情况：数据传输错误重新发送，接收端如果收到一个差错报文，则丢弃该报文，并不向发送端发送确认信息，在规定的特定时间内发送端没有收到应答，则进行重新发送，如图 6-20 所示。

第 3 种情况：确认应答丢失，重新发送。接收端收到数据，但返回的确认应答途中丢失或由于网络拥堵在特定的时间内没有到达发送端。则重新发送。如果是因为超时重发，造成接收端收到相同的数据，则接收端会丢弃第 2 次收到的数据，如图 6-21 所示。

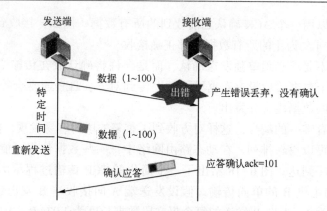

图 6-20　数据传输错误重新发送

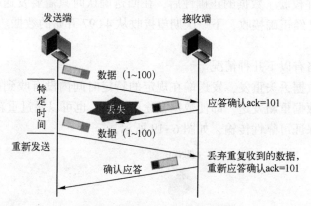

图 6-21　确认应答丢失重新发送

6.4.2　TCP 滑动窗口及流量控制

TCP 提供的确认机制，可以在通信过程中不对每一个 TCP 数据包发出单独的确认包，而是在传送数据时顺便把确认信息传出，这样可以大大提高网络的利用率和传输效率。同时，TCP 的确认机制也可以一次确认多个数据段，例如，接收方收到 1、101、201、301、401 的数据包，则只需要确认应答 501 即可，对 501 数据包的确认也意味着 501 以前的所有数据包都全部收到，这样也可以提高系统效率。这种机制是通过滑动窗口实现的，如图 6-22 所示。

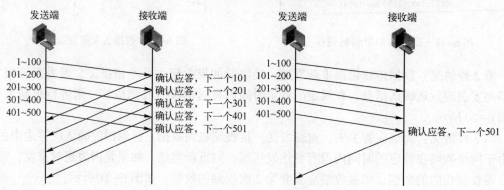

图 6-22　利用滑动窗口的确认方式

　　滑动窗口的大小是指无须等待确认应答而可以继续发送数据的最大值。滑动窗口机制实现了使用大量缓冲区，通过多个段同时进行确认应答的功能。TCP 滑动窗口尺寸的单位为字节，起始于确认字段指明的值，这个值是接收端期望一次性接收的字节。窗口尺寸是一个 16b 字段，因而窗口最大为 65 535 B。在 TCP 的传输过程中，双方通过交换窗口的大小来表达自己剩余的缓冲区空间，以及下一次能够接收的最大的数据量，避免缓冲区溢出。

　　滑动窗口有一个作用就是流量控制。一般来说，我们总是希望数据传输得更快一些，但如果发送方把数据发送得过快，接收方就可能来不及接收，这就会造成数据的丢失。所谓流量控制就是让发送方的发送速率不要太快，要让接收方来得及接收。TCP 利用滑动窗口机制可以实现对发送方的流量控制。

　　下面通过一个例子来说明如何利用滑动窗口机制进行流量控制，如图 6-23 所示。

　　假定初始的发送窗口大小为 4 096 B，每个段的数据为 1 024 B，则主机 A 每次发送 4 个段给主机 B，主机 B 正确接收到这些数据后，应该以确认号 4097 进行确认。然而同时主机 B 由于缓存不足或处理能力有限，认为这个发送速度过快，期望将窗口降低一半，此时主机 B 在回送的确认中，将窗口尺寸降低到 2 048，要求主机 A 每次只发送 2 048 B。主机 A 收到这个确认后，便依照要求降低了发送窗口尺寸，也就降低了发送速率。

　　若接收方设备要求窗口大小为 0，表明接收方已经接收了全部数据，或者接收方应用程序没有时间读取数据，要求暂停发送。

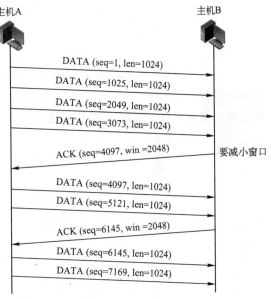

图 6-23　滑动窗口流量控制

　　TCP 运行在全双工模式，所以发送方和接收方都可能在相同的线路上同时发送数据，但发送的方向相反，这暗示着每个终端系统对每个 TCP 连接包含两个窗口，一个用于发送，一个用于接收。

6.4.3　TCP 拥塞控制

　　无论网络设计多优秀，网络资源都可能被耗尽。网络资源一般包括网络带宽、网络结点的缓存或处理器等。在某一时刻，如果某种资源的可用部分无法满足网络用户对该资源的需求，那么网络性能就会变坏，造成网络拥塞。

　　出现网络拥塞的原因是网络资源不够用，但这并不意味着增加相应的资源就能彻底解决网络拥塞问题，比如，如果网络中某个路由器缓存比较小，导致大量到达的分组被丢弃。那么增加这个路由器的缓存后，在这个结点发生的分组丢弃得以解决，但是如果该路由器下游的网络结点的处理性能并没有提高，那么分组丢弃还是会发生，只不过从路由器转移到后续的结点。因此，简单地提高某个结点的性能并不能解决网络拥塞，只有让各结点的处理性能达到均衡状态，才能解决问题。

　　由此可见，网络拥塞的解决是个全局性的问题，这也是它和流量控制最大的区别。流量控制着眼于让发送端的发送速率和接收方的接收速率匹配，只是两个站点之间的流量问题，而拥塞控制则是要解决整个网络的流量问题，使进入网络的流量能够得到及时处理，减少超时和分组丢失，最终提高网络的吞吐量。

　　网络拥塞的控制方法要比流量控制复杂得多，常见的拥塞控制算法有四种，即慢开始（slow-start）、拥塞避免（congestion avoidance）、快重传（fast retransmit）和快恢复（fast recovery）。拥塞控制算法经常是通过降低发送端的发送速率来实现的，这一点与流量控制是相似的。具体地说，发送端维护一个称为发送窗口的状态变量，并根据这个变量的值决定可以发送的数据量。当发送端发现网络中出现分组丢失或超时情况时，就适当减少发送窗口的大小，降低发送速率。接收端维护一个称为接收窗口的状态变量，表示当前可以继续接收的数据量。接收端向发送端发送的确认报文中包括接收窗口的大小，并且根据实际接收能力动态改变接收窗口的值。

　　如图 6-24 所示，接收端发现分组丢失，就把接收窗口的值从 2000 改为 1000，经过一段时间后分组丢失的现象得到缓解，接收端开始慢慢增加接收窗口的值。如果之后又出现数据丢失，就重复这个过程。在 TCP 连接的整个生命周期中，窗口大小的动态增减是持续的。

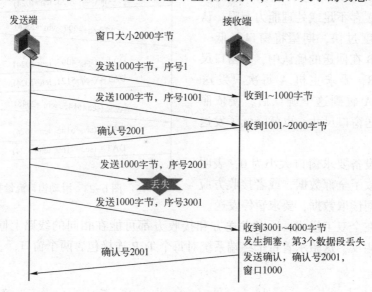

图 6-24　拥塞控制

6.4.4　TCP 差错控制

　　TCP 数据在传输过程中经过了许多的网络路径，有可能出现各种错误，所以 TCP 提供了差错控制来保证可靠性。TCP 的差错控制包括检测受损数据段、丢失的数据段、失序的数据段、重复的数据段及检测出错后的纠错机制。TCP 中的差错检验是通过校验和、确认和超时 3 种简单方式完成的。

　　1. 校验和

　　每一个数据段都包含校验和（checksum）字段。用来检测受损数据段。若数据段受损，就由接收端将其丢弃。计算时，发送端首先将 TCP 报文段的校验和字段置为 0，然后将头部

（包括伪首部，如 IP 报文中的 IP 地址、协议号、总长度等）和数据部分以两个字节为单位进行累加，得出值后再对其求反，就得到校验和，然后将结果装入报文中传输，接收端在收到报文后再按相同的算法再计算一次校验和，如果计算结果全部为 1，那么表示了报文的完整性和正确性。如图 6-25 所示。

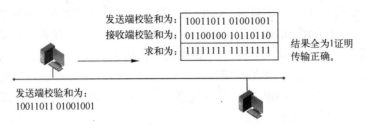

图 6-25　校验过程

2. 确认应答

TCP 使用确认的方式来证实收到了某些数据段，它们已经无损地到达了目的。确认应答的方式除了正常的确认应答 ACK 外，还有多种应答机制。例如：选择确认应答，它可以只对某一个数据段进行确认应答；延迟确认应答可以对一组数据段进行确认；捎带应答指TCP 的确认应答可以和回执数据通过一个包发送，这种机制可以减少收发的数据量。

3. 超时

若一个报文在超时前不被确认，则被认为是受损或已丢失，总结起来主要有 5 种情况会产生超时的现象。

① 受损数据段：当一个受损数据到达接收端，它将被丢弃，而且接收端不认为自己收到该受损数据，将不会发送确认应答，导致超时。

② 丢失的数据段：对 TCP 而言，丢失的数据段与受损数据段一样，只是受损数据段是被接收端丢弃的，而丢失的数据段是被中间结点丢弃的。

③ 重复的数据段：在超时期限到了，而发送端在确认应答还没有收到的情况下，会重发数据，重发后的数据和先前的数据可能都到达了，于是发生了重复发送的现象。

④ 失序的数据段：TCP 数据段封装在 IP 数据包中，每个 IP 数据包是独立实体，路由器可以通过找到合适的路径自由地转发每一个数据包。数据包可以沿不同的路径转发。若数据包不按序到达，则 TCP 数据段也就不按序到达。

⑤ 丢失的确认：接收端收到发送端发送的数据，确认应答也发出，但确认应答在途中丢失或者由于网络状况产生较大延迟而造成超时。

6.5　UDP

6.5.1　UDP 概述

用户数据报协议（UDP）对应用程序提供了用最简化的机制向网络上的另一个应用程序发送消息的方法。UDP 提供无连接的，不可靠的数据服务。

1. UDP 协议的特点

UDP 是无连接的，即发送数据之前不需要建立连接，因此减少了开销和发送数据之前的时延。

UDP 使用尽最大努力交付，即不保证可靠交付，因此主机不需要维持复杂的连接状态。

UDP 是面向报文的。发送方的 UDP 对应用程序交下来的报文，在添加首部后就向下交付 IP 层。UDP 对应用层交下来的报文，即不合并，也不拆分，而是保留这些报文的边界。也就是说，应用层交给 UDP 多长的报文，UDP 就照样发送，即一次发送一个报文，如图 6-26 所示。在接收端的 UDP，对网络层交上来的 UDP 用户数据报，在去除首部后就原封不动地交付上层的应用进程。UDP 一次交付一个完整的报文。因此，应用程序必须选择合适大小的报文，若报文太长，UDP 把它交给网络层后，网络层传送时可能要进行分片，这会降低网络层的效率。若报文太短，UDP 把它交给网络层后，会使 IP 数据报的首部的相对长度太大，这也降低了网络层的效率。

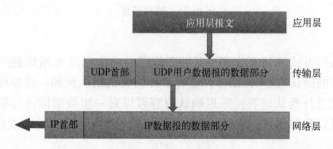

图 6-26 UDP 面向报文的数据传输

UDP 支持单播、组播和广播的交互通信。

UDP 没有拥塞控制，因此网络出现的拥塞不会使源主机的发送速率降低。这对某些实时应用是很重要的。很多的实时应用（如流媒体、实时视频会议等）要求源主机以恒定的速率发送数据，并且允许在网络发生拥塞时丢失一些数据，但却不允许数据有太大的时延。UDP 正好适合这种要求。

UDP 的首部开销小，只有 8 个字节，比 TCP 的 20 个字节的首部要短。

2. UDP 的应用

UDP 由于缺乏可靠性且属于非连接的协议，UDP 应用一般必须允许一定量的丢包、出错和复制出现。绝大多数的 UDP 应用都不需要可靠机制。例如：流媒体、即时多媒体游戏、IP 电话（VoIP）、实时交流工具等是典型的 UDP 应用。在网络应用中，DNS 域名系统、简单网络管理协议 SNMP，动态主机配置协议 DHCP、路由信息协议 RIP、简单文件传输协议 TFTP、远程过程调用 RPC 和某些影音流服务等使用的也是 UDP，主要是为了实现高效率的数据传输。

6.5.2 UDP 的报文格式

UDP 的报文格式比较简单，如图 6-27 所示。其首部字段只有 8 个字节。

图 6-27 UDP 报文格式

① 源端口（source port）：占 16 位 2 字节，用来标识数据发送端的进程。

② 目标端口（destination port）：占 16 位 2 字节，用来标识数据接收端的进程。

③ 长度（length）：占 2 字节，UDP 数据报长度，单位为字节，其最小值是 8（仅首部）。

④ 校验和（checksum）：2 字节，用来完成 UDP 数据的差错检验，这是 UDP 提供的唯一的可靠机制，基于部分 IP 头信息，UDP 头和载荷数据的内容计算得到，用于检验传输过程中出现的错误。使得 UDP 实用性大大增加。UDP 的校验和是可选的。

UDP 用户数据报首部中的校验和的计算方法比较特殊。在计算校验和时，要在 UDP 用户数据报之前增加 12 个字节的伪首部。所谓"伪首部"是因为这种伪首部并不是 UDP 用户数据报真正的首部。只是在计算校验和时，临时添加在 UDP 用户数据报前面，得到一个临时的 UDP 用户数据报，校验和就是按照这个临时的 UDP 用户数据报来计算的。伪首部既不向下传送也不向上递交，而仅仅是为了计算校验和。用户数据报的首部和伪首部如图 6-28 所示。

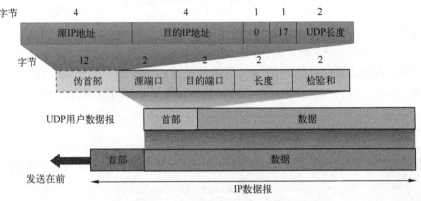

图 6-28　用户数据报的首部和伪首部

UDP 计算校验和的方法和计算 IP 数据报首部校验和的方法相似，但不同的是：IP 数据报校验和只校验 IP 数据报的首部，但 UDP 的校验和对首部和数据部分都进行校验。在发送端，首先是先把全零放入校验和字段，再把伪首部及 UDP 用户数据报看成是由许多 16 位的字串接起来的。若 UDP 用户数据报的数据部分不是偶数个字节，则要填入一个全零的字节（但此字节不发送）。然后按二进制反码计算出这些 16 位字的和。将此和的二进制反码写入校验和字段后，就发送这样的 UDP 用户数据报。在接收端，把收到的 UDP 用户数据报连同伪首部（以及可能的填充全零的字节）一起，按二进制反码求这些 16 位字的和。当无差错时其结果应为全 1，否则就表明有差错出现，接收端就应该丢弃这个 UDP 用户数据报（也可以交给应用层，但附上出现了差错的警告）。

⑤ 数据（Data）：来自应用程序。它的大小由 UDP 长度减去首部长度得到。

【实践与体验】

【实训 6-1】TCP 抓包体验

实训目的

1. 掌握 TCP 建立连接的过程。

2. 学会抓取 TCP 建立连接报文并分析报文格式。

实训步骤

① 打开 Wireshark 软件并启动抓包。

② 打开浏览器，在地址栏中输入 http://www.gzeic.edu.cn，网页打开后停止抓包。

③ 如果抓到的数据包较多，可以在 Wireshark 的应用显示过滤器中输入过滤条件，如 ip. addr = 222. 198. 241. 6，单击按钮➡️进行应用。在过滤的结果中找到 TCP 三次握手的报文信息如图 6-29 所示。

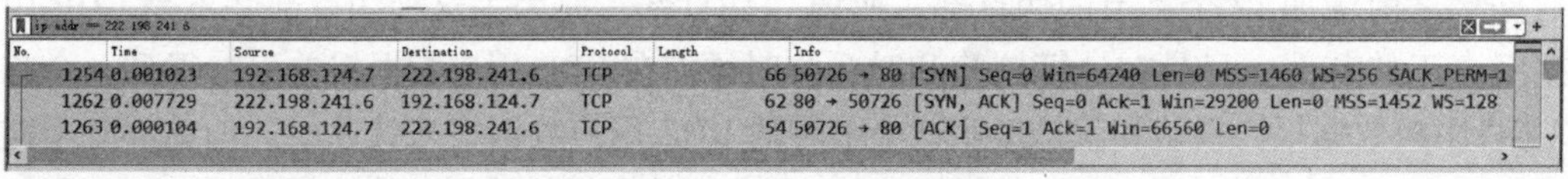

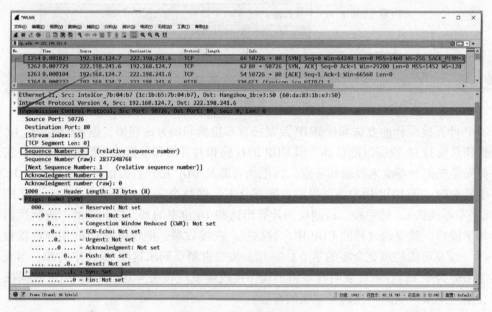

图 6-29　三次握手报文

④ 选中第一个数据包，单击数据包封装明细区中的 "Transmission Control Protocol" 前面的 "+" 号，查看第一次握手报文的详细内容。如图 6-30 所示，可以看到，"Destination Port"（目的端口号）为 80，说明访问的目的端使用的端口号是 80，为 HTTP 服务，"数据包的序列号" "Sequence Number" 的值为 0，标志位中，SYN 位被置为了 1，其他位为 0，说明是第一次握手。

图 6-30　第一次握手报文

⑤ 选中第 2 个数据包，同理单击数据包封装明细区中的 "Transmission Control Protocol" 前面的 "+" 号，查看第二次握手报文的详细内容。如图 6-31 所示，可以看到，在该数据包中，"Acknowledge Number" 值为 1，也就是确认号为 1，序列号 "Sequence Number" 的值为 0，标志位中，SYN 位和 ACK 位都被置为了 1，其他位为 0，说明这是第二次握手。

⑥ 单击第 3 个数据包，可以在数据包封装明细区中看到，数据包的 "Sequence Number" 为 1，"Acknowledgement Number" 为 1，在标志位中，ACK 字段被置为 1，如图 6-32 所示，说明是第三次握手。

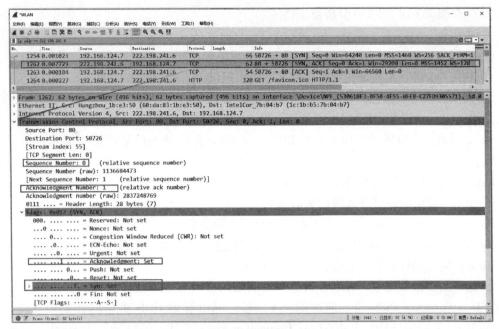

图 6-31　第二次握手报文

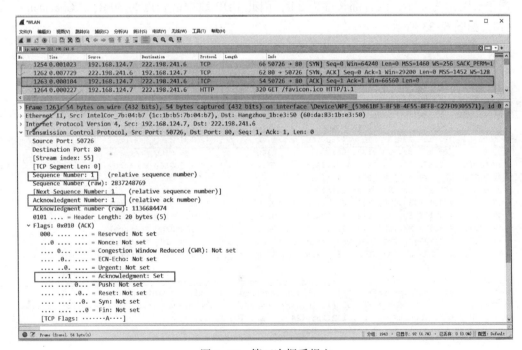

图 6-32　第三次握手报文

【实训 6-2】 UDP 抓包体验

实训目的

1. 理解 UDP 与 TCP 的区别。

2. 学会抓取 UDP 报文并分析报文格式。

实训步骤

① 打开 Wireshark，选择有流量的网卡，开启抓包功能。

② 利用 QQ 向好友发送任意信息，然后停止抓包。

③ 如果抓取的数据包比较多，在应用显示过滤器中输入"OICQ"（QQ 在应用层使用的协议是 OICQ），单击按钮 ➡ 应用便可筛选出 QQ 通信的数据包。

④ 不同的信息包显示的项不完全相同，QQ 数据包在详细信息面板中展示的信息有 5 项，这 5 项信息如下。

frame：物理层的数据帧情况。

ethernet：数据链路层以太网帧头部信息。

Internet protocol version 4：网络层 IP 数据报头部信息。

user datagram protocol：传输层的数据报头部信息，这里使用 UDP。

QICQ：应用层数据头部信息，这里使用 QICQ。

⑤ 选中第 1 条数据包，可以在数据封装明细区中看到数据包在传输层使用 UDP 协议，单击"User Datagram Protocol"前面的"+"号，可以看到 UDP 协议的详细信息，其中："Source Port"（源端口号）为 4002，"Destination Port"（目标端口号）为 8000，"Length"（数据包长度）为 47 B，因首部长度为 8 B，因此 UDP 数据区长度为 39 B，"Checksum"为校验和。如图 6-33 所示。

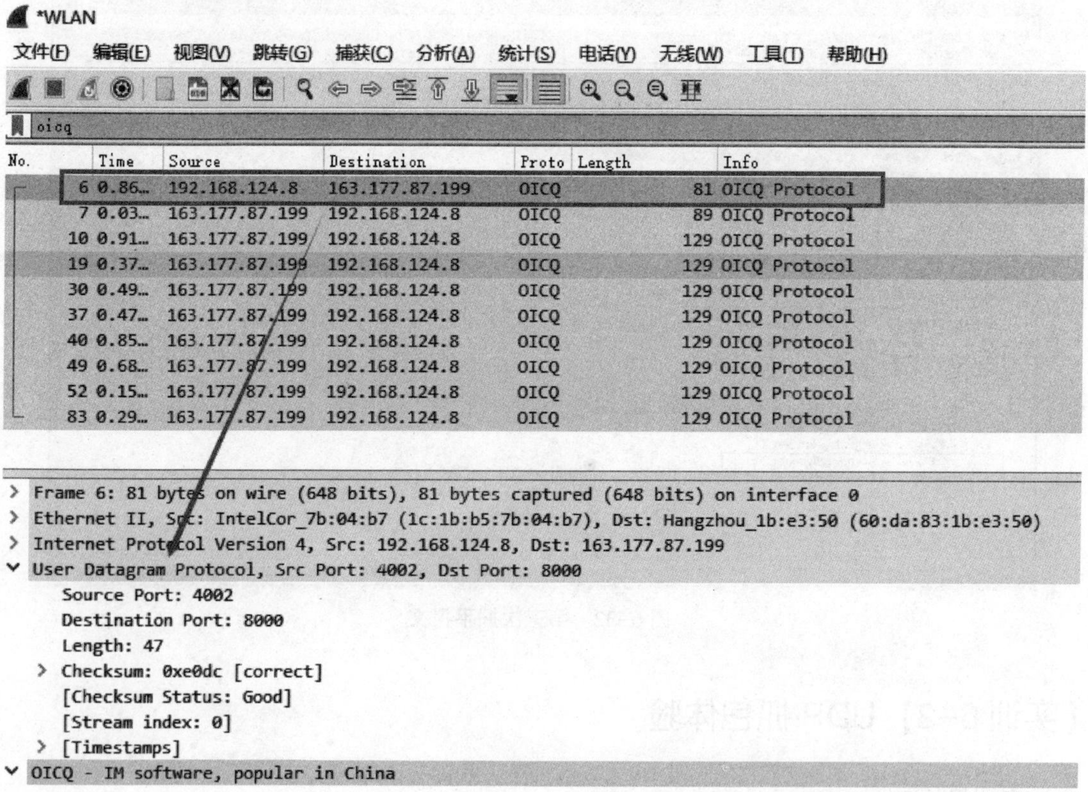

图 6-33 Wireshark 抓取的 UDP 报文

【巩固提高】

项目 6 习题

一、单选题

1. 常见的基于 TCP 的应用层服务中，不包括（　　　）。

A. Web 服务　　　　B. Telnet 服务　　　　C. SMTP　　　　D. DHCP

2. 以下（　　　）应用使用的 UDP 协议。

A. QQ　　　　　　B. Web　　　　　　C. FTP　　　　　D. Telnet

3. TCP 协议是（　　　）。

A. 面向连接的、可靠的　　　　　　B. 面向无连接的、可靠的

C. 面向连接的、不可靠的　　　　　　D. 面向无连接的、不可靠的

4. 为了保证连接的可靠建立，TCP 通常采用（　　　）。

A. 三次握手　　　　　　　　　B. 窗口控制机制

C. 自动重发机制　　　　　　　　D. 端口机制

5. 下列关于 TCP 和 UDP 描述错误的是（　　　）。

A. UDP 比 TCP 系统开销少　　　　B. TCP 是面向连接的

C. UDP 保证数据可靠传输　　　　D. TCP 采用滑动窗口机制进行流量控制

6. 传输层的协议数据单元被称为（　　　）。

A. 比特　　　　　B. 帧　　　　　C. 段　　　　　D. 字符

7. 以下（　　　）事件发生于传输层三次握手期间。

A. 两个应用程序交换数据　　　　B. TCP 初始化会话的序列号

C. UDP 确定要发送的最大字节数　　　　D. 服务器确认从客户端接收的数据字节数

8. 传输层可以通过（　　　）标识不同的应用。

A. 物理地址　　　　B. 端口号　　　　C. IP 地址　　　　D. 逻辑地址

二、填空题

1. TCP 中的差错检验主要是通过＿＿＿＿、＿＿＿＿、＿＿＿＿3 种方式完成的。

2. TCP 建立连接的过程，我们通常称为＿＿＿＿，释放连接的过程称为＿＿＿＿。

3. TCP/IP 协议的传输层主要包含＿＿＿＿和＿＿＿＿，其中＿＿＿＿提供面向连接的可靠数据传输服务，＿＿＿＿采用无连接的数据报传送方式，提供不可靠的数据传送。

4. 传输层协议为＿＿＿＿之间提供通信，而 IP 协议为＿＿＿＿之间提供通信。

三、简答题

1. 传输层的主要作用是什么？传输层与网络层之间的关系是什么样的？

2. 传输层有哪两种主要协议？请简述各自的特点和主要应用场景。

3. 简述 TCP 三次握手过程。

4. 端口号的作用是什么？其有哪些类型？

5. 简述你所知道的知名端口号及其对应的服务。

项目 7   应用层服务与协议

【学习目标】

☑ 了解：应用层的主要服务、FTP 的原理与使用方式、域名解析过程、Telnet 的工作方式。

☑ 理解：Web 服务的工作过程、电子邮件的工作方式和常用电子邮件协议。

☑ 掌握：DNS 域名系统和域名解析过程、DHCP 的工作过程与 DHCP 中继。

【知识导图】

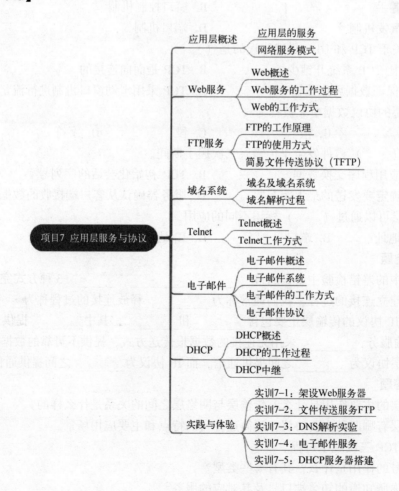

【项目导入】

应用层是 OSI/RM 和 TCP/IP 模型的最高层，它通过使用下层提供的服务直接向用户提供服务，可以说是计算机网络和用户的界面或接口。如果没有应用层，下面各层的存在就失去了意义。应用层的服务种类非常多，而且有许多是用户每天都在使用的，如 Web 服务、e-mail 服务、DNS 服务、DHCP 服务等。本项目将对这些常用的网络服务进行介绍。

【项目知识点】

7.1　应用层概述

7.1.1　应用层的服务

在日常的生活中，在浏览器地址栏中输入 "https://www.baidu.com"，就可以打开百度的主页，如图 7-1 所示。这个过程其实就是登录百度的 Web 服务器，用户在地址栏中输入网址，是向服务器提出浏览页面的请求，在浏览器中看到的页面，是百度 Web 服务器提供给用户的服务。什么是 Web 服务？Web 服务有什么用？除了 Web 服务外，常用的网络服务还有哪些？接下来将详细讲解应用层及相关服务。

图 7-1　访问百度主页

我们知道，传输层为应用进程提供了端到端的通信服务。但不同的网络应用的应用进程之间，还需要不同的通信规则。应用层的各种应用服务由不同的用户和软件供应商开发而成，为了实现网络应用功能，在应用程序之间进行通信时需要遵循特定的约定或规则，也就是网络协议。换句话说，每个应用层协议都是为了解决某一类应用问题而制定的，而问题的解决往往又是通过位于不同主机中的多个应用进程之间的通信和协同工作来完成的。应用层的具体内容就是规定应用进程在通信时所遵循的协议。

应用层向用户提供了众多的网络应用，典型的应用包括：Web 服务、电子邮件服务、FTP 服务、域名服务、远程登录等，如图 7-2 所示。

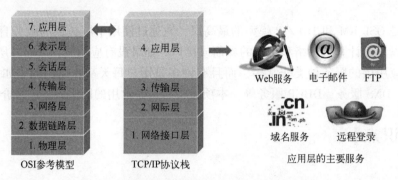

图 7-2　应用层在体系结构中的位置及典型服务

7.1.2　网络服务模型

当人们利用笔记本计算机、PDA、手机等设备上网或者访问其他信息时，都是从别的服务器上下载资源，把资源读取到自己的内存中加以访问，这就是网络服务模型，常见的网络服务模型有以下 3 种。

1. client/server

传统的网络服务基本上都是基于客户-服务器（client/server，C/S）模式，例如，Web 服务、FTP 服务、e-mail 服务等。如图 7-3 所示。

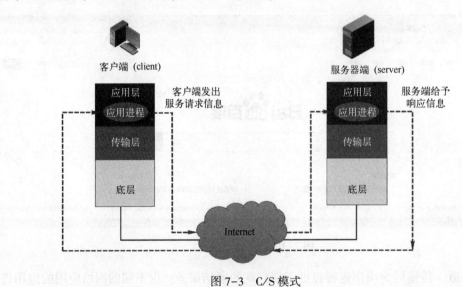

图 7-3　C/S 模式

在此模式中，请求信息的设备称为客户端，而响应请求的设备称为服务器，客户端与服务器进程都位于应用层。客户端首先发送请求信息给服务器，服务器通过发送数据流来响应客户端。除了数据传输外，客户端与服务器之间还需要传输控制信息来控制整个过程。

服务器通常是指为多个客户端系统提供信息共享的计算机，服务器可以存储文档、数据库、图片、网页信息、音频与视频文件等，并将它们发送到请求数据的客户端。

在客户端与服务器的数据交互中，由客户端发送数据给服务器的过程称为"上传"，由服务器发送数据给客户端的过程称为"下载"。

客户端和服务器常常分别处在相距很远的两台计算机上，网络上的应用程序为了能够顺利通信，服务器通常处于侦听状态，等待客户端发起连接请求。在通信时，客户端程序的任务是将用户的要求提交给服务器，再将服务器返回的结果以特定的形式显示给用户，如HTTP 用浏览器的形式呈现返回结果。服务器程序的任务是接收客户端的请求，进行相应的处理，再将结果返回给客户端程序。

一台服务器上可以运行多个应用程序，每个服务器程序通常使用 TCP 或 UDP 的端口号作为自己特定的标记。在服务器程序启动时，首先在本地主机注册自己的 TCP 或 UDP 端口号，这样服务器在收到对某一应用程序的请求时，服务器将会把请求信息交给注册该端口的服务器应用程序处理。

2. peer-to-peer

对等（peer-to-peer，P2P）网络服务模式，又称为点到点网络模式，端系统主机既充当客户端，又充当服务器，两台计算机直接通过网络互连，它们共享资源时可以不借助服务器，每台接入的设备都可以作为服务器也可以作为客户端。目前，P2P 应用相当广泛，常见的应用有 Bitcomet、eMule（电驴）、PPLive、迅雷、PPStream 等。

3. browser/server

浏览器-服务器（browser/server，B/S）模式是 Web 广泛应用的一种网络结构模式。Web 浏览器是客户端最主要的应用软件，这种模式统一了客户端，将系统功能实现的核心部分集中到服务器上，简化了系统的开发、维护和使用。客户机上只要安装一个浏览器，如Internet Explorer、Firefox、Google Chrome 等，服务器安装 SQL Server、MySQL、BD2 等数据库。浏览器通过 Web Server 同数据库进行数据交互。

7.2　Web 服务

7.2.1　Web 概述

万维网（world wide web，WWW）也称为 Web 或 WWW，是 Internet 上集文本、声音、动画、视频等多种媒体信息于一身的信息服务系统。

通过 Web 服务，用户只要用鼠标进行本地操作，就可以轻松获取自己想要的资源。Web 服务主要有以下特点。

    ↺ 以超文本方式组织网络多媒体信息。

    ↺ 用户可以在世界范围内任意查找、检索、浏览及添加信息。

    ↺ 提供生动直观、易于使用且统一的图形用户界面。

    ↺ 服务器之间可以相互链接。

    ↺ 可以访问文本、声音、图像、视频、动画等信息。

7.2.2　Web 服务的工作过程

Web 服务采用客户-服务器模式，Web 的工作过程如图 7-4 所示。客户端启动 Web 客户程序即浏览器，输入客户想访问的 Web 页地址，浏览器通过 DNS 解析服务器的 IP 地址，客户程序与该地址的服务器连通，并告诉服务器需要哪一页面，服务器将该页面发送浏览器，浏览器显示该页面内容，这时客户就可以浏览页面了。

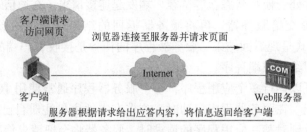

图 7-4　Web 服务的工作过程

7.2.3　Web 的工作方式

Web 整个系统由 Web 服务器、浏览器和通信协议三部分组成。在客户端，WWW 系统通过 IE、Chrome、Firefox、360 等浏览器提供了查阅超文本的方便手段。在服务器端，定义了一种组织多媒体文件的标准——超文本标记语言（hypertext markup language，HTML），按 HTML 格式编写的文件被称为超文本文件。Web 页间采用超文本的格式互相链接，通过这些链接可从一个网页跳转到另一个网页，即超链接。WWW 采用超文本传送协议 HTTP，实现文本、图形、图像、视频等多种媒体的分布式存储与应用。

1. 统一资源定位器

Internet 中的网站成千上万，为了准确查找，人们采用统一资源定位符（uniform resource locator，URL）唯一标识某个网络资源。URL 是 Internet 上资源的地址，俗称网址。URL 包含了用于查找某个资源的足够信息，格式如下：

　　　　〈协议〉://〈主机名或 IP 地址〉:〈端口〉/〈路径〉/〈文件名〉

例如 https://baike.badu.com 就是 URL，在地址栏中输入该 URL 地址就可以进入百度百科。

其中，协议是指访问对象所使用的协议，包括 HTTP、HTTPS、FTP、远程登录协议、电子邮件协议等，注意协议后面有://（冒号和两个斜杠）。

主机名指 Web 服务器的名称，Internet 上的服务器主机名就是网站域名，Internet 上的主机名通常以 www 开头。当然，这里的主机名也可以直接输入 IP 地址。

端口号是指所访问的资源类型。如果使用常规协议，端口号可以省略，如 HTTP 默认是 80，FTP 默认是 21，telnet 默认是 23。也可以在服务器上自行设置，例如 HTTP 设置为 8080。使用非默认端口号访问时，主机名后使用冒号+端口号，如 http://192.168.1.1:8080。

路径参数用来指定要访问的对象在 Web 服务器上的文件路径，与本地路径格式一样，以根目录"/"开始，如 http://baike.baidu.com/city/qiandongnan，如果访问首页，一般不需要输入路径，因为在部署网站时设置了默认访问的页面就是首页，如访问百度则输入 https://www.baidu.com。

2. 超文本标记语言

超文本标记语言（HTML）是一种万维网标记语言，用来结构化信息，描述网页上的每个组件，例如文本、表格、图像、表单等。HTML 提供了很多标记，如段落标记、标题标记、超链接标记、图像标记等，网页中需要定义什么内容，就用相应的 HTML 标记描述即可。一个 HTML 文本包括文件头（head）、文件主体（body），其结构如图 7-5 所示。

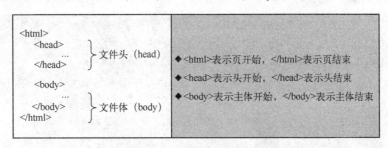

图 7-5　HTML 文本的结构

HTML 之所以被称为超文本标记语言，不仅是因为它通过标记描述网页内容，同时也由于文本中包含了所谓的"超级链接"点，通过超链接将网站与网页及各种网页元素链接起来，构成了丰富多彩的 Web 页面。

HTML 文件经过浏览器的解析就能呈现网页的形式，在实际的网站建设中，将做好的网站 HTML 文件部署到 Web 服务器中，客户端通过浏览器使用 URL 地址就可以访问服务器上的资源，从而浏览到网页信息。如图 7-6 所示，其 HMTL 源代码如图 7-7 所示。

图 7-6　HTML 文件在浏览器中显示效果

3. 超文本传送协议

超文本传送协议（hyper text transfer protocol，HTTP）用来在浏览器和 WWW 服务器之间传送超文本。它由两部分组成：从浏览器到服务器的请求集和从服务器到浏览器的应答集。HTTP 使用 TCP 作为传输层协议，因此一般来说客户端进程发出的每个 HTTP 请求都能到达服务器端。同样，服务器端的响应也会到达客户端。HTTP 会话过程包括连接、请求、应答和关闭 4 个步骤，如图 7-8 所示。

```
<!DOCTYPE html>
<html lang="zh-cn">
<head>
    <meta charset="UTF-8">
    <title>网上花店</title>
    <link rel="stylesheet" href="css/style.css" type="text/css">
</head>
<body>
    <!-- header开始 -->
    <div class=" wrap header">
        <h1><strong>彼岸的花</strong><em>偏安一隅 静静生活</em></h1>
        <hr size="2" color="#d1d1d1" width="980px">
    </div>
    <!-- header 结束 -->

    <!-- 分类模块开始 -->
    <div class="wrap fenlei">
        <h2>商品分类</h2>
        <img src="images/banner.jpg" alt="网上花店">
        <br><br>
        <p>我喜欢一些花儿，静静地开放，从不声张，小小的花朵，有着异样的芬芳...</p>
        <p>I love flowers, quietly open, never quiet. Little flowers, with the same fragrance...</p>
        <br>
    </div>
    <!-- 分类模块结束 -->

    <!-- 热卖模块开始 -->
    <div class="wrap bestseller">
        <img src="images/bestseller1.png" alt=""><br><br>
    </div>
</body>
</html>
```

图 7-7　HTML 源代码

图 7-8　HTTP 会话过程

4. 超文本传送安全协议

超文本传送安全协议（hyper text transfer protocol secure，HTTPS）是超文本传送协议和 SSL/TLS 的组合，用以提供加密通信及对网络服务器身份的鉴定。HTTPS 连接经常被用于 Web 上的交易支付和企业信息系统敏感信息的传输。

HTTPS 的主要思想是在不安全的网络上创建一安全信道，并可在使用适当的加密包和服务器证书可被验证且可被信任时，对窃听和中间人攻击提供合理的保护。

HTTPS 的信任继承基于预先安装在浏览器中的证书颁发机构（如 VeriSign、Microsoft 等），意即"我信任证书颁发机构告诉我应该信任的"。

HTTP 和 HTTPS 的区别如下：

↪ HTTP 的 URL 由"http://"开始，默认端口号为 80；HTTPS 的 URL 由"https://"开始，默认端口号为 443。

↪ HTTP 的信息是明文传输，HTTPS 则是具有安全性的 SSL 加密传输协议。

↳ HTTP 是不安全的，攻击者通过监听和中间人攻击等手段，可以获取网站账户和敏感信息等；HTTPS 被设计为可防止前述攻击，并被认为是安全的。在发送方，SSL 接收应用层的数据，对数据进行加密，然后把加了密的数据送往 TCP 套接字。在接收方，SSL 从 TCP 套接字读取数据，解密后把数据交给应用层。HTTP 协议通常承载于 TCP 协议之上，有时也承载于 TLS 或 SSL 协议层之上，此时就成了我们常说的 HTTPS，如图 7-9 所示。

图 7-9　HTTP 与 HTTPS

7.3　FTP 服务

文件传送协议（file transfer protocol，FTP）是 TCP/IP 网络上两台计算机传送文件的协议。尽管 Web 已经替代了 FTP 的大多数功能，FTP 仍然可以通过 Internet 实现客户机和服务器之间的文件传输。利用 FTP，客户机可以给服务器发出命令来下载、上传文件，创建或改变服务器上的目录。

7.3.1　FTP 的工作原理

FTP 采用客户-服务器模式，承载在 TCP 协议之上。FTP 功能强大，拥有丰富的命令集，支持对登录服务器的用户名和口令进行验证，可以提供交互式的文件访问，允许客户指定文件的传输类型，并且可以设定文件的存取权限。

通过 FTP 进行文件传输时，需要在服务器和客户机之间建立两个 TCP 连接：FTP 控制连接和 FTP 数据连接。FTP 控制连接，负责 FTP 客户机和 FTP 服务器之间交互 FTP 控制命令和命令执行的应答信息，在整个 FTP 会话过程中一直保持打开；而 FTP 数据连接负责在 FTP 客户机和 FTP 服务器之间进行文件和文件列表的传输，仅在需要传输数据的时候建立数据连接，数据传输完毕后终止。

在 FTP 服务器上，只要启动了 FTP 服务，则总是有一个 FTP 的守护进程在后台运行以随时准备对客户机的请求做出响应。

当客户机需要文件传输服务时，FTP 客户机首先与服务器在 21 号端口上建立一个用于连接控制的 TCP 连接，在连接建立过程中服务器会要求客户机提供合法的登录名和密码，在许多情况下允许匿名登录，即采用 anonymous 为用户名。

一旦该连接被允许建立，默认情况下其服务器可以通过 20 号端口与客户机进行文件传输，每当请求文件传输即要求从服务器复制文件到客户机时，服务器将再形成另一个独立的数据通信连接。其工作过程如图 7-10 所示。

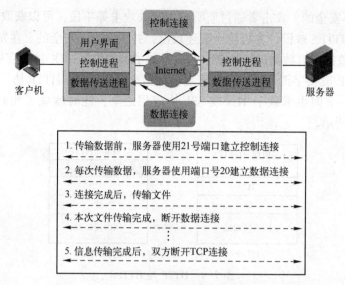

图 7-10　FTP 的工作过程

7.3.2　FTP 的使用方式

要使用 FTP 进行文件传输，需要在客户机安装 FTP 客户程序。通常安装了 TCP/IP 就包含了 FTP 客户程序。使用 FTP 可以通过资源管理器、浏览器或者应用程序（如 CuteFTP 等）来启动，并利用图形界面的方式操作，也可以通过命令行的模式进行。

1. 图形界面方式

如图 7-11 和图 7-12 所示，分别为使用客户端工具 CuteFTP 和浏览器登录 FTP 服务器界面。

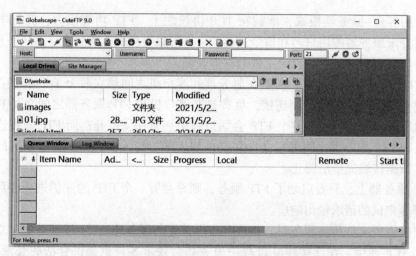

图 7-11　使用客户端工具 CuteFTP 登录 FTP 服务器

2. 命令行方式

在命令提示符中，通过 FTP 命令登录服务器，登录 FTP 成功后，可利用 dir（或 ls）命令显示文件列表、get 命令下载文件、put 命令上传文件等。图 7-13 所示为以命令行方式使用 FTP。

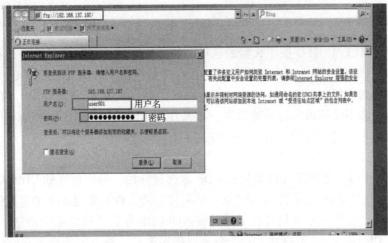

图 7-12　使用浏览器登录 FTP 服务器

图 7-13　以命令行方式使用 FTP 服务

FTP 常用的命令如表 7-1 所示。

表 7-1　FTP 常用的命令

命　令	含　义
OPEN	与指定主机的 FTP 服务器建立连接
BYE 或 QUIT	结束本次文件传输，退出 FTP 程序
DELETE	删除远端文件
DIR 或 LS	列出服务器目录下文件
CD	改变远端当前目录
PUT	将一个本地文件上传到远端主机上
GET	获取远端主机文件
CLOSE	关闭与远端 FTP 程序的连接

7.3.3　TFTP

尽管 FTP 向 TCP/IP 族提供了大量的选项，如文件类型、压缩和多 TCP 连接，但许多应用，如 LAN 应用并不需要这种全套的服务。在这样的情况下，一个较简单的文件传送协议——简易文件传送协议（trivial file transfer protocol，TFTP）就能满足要求。FTP 和 TFTP 间的一个区别是后者不使用可靠的传输服务，而是在如 UDP 这样的不可靠协议上运行。TFTP 使用确认和超时来确定文件的所有片段都收到了。

TFTP 主要有以下特点。

① TFTP 操作以一个请求文件传送的 UDP 数据报开始，每次传送的 UDP 固定 512 B。最后一次不足 512 B 的 UDP 表示传送已完成。如果传送的文件长度是 512 的整数倍，则在文件传送完毕之后，还要传送一个只有头部而无数据的 UDP 作为传送结束的信息。

② 每个 UDP 称为一个数据块。每个数据块按序编号，服务器等待客户收到每个数据块并作确认回答之后再发下一个数据块。

③ 支持 ASCII 码和二进制文件的读和写。

④ 和其他协议一样，TFTP 定义了客户和服务器间的通信规则，它定义了 5 种分组类型来进行通信。

　　◆ 读请求：请求从服务器读取一个文件。

　　◆ 写请求：请求向服务器中写入一个文件。

　　◆ 数据：一个包含部分被传输文件的 512 B（或少于）的块，从 1 开始编号。

　　◆ 确认：确认数据分组的接收。

　　◆ 差错：传递一个差错信息。

⑤ 利用确认和超时重传机制来保证传输的可靠性，客户和服务器都运行超时重传机制，而且是对称重传，因此提高了 TFTP 的健壮性。

TFTP 被 Cisco 公司的网络设备用来作为操作系统和配置文件的备份工具。在由 Cisco 公司网络设备组成的网络里，可以用一台主机或服务器作为 TFTP 服务器，并且把网络中各台设备的 IOS 和配置文件备份到这台 TFTP 服务器上，以防备可能的严重故障或人为因素使网络设备的 IOS 或运行配置丢失。当发生这种情况时，可以方便快速地通过 TFTP 从 TFTP 服务器上把相应的文件传输到网络设备中，及时恢复设备的正常工作。

7.4　域名系统

在客户-服务器模式的网络中，客户机对服务器进行访问时，必须知道服务器的名称。互联网中提供网络服务的主机都是以一台一台服务器的形式存在的，每台服务器都分配有 IP 地址。网络上（包括局域网和互联网）的网络服务器无穷多，人们不可能记住每台服务器的 IP 地址，这就产生了方便记忆的域名系统（domain name system，DNS）。DNS 的作用就是把容易记忆的域名转换成要访问的服务器的 IP 地址，为非专业用户提供一个直观的个性化服务器名称，这对网络的普及应用十分重要。例如，大家访问百度的时候，在浏览器的地址栏输入 www.baidu.com，就是域名形式，人们通过它可以方便地记住网站地址并进行网站访问。

7.4.1 域名及域名系统

1. 域名

域名（domain name）是由一串用点分隔的名字组成的 Internet 上某一台计算机或计算机组的名称，是 Internet 上用来寻找网站所用的名字。每一个域名对应一个 IP 地址，人们输入域名，再由域名服务器（DNS）解析成 IP 地址，从而找到相应的网站。

2. 域名结构

DNS 域的本质是互联网中一种管理范围的划分，最大的域是根域，向下可以划分为顶级域、二级域、三级域、四级域等。相对应的域名是根域名、顶级域名、二级域名、三级域名等。不同等级的域名之间使用点号（"."）分隔。级别最低的域名写在最左边，而级别最高的域名写在最右边。如域名 www.abc.com 中，com 为顶级域名，abc 为二级域名，而 www 则表示二级域中的主机。

每一级的域名都由英文字母和数字组成，域名不区分大小写，但是长度不能超过 63 字节，一个完整的域名不能超过 255 字节。根域名用点表示，如果一个域名以点结尾，那么这种域名称为完全合格域名（full qualified domain name，FQDN）。

互联网的域名空间结构像是一颗倒过来的树，根域名就是树根，用点号表示，如图 7-14 所示。

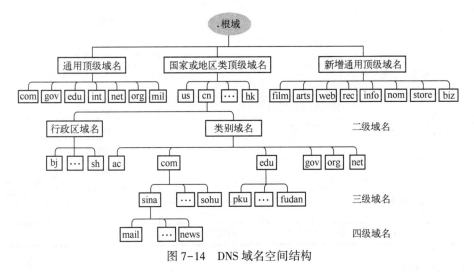

图 7-14 DNS 域名空间结构

（1）根域

这是 DNS 的最上层，提供根域名服务，用"."表示。在 Internet 中，根域是默认的，一般不需要表示出来。当下层的任何一台 DNS 服务器无法解析某个 DNS 名称时，便可向根域 DNS 寻求协助。理论上，只要所查询的主机是按规定注册的，那么无论它位于何处，从根域的 DNS 服务器往下层查找，一定可以解析出其 IP 地址。

（2）顶级域名

顶级域名是根域名下面的第 1 级域名，它不能单独为用户分配。目前顶级域名有三类：国家和地区类、通用类和近期新增的通用类，详见表 7-2。我国注册并运行的顶级域名为 cn，这也是我国的一级域名。

（3）二级域名

二级域名是指顶级域名下的域名，它分为以下两大类：

① 在国际顶级域名下，它是指域名注册人的网上名称，如 baidu、yahoo、microsoft 等，这些可供用户申请使用；

② 在国家或地区域名下，它表示注册企业类别的符号，如 com、edu、gov、net 等，这些是不能直接供用户注册使用的。

我国的二级域名包括类别域名和行政区域域名两类，类别域名共 6 个，分别是 ac（科研机构）、com（商业组织）、edu（教育机构）、gov（政府部门）、org（非营利性组织）、net（网络供应商）。行政区域域名有 34 个，分别代表每个行政区，如 bj 为北京、sh 为上海。域名分配情况如表 7-2 所示。

表 7-2　域名分配

域名级别	域名类别	域名类型			
顶级域名	国家和地区类	国家代码	cn	us	ca
		各个国家	中国	美国	加拿大
	通用类	com	gov	edu	int
		商业组织	政府部门	教育机构	国际组织
		net	org	mil	
		网络供应商	非营利性组织	军事部门	
	新增通用类	film	arts	web	rec
		公司企业	文化娱乐活动组织	Web 活动组织	消遣、娱乐组织
		info	nom	store	biz
		提供信息服务的组织	个人	商店	商业组织
二级域名	行政区域域名	行政区代码	bj	sh	cq
		各行政区	北京	上海	重庆
	类别域名	ac	com	edu	gov
		科研机构	商业组织	教育机构	政府部门
		org	net		
		非营利性组织	网络供应商		

（4）三级域名

三级域名是由用户申请注册的，可以采用字母（A~Z、a~z 及大小写组合）、数字 0~9 和连接符"-"等。各域名之间用小圆点连接，但不能超过 20 个字符。一般来说，企业的 Internet 域名有三级就可以了，三级及以下级别域名是可以自己注册申请的，只要不和上一级域名重复就可以了。

（5）主机

最后一层是主机，这一层由各个域的管理员自己建立，不需要通过管理域名机构。例如，可以在 .gzeic.edu.cn 这个域下建立 www.gzeic.edu.cn、ftp.gzeic.edu.cn 等主机。

在分级结构的域名系统中，每个域都对分配其下面的子域存在控制权，并负责登记自己所有的子域。要创建一个新的子域，必须征得其所属域的同意。如某大学希望自己的域名为

abc. edu. cn，需要向 edu. cn 的域管理者提出申请并获得批准。采用这种方式，可以避免同
一域中的名字冲突，一旦一个新的子域被创建和登记，那么这个子域就可以创建自己的子域
而无须再征得它的上一级域的同意。图 7-15 所示为新浪中国的域名结构，它采用了多级域
名的形式，如新浪航空航天模块的域名为 sky. news. sina. com. cn。

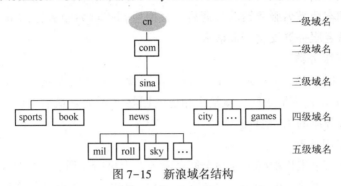

图 7-15 新浪域名结构

3. 域名服务器

域名服务器（domain name server），实际上就是装有域名系统的主机，它是一种能够实
现名字解析（name resolution）的分层数据库。在 Internet 上，域名服务器解析域名是按域名
层次执行的，每个域名服务器不仅能够进行域名解析，还能够与其他域名服务器相连，当本
服务器不能解析相关域名时，就会把申请发到上一层次的域名服务器解析。图 7-16 所示为
DNS 树状结构图。

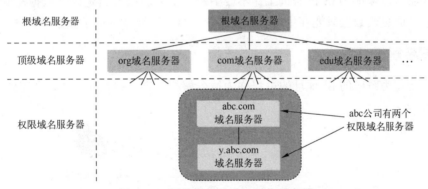

图 7-16 树状结构的 DNS 域名服务器

从图 7-16 可以看出，互联网上的 DNS 域名服务器也是按照层次安排的，每一个域名服
务器只对域名体系中的一部分进行管辖。根据域名服务器所起到的作用，可以把域名服务划
分以下 4 种类型。

（1）本地域名服务器

每一个互联网服务提供者（ISP），或一个大学，甚至一个大学里的系，都可以拥有一
个本地域名服务器（local name server），这种域名服务器有时也称为默认域名服务器。本地
域名服务器一般离客户端较近。当一个 DNS 客户端发送 DNS 查询时，该查询首先被送往本
地域名服务器，如果本地域名服务器数据库中存在对应的主机域名，本地域名服务器会立即
将所查询的域名转换为 IP 地址返回客户端。在 Windows 操作系统的"Internet 协议（TCP/
IP）"属性中设置的 DNS 服务器就是最常见的本地域名服务器。

（2）根域名服务器

通常根域名服务器（root name server）用来管理顶级域，本身并不对域名进行解析，但它知道相关域名服务器的地址。在 DNS 解析过程中，当本地域名服务器的数据库中没有 DNS 客户端所查询的主机域名时，它会以 DNS 客户端身份向某一个根域名服务器进行查询。根域名服务器收到本地域名服务器的查询后，会回应相关域名服务器的 IP 地址，本地域名服务器再向相关域名服务器发送查询请求。

（3）顶级域名服务器

顶级域名服务器（top-level-domain server）负责管理在该顶级域名服务器注册的所有二级域名。当收到 DNS 查询请求时，就给出相应的回答（可能是最后的结果，也可能是下一步应当找的域名服务器的 IP 地址）。

（4）权限域名服务器

互联网上的每一个主机都必须在某个域名服务器上进行注册，这个域名服务器就称为该主机的权限域名服务器（authoritative name server）。通常一个主机的权限域名服务器就是该主机的本地域名服务器，权限域名服务器上总是存放着注册域名与 IP 地址的映射信息，对于这样的 DNS 查询，权限域名服务器的回答是具备权威性的。当一个权限域名服务器被另外的域名服务器查询时，权限域名服务器就会向请求者应答相应主机的 DNS 映射。

为了提高域名服务器的可靠性，DNS 域名服务器都把数据复制到几个域名服务器来保存，其中的一个是主域名服务器，其他的是辅助域名服务器。当主域名服务器出故障时，辅助域名服务器可以保证 DNS 的查询工作不会中断。主域名服务器定期把数据复制到辅助域名服务器中，而更改数据只能在主域名服务器中进行。这样就保证了数据的一致性。

7.4.2　域名解析过程

将域名转化为对应的 IP 地址的过程称为域名解析。图 7-17 所示是一个完整的 DNS 域名解析过程。

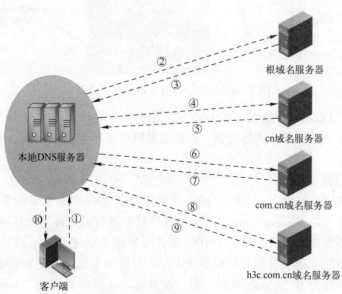

图 7-17　完整的 DNS 域名解析过程

DNS 客户端进行域名 www.h3c.com.cn 的解析的过程如下。

① DNS 客户端向本地域名服务器发送请求，查询 www.h3c.com.cn 主机的 IP 地址。

② 本地域名服务器查询其数据库，发现数据库中没有域名为 www.h3c.com.cn 的主机，于是将此请求发送给根域名服务器。

③ 根域名服务器查询其数据库，发现没有该主机记录，但是根域名服务器知道能够解析该域名的 cn 域名服务器的地址，于是将 cn 域名服务器的地址发回给本地域名服务器。

④ 本地域名服务器向 cn 域名服务器查询 www.h3c.com.cn 主机的 IP 地址。

⑤ cn 域名服务器查询其数据库发现没有该主机记录，但是 cn 域名服务器知道能够解析该域名的 com.cn 域名服务器的地址，于是将 com.cn 服务器的地址返回给本地域名服务器。

⑥ 本地域名服务器再向 com.cn 域名服务器查询 www.h3c.com.cn 主机的 IP 地址。

⑦ com.cn 域名服务器查询其数据库，发现没有该主机记录，但 com.cn 域名服务器知道能够解决该域名的 h3c.com.cn 域名服务器的 IP 地址，于是将 h3c.com.cn 域名服务器的 IP 地址返回给本地域名服务器。

⑧ 本地域名服务器向 h3c.com.cn 域名服务器发出查询 www.h3c.com.cn 主机 IP 地址的请求。

⑨ h3c.com.cn 域名服务器查询其数据库，发现有该主机记录，于是给本地域名服务器返回 www.h3c.com.cn 所对应的 IP 地址。

⑩ 本地域名服务器将 www.h3c.com.cn 的 IP 地址返回给客户端，整个解析过程完成。

7.4.3　域名解析方式

DNS 域名解析主要有递归解析和迭代解析两种方式。

（1）递归解析

递归解析是最常见的默认解析方式。在这种解析方式中，如果客户端配置的本地域名服务器不能解析到 IP 地址，则后面的查询全由本地域名服务器代替 DNS 客户端进行查询。直到本地域名服务器从权威的域名服务器得到了正确的解析结果，然后告诉 DNS 客户端查询的结果。例如，客户端要访问 www.sohu.com 的网站，首先它需要查询到这个网站的 IP 地址，递归解析过程如图 7-18 所示。

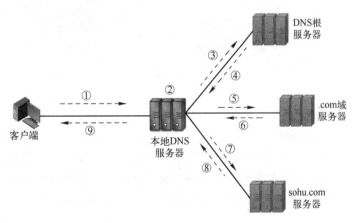

图 7-18　递归解析过程

① 客户端把请求"我要访问 www.sohu.com，请告诉我它的 IP 地址"发送给本地的 DNS 服务器。

② 本地 DNS 服务器查询后，发现本地服务器缓存中没有 www.sohu.com 所对应的 IP 地址。

③ 本地 DNS 服务器联系根域名服务器帮助解析 IP 地址。

④ 根域名服务器通过查询发现 www.sohu.com 这个域名是由 .com 服务器负责解析的，于是根域名服务器告诉本地域名解析服务器 .com 服务器的地址，让本地域名服务器联系 .com 服务器进行解析。

⑤ 本地域名服务器向 .com 服务器请求解析 www.sohu.com 的 IP 地址。

⑥ .com 服务器经过查询后告诉本地域名服务器应该找 .sohu.com 服务器。

⑦ 本地域名服务器向 .sohu.com 服务器请求解析 www.sohu.com 的 IP 地址。

⑧ .sohu.com 服务器经过查询后得到 www.sohu.com 这个域名对应的 IP 地址是 109.244.80.129，于是将这个信息发回给本地 DNS 服务器。

⑨ 本地域名服务器将 www.sohu.com 所对应的 IP 地址发回给客户端。

（2）迭代解析

在迭代查询中，当本地域名服务器无法解析时，会告诉用户的 DNS 客户端去哪里查找，本地域名服务器将不负责继续查找。换句话说，就是所有的查询工作全部是由用户的 DNS 客户端自己完成的，如图 7-19 所示。

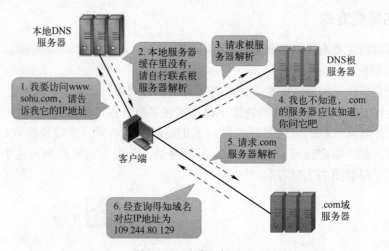

图 7-19　迭代解析过程

为了提高 DNS 的查询效率，并减轻根域名服务器的负荷和减少互联网上的 DNS 报文数量，在域名服务器中广泛地使用了高速缓存，用来存放最近查询过的域名及从何处获得的域名映射信息的记录。例如，在图 7-18 的查询中，如果在不久前已经有用户查询过域名为 www.sohu.com 的 IP 地址，那么本地域名服务器就不必向根域服务器重新查询 www.sohu.com 的 IP 地址，而是直接把高速缓存中存放的查询结果（www.sohu.com 的 IP 地址）告诉用户。

7.5 Telnet

7.5.1 Telnet 概述

Telnet（远程登录）是 TCP/IP 协议族中的一员，是 Internet 远程服务的标准协议和主要方式。在实际应用中，作为 Internet 上的一个计算机用户，常常需要使用不在身边的计算机资源。远程登录能够使用户通过 Internet 实现这个愿望。用户只需要在本地计算机上进行操作，使本地计算机成为远程计算机的仿真终端，就如同直接连在那个系统上的一台终端一样，用户可以获得权限范围之内的所有服务，包括运行程序、获得信息、共享资源等。

传统的计算机操作方式是使用直接连接到计算机上的专用硬件终端进行命令操作。而使用 Telnet 时，用户可以使用自己的计算机，通过网络远程登录到另一台计算机进行操作，从而克服了距离和设备的限制。同样地，用户可以使用 Telnet 远程登录到支持 Telnet 服务的任意网络设备（如路由器、交换机、服务器等），从而实现远程配置、维护等工作，节省网络管理维护成本，所以 Telnet 得到了广泛的应用。

7.5.2 Telnet 的工作方式

1. Telnet 的会话过程

Telnet 使用 TCP 协议，端口号为 23。当远程登录进入远程计算机时，启动了两个程序，一个是远程登录客户程序，它运行在本地主机上，另一个是远程登录服务器程序，它运行在要登录的服务器上。

Telnet 远程登录客户端与服务器建立连接的过程如图 7-20 所示。

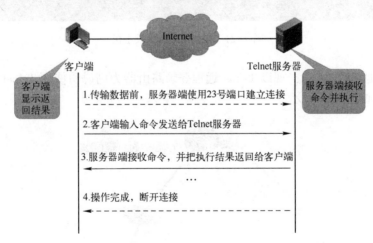

图 7-20 Telnet 会话过程

① 启动远程登录应用程序进行登录时，首先给出远程计算机的域名或 IP 地址，系统开始建立本地计算机与远程服务器的连接。

② 连接建立后，再根据登录过程中远程服务器系统的询问正确地输入用户名和口令。登录成功后，用户的键盘和计算机就好像与远程计算机直接相连一样，可以输入该系统的命

令或执行该机上的应用程序。

③ 工作完成后可以通过登录退出，通知系统结束远程登录的联机过程，返回到自己的计算机系统中。

2. Telnet 的登录方式

远程登录有两方式：第 1 种方式是远程主机有用户的账户，用户可以用自己的账户和口令访问远程主机；第 2 种方式是匿名登录，一般 Internet 上的主机都为公众提供一个公共账户，不设口令。大多数计算机仅须使用"Guest"即可登录到远程计算机上，这种形式在使用权限上受到一定限制。

远程登录 Telnet 的命令格式为：

　　telnet<主机名><端口>

图 7-21 所示为一次 Telnet 远程登录主机的过程。

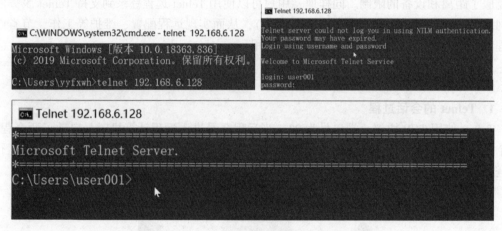

图 7-21　Telnet 远程登录主机

为了更好地理解 Telnet，现以 Telnet 远程登录路由器为例说明使用 Telnet 进行网络设备的管理。拓扑如图 7-22 所示。

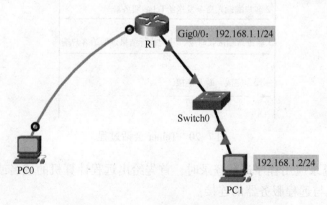

图 7-22　Telnet 远程登录路由器拓扑

① 使用 Console 线缆连接路由器和 PC0，通过终端模拟软件 Terminal 来完成设备初始配置。参数设置如图 7-23 所示。

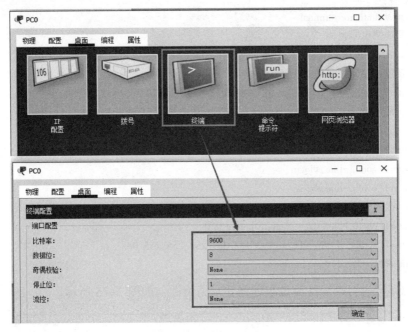

图 7-23　配置终端参数

② 参数配置完毕，单击"确定"按钮，按 Enter 键进入路由器 CLI 访问界面，如图 7-24 所示。

图 7-24　CLI 访问界面

③ 配置路由器名称和远程登录信息，命令如下：

```
Router>enable
Router#configure terminal
//配置路由器名称
Router(config)#hostname Router1
//设置特权模式密码,此密码不加密
Router1(config)#enable password a123456
//配置远程登录信息
Router1(config)#line vty 0 4
Router1(config-line)#password abc123456
Router1(config-line)#login
Router1(config-line)#exit
//配置接口 IP 地址
Router1(config)#interface gigabitEthernet 0/0
Router1(config-if)#ip address 192.168.1.1 255.255.255.0
Router1(config-if)#no shutdown
```

④ 在 PC1 上进行连通性测试与远程登录路由器，如图 7-25 所示。

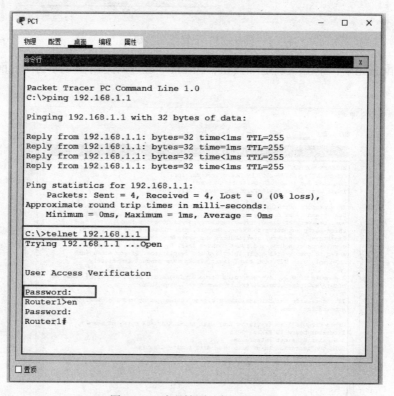

图 7-25　连通性测试与远程登录

7.6　电子邮件

电子邮件服务（electronic mail，e-mail）是 Internet 上最受欢迎的应用之一。e-mail 是一种通过计算机网络与其他用户进行联系的快速、简便、高效、廉价的现代化通信手段，如图 7-26 所示。

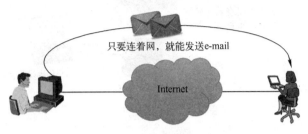

只要连着网，就能发送e-mail

Internet

图 7-26　e-mail

7.6.1　电子邮件概述

e-mail 是一种利用电子手段提供信息交换的通信方式。通过电子邮件用户可以用非常低廉的价格，以非常快速的方式与世界上任何一个角落的一个或多个网络用户联系。自从 1971 年第一封电子邮件发送成功以来，由于使用简易、投递迅速、收费低廉、易于保存、全球畅通无阻等特点，电子邮件在全球范围内被广泛地应用，从而使人们的交流方式得到了极大的改变。电子邮件具有如下特点。

 ✧ 速度快。发送电子邮件一般只需几秒钟，远比人工传递快，而且比较可靠。

 ✧ 异步传输。电子邮件以一种异步方式进行传送，接收用户可以根据自己的时间处理接收邮件。

 ✧ 费用低。电子邮件比常规邮件投递费用要低得多，并且范围更加广泛。

 ✧ 内容表达形式多样。电子邮件可以将文字、图像、语音等多种类型的信息集成在一个邮件中传送，因此它成为多媒体信息传送的重要手段。

电子邮件地址的格式如下：

  <信箱名>@ 主机域名

其中，信箱名指用户在某个邮件服务器上注册的用户标识，@ 是分隔符，一般读作英文的"at"，主机域名是指信箱所在的邮件服务器的域名。例如电子邮件地址 userabc@ 163.com，其中 userabc 为注册时的用户名，163.com 为注册电子邮箱的主机域名。

7.6.2　电子邮件系统

电子邮件系统主要由三部分组成：用户代理（user agent）、邮件服务器（mail server）和邮件协议（如 SMTP、POP3 等），如图 7-27 所示。

1. 用户代理

用户代理允许用户阅读、回复、发送、保存和撰写邮件。当发送方完成邮件撰写并发送后，用户代理向其所使用的邮件服务器发送该邮件。此时，邮件被放置在邮件服务器的发送

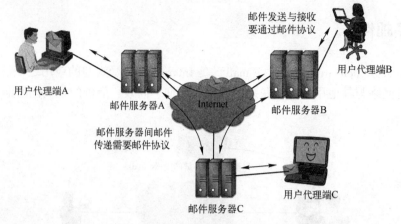

图 7-27　电子邮件系统

队列中。用户代理也称为邮件阅读器，是运行在客户机上的一个本地程序，它提供命令行、菜单或图形界面等方式，如 Outlook Express 或 Foxmail。

2. 邮件服务器

邮件服务器是电子邮件系统的核心，包括邮件发送服务器和邮件接收服务器。当用户发送电子邮件时，先将邮件发给自己所使用的邮件服务器，接下来发送方邮件服务器将邮件发送给接收方邮件服务器，最后接收方从自己的邮件服务器下载邮件。

3. 邮件协议

用户在收发电子邮件时都需要使用邮件协议，如 SMTP、IMAP 和 POP3。

7.6.3　电子邮件的工作方式

电子邮件的工作过程基于客户-服务器模式。下面以一个实例来说明电子邮件发送和接收的详细过程。假设用户 A 使用 abc@163.com 作为发信人地址，给用户 B def@126.com 发送一封电子邮件，电子邮件传输过程如图 7-28 所示。

图 7-28　电子邮件传输过程

① 用户 A 使用邮件客户端程序撰写邮件。

② 当用户 A 撰写好邮件并单击"发送"按钮后，代理程序将会把用户 A 的邮件利用 SMTP 邮件协议发送到其所使用的邮件服务器 A。

③ 邮件服务器 A 获得邮件后，根据邮件接收者的地址，在发送服务器与用户 B 的接收邮件服务器之间建立 SMTP 的连接，并通过 SMTP 协议将邮件送至用户 B 的接收服务器。

④ 当邮件到达邮件接收服务器后，用户可以随时利用 POP3 协议将邮件下载到本地或在线查看、编辑等。

7.6.4　电子邮件协议

1. 简单邮件传送协议

简单邮件传送协议（simple mail transfer protocol，SMTP）使用传输层 TCP 的 25 号端口提供可靠传输服务。SMTP 协议帮助每台计算机在发送或中转信件时找到下一个目的地；通过 SMTP 协议所指定的服务器，就可以把 e-mail 寄到收件人的服务器上。

SMTP 邮件传输主要包括连接建立、邮件传输和连接释放三个阶段。为了理解 SMTP 的三个过程，现在假设发送方邮件服务器域名为 126.com，发件人为 yyf@126.com，收件方邮件服务器域名为 163.com，收件人为 abc@163.com，SMTP 的三个阶段如图 7-29 所示。

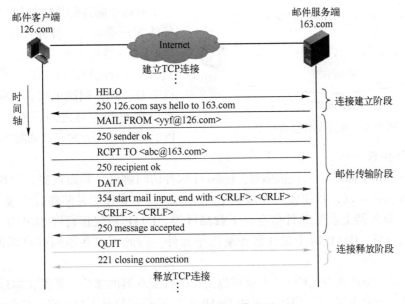

图 7-29　SMTP 的工作过程

（1）建立连接阶段

当发送方发送电子邮件时，SMTP 客户端程序会与邮件服务器建立基于 TCP 25 号端口的传输连接。TCP 传输连接建立好之后，发送方调用 SMTP 客户端服务发送 HELO 命令，向收件方标明自己的身份。如果能通过接收方身份认证，那么接收方会返回类似 250ok 的应答消息，表示收件方已接受会话连接请求，建立好了会话连接；如果出现错误，会返回错误代码（如 "500 语法错误，命令不可识别"。)

（2）邮件传输阶段

连接建立完成后，进入到邮件传输阶段。发送方通过 MAIL FROM 命令指示发件人的邮箱（在这里为 yyf@126.com），接收方通过 ok 命令来表示同意。发送方再通过 RCPT TO 命令指示收件人的地址（在这里为 abc@163.com）。接收方经检查确认同意后，再回答 ok；接下来就可以传输数据了，此时发送方可以通过 DATA 命令进行正式的邮件内容传输了。内容传输完后，还要传一条<CRLF>.<CRLF>消息，表示内容传输结束。在此过程中，发送方与接收方采用交互方式，发送方提出请求，接收方进行确认，确认后才进行下一步的动作。

（3）连接释放阶段

当没有邮件传输时，发送方 SMTP 客户端要发送一条 QUIT 命令结束本次 SMTP 应用会话进程。正常情况下，收件方会返回一条代码为 221 的应答消息，表示服务器已接受关闭连接请求，释放本次 SMTP 应用会话连接。

2. POP3 协议

电子邮件是存储在网络上的邮件服务器中的。在早期，用户只能远程连接到邮件服务器上进行邮件的在线查看和编辑，网络连接费用高且不方便。

通过 POP3（post office protocol v3，邮局协议的第 3 个版本），用户能够从本地主机连接到邮件服务器上，通过命令来将邮件从邮件服务器的邮箱中下载到本地主机上进行查看和编辑。另外，用户也可以通过 POP3 协议将保存在邮件服务器上的邮件删除，以释放邮件服务器所在主机的存储空间。

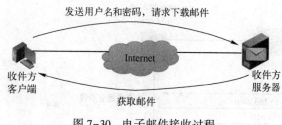

图 7-30 电子邮件接收过程

在电子邮件的传输过程中，接收方的邮件客户端程序，首先使用 TCP 连接到 POP3 服务器的 TCP 端口 110，再通过交互式命令进行用户认证、邮件列表查询、邮件下载、邮件删除的操作，操作完成后，客户端与服务器之间再断开 TCP 连接，POP3 仅负责下载邮件，如图 7-30 所示。

3. IMAP 协议

IMAP（Internet mail access protocol，Internet 邮件访问协议）是斯坦福大学在 1986 年开发的一种邮件获取协议，目前使用的版本是 IMAP4。其主要作用是邮件客户端可以通过这种协议从邮件服务器上获取邮件信息、下载邮件等。IMAP 协议运行在 TCP/IP 协议之上，使用的端口是 143。IMAP 由于是在服务端操作邮件，因此可以在不同客户端保持邮件的同步。

使用 IMAP，用户在自己的 PC 上就可以使用邮件服务器的邮箱，就像在本地使用一样，因此 IMAP 是一个连机协议，当用户上的 IMAP 客户端程序打开 IMAP 服务器的邮箱时，用户就可看到邮件的首部，若用户需要打开某个邮件，则该邮件才传到用户的计算机上。IMAP 最大的好处就是用户可以在不同的地方使用不同的计算机随时上网阅读和处理自己的邮件。IMAP 的缺点是如果用户没有将邮件复制到自己的计算机上，则邮件一直存放在 IMAP 服务器上，要想查阅自己的邮件，必须先上网。

7.7 DHCP

动态主机配置协议（dynamic host configuration protocol，DHCP）通常应用在大型的局域网环境中，主要作用是集中管理、分配 IP 地址，使网络环境中的主机动态地获得 IP 地址、网关地址、DNS 服务器地址等信息，并能够提升地址的使用率。

7.7.1 DHCP 概述

1. DHCP 的特点

DHCP 是一种使网络管理员能够集中自动分配 IP 网络地址的通信协议，它基于 UDP 进行通信。DHCP 具有如下特点。

① 整个配置过程自动实现，客户端无需配置。

② 所有配置信息由 DHCP 服务端统一管理，服务端不仅能够为客户端分配 IP 地址，还能够为客户端指定其他信息，如 DNS 服务器等。

③ 通过 IP 地址租期管理，提高 IP 地址的使用效率。

④ 采用广播方式实现报文交互，报文一般不能跨网段，如果需要跨网段，需要使用 DHCP 中继技术实现。

2. DHCP 分配地址的方式

针对客户端的不同需求，DHCP 提供以下 3 种 IP 地址分配方式。

（1）自动分配

DHCP 服务器为 DHCP 客户端动态分配租期为无限长的 IP 地址，只有客户端释放该地址之后，该地址才能被分配给其他客户端使用。

（2）动态分配

DHCP 服务端为 DHCP 客户端分配具有一定有效期限的 IP 地址。如果客户端没有及时续约，到使用期限后，此地址可能会被其他客户端使用。绝大多数客户端，得到的都是这种动态分配的地址。

（3）手动分配

网络管理员为某些少数特定的 DHCP 客户端（如 DNS、WWW 服务器等）静态绑定固定 IP 地址。通过 DHCP 服务器将所绑定的固定 IP 地址分配给 DHCP 客户端，此 IP 地址永久被客户端使用，其他主机无法使用。

在 DHCP 的环境中，DHCP 服务器为 DHCP 客户端分配 IP 地址时，采用的一个基本原则是尽可能地为客户端分配原来使用的 IP 地址，在实际使用过程中会发现，当 DHCP 客户端重新启动后，它也能够获取相同的 IP 地址。DHCP 服务器为 DHCP 客户端分配 IP 地址时采用如下的先后顺序。

① DHCP 服务器数据库中与 DHCP 客户端的 MAC 地址静态绑定的 IP 地址。

② DHCP 客户端曾经使用过的 IP 地址。

③ 最先找到的可用 IP 地址。

如果未找到可用的 IP 地址，则依次查询超过租期、发生冲突的 IP 地址，如果找到则进行分配，否则报告错误。

7.7.2　DHCP 的工作过程

DHCP 在提供服务时，客户端通过 UDP 68 端口进行数据传输，而服务器端则以 UDP 67 端口进行数据传输。在使用 DHCP 之前首先要架设一台 DHCP 服务器，将 DHCP 所要分配的 IP 地址、子网掩码、默认网关、DNS 服务器地址等设置到 DHCP 服务器上。DHCP 客户端获取地址的过程主要分为 4 个阶段：发现阶段、提供阶段、选择阶段和确认阶段。

（1）发现阶段

DHCP 客户端向 DHCP 服务器发出请求，要求租借一个 IP 地址。此时的 DHCP 客户机上的 TCP/IP 还没有初始化，还没有 IP 地址，因此 DHCP 客户端首先以广播的方式发送 DH-CP Discover 报文寻找网络中的 DHCP 服务器，此广播报文使用 UDP 68 端口发送。由于客户机此时没有 IP 地址, 因此发送的报文封装的源 IP 地址为 0.0.0.0, 目的 IP 地址为 255.255.255.255。客户端发送 DHCP Discovery 报文如图 7-31 所示。

图 7-31　客户端发送 DHCP Discovery 报文

（2）提供阶段

网络中的 DHCP 服务器接收到客户端的 DHCP Discover 报文后, 都会根据自己地址池中 IP 地址分配的优先次序选出一个 IP 地址, 然后与其他参数通过 UDP 67 端口发送 DHCP Offer 报文。DHCP Offer 报文以广播方式发送, 源 IP 地址为 DHCP 服务器的 IP 地址, 目的 IP 地址为广播地址 255.255.255.255。服务器发送 DHCP Offer 报文如图 7-32 所示。

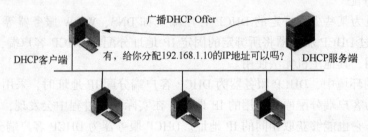

图 7-32　服务器发送 DHCP Offer 报文

（3）选择阶段

DHCP 客户端收到一个或多个 DHCP 服务器发送的 DHCP Offer 报文, 如果有多台 DHCP 服务器提供 Offer 报文, 则选择第 1 个收到的。然后向服务器发送一个 DHCP Request 报文来表明哪个 DHCP 服务器被选择。在这个报文中包含所选择的 DHCP 服务器的 IP 地址, 请求报文的作用是请求对应的服务器给它配置协议参数。这个报文中的源 IP 地址仍然是 0.0.0.0, 目的 IP 地址为 255.255.255.255。客户端发送 DHCP Request 报文如图 7-33 所示。

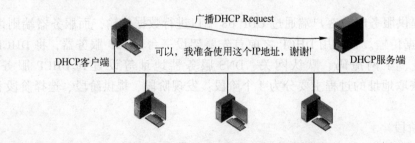

图 7-33　客户端发送 DHCP Request 报文

（4）确认阶段

最后一个过程是 DHCP 应答, DHCP 服务器接收到 DHCP 客户端的 DHCP Request 报文后，发送 DHCP ACK 作为回应，其中包含 DHCP 客户端的配置参数。DHCP ACK 以广播方式发送，收到 DHCP 应答信息后，就完成了获得 IP 地址的过程，DHCP 客户端便开始利用这个租到的 IP 地址与网络中的其他计算机进行通信。服务器发送 DHCP ACK 报文如图 7-34 所示。

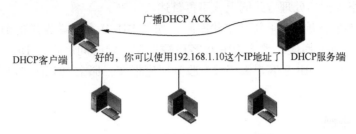

图 7-34　服务器发送 DHCP ACK 报文

当 DHCP 客户端从 DHCP 服务器获取到相应的 IP 地址之后，同时也获得了这个 IP 地址的租期。所谓租期，就是 DHCP 客户端可以使用相应 IP 地址的有效期，租期到后 DHCP 客户端必须放弃该 IP 地址的使用权，并重新进行申请。为了避免上述情况，DHCP 客户端必须在租期到期前重新进行更新，延长该 IP 地址的使用期限。DHCP 租约更新如图 7-35 所示。

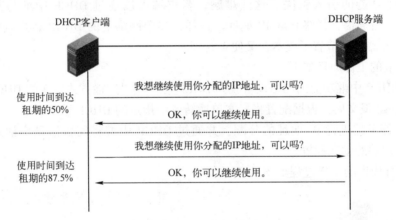

图 7-35　DHCP 租约更新

在 DHCP 中，租期的更新同下面两个状态密切相关。

（1）更新状态

当 DHCP 客户端所使用的 IP 地址时间到达有效租期的 50%时，DHCP 客户端将进入更新状态。此时，DHCP 客户端将通过单播的方式向 DHCP 服务器发送 DHCP Request 报文，用来请求 DHCP 服务器对其有效租期进行更新。当 DHCP 服务器收到该请求报文后，如果确认客户端可以继续使用此 IP 地址，则回应 DHCP ACK 报文，通知 DHCP 客户端已经获得新 IP 租约；如果此 IP 地址不可以再分配给该客户端，则 DHCP 服务器回应 DHCP NAK 报文，通知 DHCP 客户端不能获得新的租约。

（2）重新绑定状态

当 DHCP 客户端所使用 IP 地址时间到达有效期的 87.5%时，DHCP 客户端将进入重新绑定状态。到达这个状态的原因很有可能是在更新状态时 DHCP 客户端没有收到 DHCP 服务器回应的 DHCP ACK/NAK 报文，导致租期更新失败。这时 DHCP 客户端将通过广播的方式向 DHCP 服务器发送 DHCP Request 报文，用来继续请求 DHCP 服务器对它的有效租期进行更新。DHCP 服务器的处理方式同上，不再赘述。

DHCP 客户端处于更新和重新绑定状态时，如果 DHCP 客户端发送的 DHCP Request 报文没有被 DHCP 服务端回应，那么 DHCP 客户端将在一定时间后重传 DHCP Request 报文；如果一直到租期到期，DHCP 客户端仍没有收到回应报文，那么 DHCP 客户端将被迫放弃所拥有的 IP 地址。

7.7.3 DHCP 中继

由于在 IP 地址动态获取过程中采用广播方式发送报文，因此 DHCP 只适用于 DHCP 客户端和服务器处于同一子网内的情况。在较大规模的组织机构的网络环境中，如企业和学校，一般会有多个以太网网段。在这种情况下，若要对每个网段都设置 DHCP 服务器将会是一个庞大的工程，即使路由器可以分担 DHCP 的功能，如果网络中有不下 100 个路由器，就要为 100 个路由器设置它们各自可分配的 IP 地址的范围，并对这些范围进行后续的变更维护，这将是一个极其耗时和难以管理的工作。

DHCP 中继功能的引入解决了这些难题。客户端可以通过 DHCP 中继与其他子网中 DHCP 服务器进行通信，最终获取 IP 地址。这样，多个网络上的 DHCP 客户端可以使用同一个 DHCP 服务器，既节省了成本，又便于管理。

DHCP 中继的工作原理如下。

① 具有 DHCP 中继功能的网络设备收到 DHCP 客户端以广播方式发送的 DHCP Discovery 或 DHCP Request 报文后，根据配置将报文单播转发给指定的 DHCP 服务器。

② DHCP 服务器进行 IP 地址的分配，并通过 DHCP 中继将配置信息广播发送给客户端，完成对客户端的动态配置。

DHCP 中继代理的工作过程如图 7-36 所示。

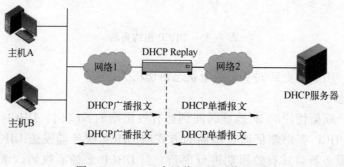

图 7-36   DHCP 中继代理的工作过程

如果使用自动获取 IP 地址的方式，则可以在命令提示符中使用 ipconfig/all 命令查看到自动获取的 IP 地址及租约期限等信息，如图 7-37 所示。

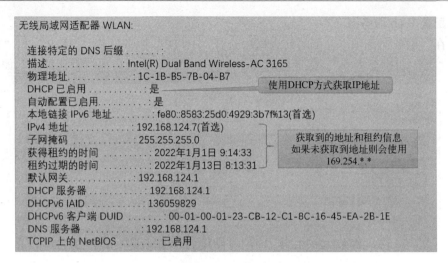

图 7-37　客户端通过 DHCP 获取地址

【实践与体验】

【实训 7-1】架设 Web 服务器

实训目的

1. 理解客户–服务器模式。

2. 配置 Web 服务器。

3. 客户端访问 Web 服务器。

4. 编辑 HTML 页面。

实训步骤

1. 搭建拓扑并完成相关配置

搭建拓扑并完成 PC 和服务器的 IP 地址配置。拓扑和 IP 规划如图 7-38 所示。

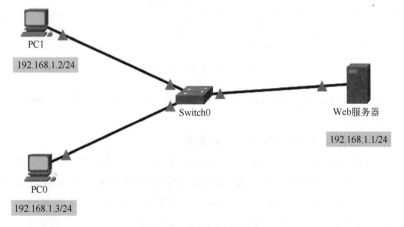

图 7-38　拓扑和 IP 规则

2. 配置 Web 服务器

① 在"服务"选项卡左侧的列表框中选择"HTTP"服务，将"HTTP"和"HTTPS"服务由"关"切换至"开"，保证启动 Web 服务，如果默认开启保持默认即可，如图 7-39 所示。

图 7-39　开启 HTTP 服务

② 使用文件管理器进行页面文件的编辑、删除、新建和导入等操作。下面以新建一个页面并将其超链接到 index. html 页面为例来说明。单击"新建文件"按钮，在弹出的对话框中输入页面文件名 abc. html 及 HTML 代码；代码输入完成后，单击"保存"按钮即可成功创建一个新页面，如图 7-40 所示。

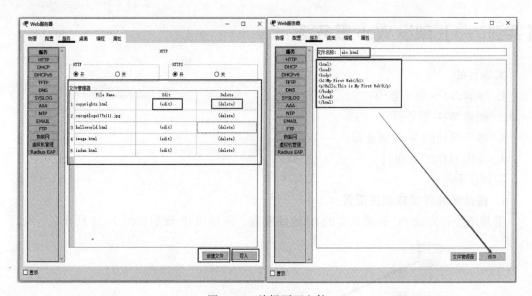

图 7-40　编辑页面文件

③ 将新建的页面 abc. html 超链接到主页"index. html"中，编辑 index. html 页面，输入 HTML 代码，如图 7-41 所示。

3. 访问 Web 服务器并分析 HTTP 报文格式

① PC0 通过网页浏览器访问页面，将 Packet Tracer 切换到"模拟"模式，编辑过滤器仅选择"HTTP"。单击"PC0"，在"桌面"选项中选择网页浏览器，在地址栏中输入服务器 IP 地址 192. 168. 1. 1，单击"前往"按钮，浏览主页，如图 7-42 左侧所示。

② 单击超链接"abc"，跳转到新建的 abc. html 页面，如图 7-42 右侧所示。

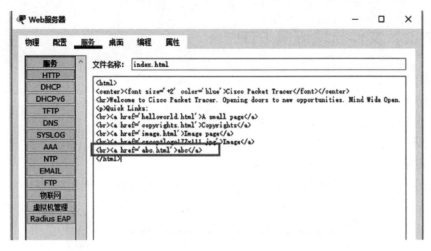

图 7-41 在 index.html 中输入超链接

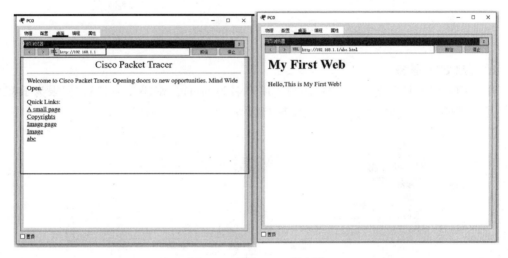

图 7-42 访问 Web 服务器

③ HTTP 报文分请求报文（request message）和响应报文（response message）两种格式。HTTP 请求报文指从客户端向 Web 服务器方向发送的 HTTP 报文；HTTP 响应报文则相反，是从服务器发送到客户端的报文，如图 7-43 所示。

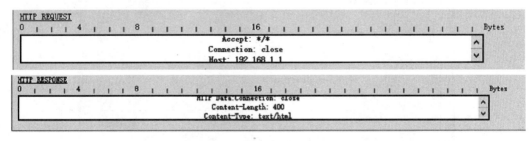

图 7-43 HTTP 请求报文和响应报文

【实训 7-2】文件传输服务 FTP

实训目的

1. 了解 FTP 的作用。

2. 熟悉 FTP 常用命令的使用。

实训步骤

1. 搭建拓扑并完成相关配置

搭建拓扑并完成 PC 和 FTP 服务器的 IP 地址配置。拓扑和 IP 规划如图 7-44 所示。

图 7-44　拓扑和 IP 规则

2. 开启 FTP 服务

开启 FTP 服务并新增一个 FTP 用户，用户名为 user1，密码为 yy123，权限为 RWDNL（写、读、删除、重命名、列表），如图 7-45 所示。

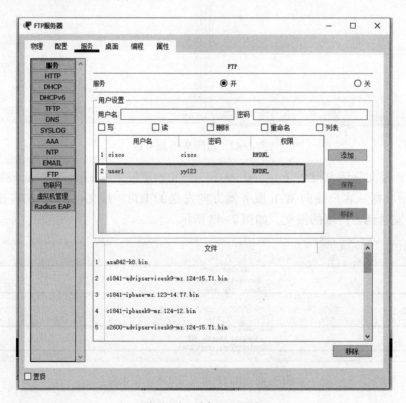

图 7-45　开启 FTP 服务

3. PC 登录 FTP 服务器端并捕获 FTP 事件

① 进入"模拟"模式，在编辑过滤器中仅选择"FTP"。

② 单击"PC"，在"桌面"选项卡中打开"命令提示符"窗口。

③ 登录 FTP。在命令提示符窗口输入命令"ftp 192.168.1.1"并按 Enter 键，将窗口置顶，返回模拟面板，单击按钮 ▶ 进行手动捕获，在捕获过程中，依次输入用户名和密码，当 PC 的命令提示符窗口的提示符变成 ftp>，则表示登录成功，如图 7-46 所示。

图 7-46　登录 FTP 服务器

同时，在登录过程中可捕获 FTP 报文，如图 7-47 所示。

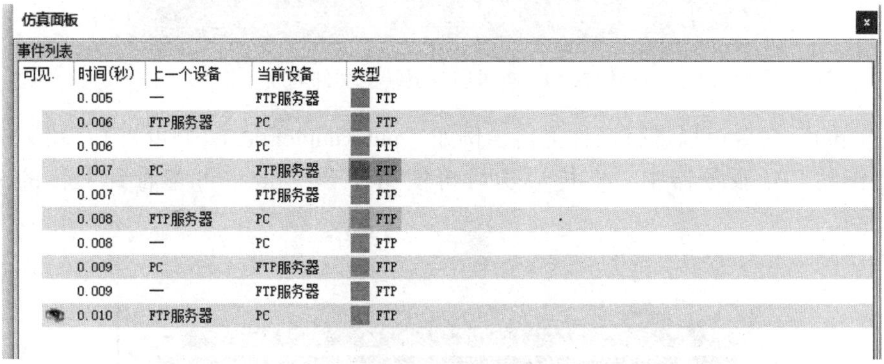

可见	时间(秒)	上一个设备	当前设备	类型
	0.005	—	FTP服务器	FTP
	0.006	FTP服务器	PC	FTP
	0.006	—	PC	FTP
	0.007	PC	FTP服务器	FTP
	0.007	—	FTP服务器	FTP
	0.008	FTP服务器	PC	FTP
	0.008	—	PC	FTP
	0.009	PC	FTP服务器	FTP
	0.009	—	FTP服务器	FTP
	0.010	FTP服务器	PC	FTP

图 7-47　捕获 FTP 报文

4. 使用命令上传和下载文件

在"实时"模式中，在 PC 的命令提示符下，输入"quit"命令，退出 FTP 登录状态，并用"dir"命令显示 PC 的本地文件列表，可以看到有一个 sampleFile.txt，如图 7-48 所示。

图 7-48　查看 PC 本地文件列表

再次登录到 FTP 服务器，登录成功后，使用"dir"命令查看 FTP 服务器端的文件列表，如图 7-49 所示。

图 7-49　查看服务器端的文件列表

使用"put"命令可以进行文件上传，例如"put sampleFile. txt"可将 PC 端文件 sample-File. txt 上传到 FTP 服务器中，上传成功后再使用命令"dir"可查看到上传的文件，如图 7-50 所示。

图 7-50　上传文件

使用"get"命令可将服务器文件下载到 PC 端，例如使用"get asa842-k8.bin"可将服务端文件 asa842-k8.bin 下载到 PC 中，如图 7-51 所示。

图 7-51　下载文件

【实训 7-3】DNS 解析实验

实训目的

1. 理解 DNS 的作用。

2. 熟悉 DNS 解析过程。

实训步骤

1. 打开实训拓扑

打开 DNS 解析实训拓扑，如图 7-52 所示。

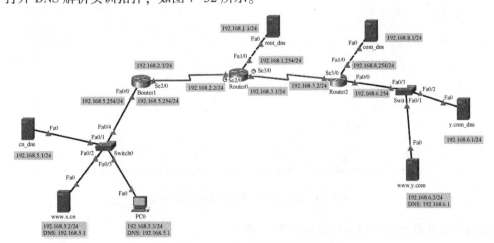

图 7-52　DNS 解析实训拓扑

2. 理解 DNS 域名服务器的层次结构

本实训中 DNS 域名服务器的层次结构如图 7-53 所示。

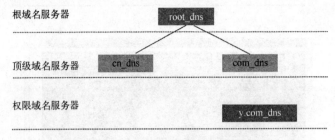

图 7-53　DNS 域名服务器的层次结构

3. 各 DNS 域名服务器的配置信息

DNS 数据库常用解析名称如下。

A Record：域名指向一个 IPv4 的地址。

NS：域名解析服务器记录，指定该域名由哪个 DNS 服务器进行解析。

root_dns 服务器添加的资源记录如图 7-54 所示。

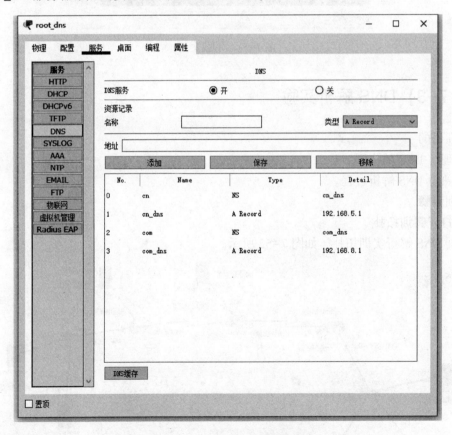

图 7-54　root_dns 服务器添加的资源记录

cn_dns 服务器添加的资源记录如图 7-55 所示。

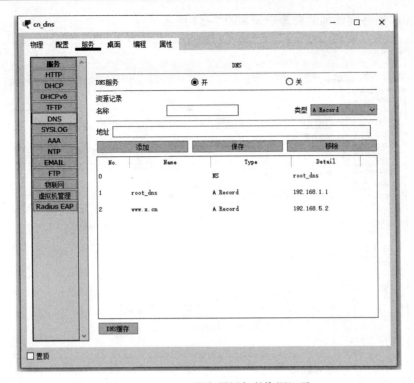

图 7-55　cn_dns 服务器添加的资源记录

com_dns 服务器添加的资源记录如图 7-56 所示。

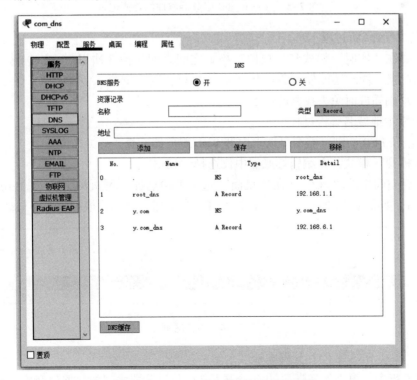

图 7-56　com_dns 服务器添加的资源记录

y.com_dns 服务器添加的资源记录如图 7-57 所示。

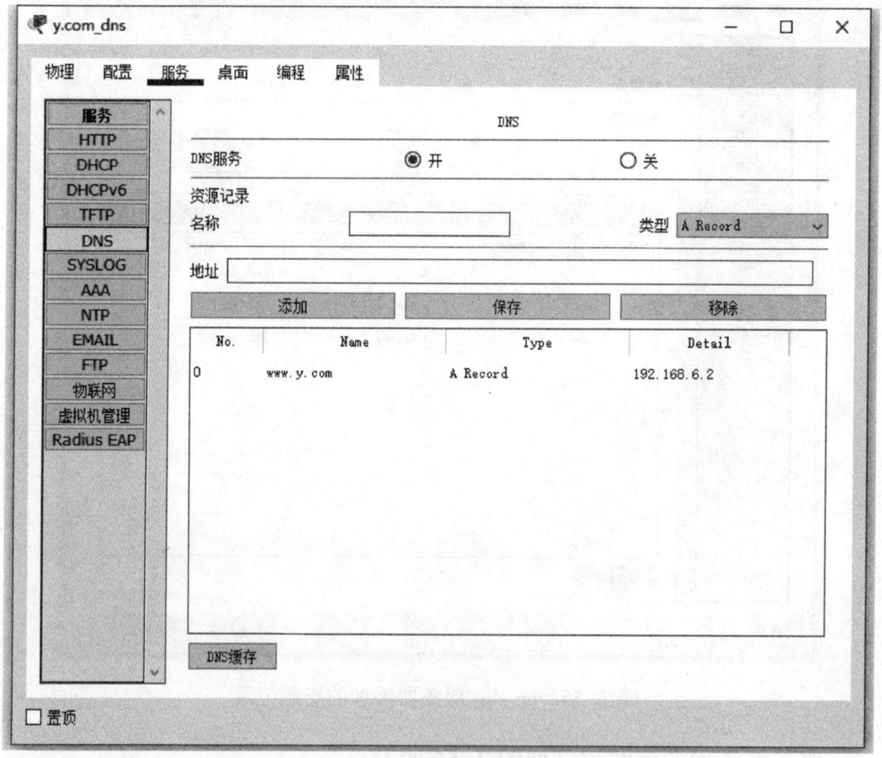

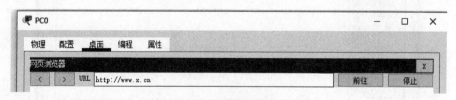

图 7-57　y.com_dns 服务器添加的资源记录

4. 分析 DNS 解析过程

首先需要在"实时"模式和"模拟"模式之间来回切换 3 次以上，以屏蔽交换机在首次模拟时的广播，同时还能使预设的场景成功执行，路由器进入就绪状态。在后续的"模拟"模式下动画播放时免去找路的过程。

（1）观察本地域名解析过程

步骤 1：在 PC0 的浏览器窗口请求内部 Web 服务器网页。

进入"模拟"模式，在编辑过滤器中仅选择"DNS"。

单击逻辑空间中的"PC0"，在"桌面"选项卡中选择"网页浏览器"，在 URL 框中输入 www.x.cn，如图 7-58 所示。然后单击"前往"按钮，最小化模拟浏览窗口。

图 7-58　浏览网页

步骤 2：捕获 DNS 事件并分析本地域名解析过程。

在模拟面板中，单击按钮▶，此时会播放 PC 与浏览器之间的数据包交换动画，并且相关的事件会被添加到"事件列表"中。

捕获结束时将会出现一个"缓冲区满"对话框。该对话框提示已达到事件数量的最大值,单击"查看先前的事件"按钮关闭对话框,如图 7-59 所示。

本地 DNS 服务器的解析过程大致如下。

由于 PC0 中设置了 DNS 服务器地址为 192.168.5.1,因此当 PC0 输入 www.x.cn

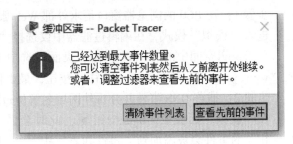

图 7-59　缓冲区满信息框

请求网页时,它将作为 DNS 客户端向本地域名服务器 cn_dns 发送一个 DNS 查询请求,请求解析域名 www.x.cn 的 IP 地址。

本地域名服务器 cn_dns 收到 PC0 的请求后,首先尝试在本地区域文件中查找,发现确实存在相应的资源记录,于是将域名 www.x.cn 对应的 IP 地址 192.168.5.2 放入 DNS 的应答报文发送给 PC0,如图 7-60 所示。

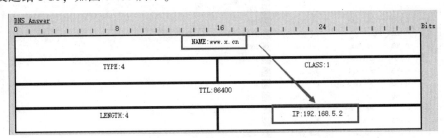

图 7-60　解析得到 IP 地址

PC0 收到本地域名服务器 cn_dns 的应答报文后,取出报文中解析出的 IP 地址 192.168.5.2,并对其进行访问,此时在网页浏览器中显示相应的 Web 页面,如图 7-61 所示。

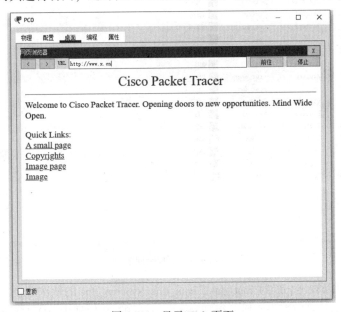

图 7-61　显示 Web 页面

（2）观察外网域名解析过程

步骤 1：在 PC0 的浏览器窗口请求外部 Web 服务器网页。

进入"模拟"模式，在编辑过滤器中仅选择"DNS"。

单击逻辑空间中的"PC0"，在"桌面"选项卡中选择"网页浏览器"，在 URL 框中输入"www.y.com"，然后单击"前往"按钮，最小化模拟浏览窗口。

步骤 2：捕获 DNS 事件并分析外网域名解析过程。

在"模拟"面板中，单击按钮 ▶，此时会播放 PC 与浏览器之间的数据包交换动画，并且相关的事件会被添加到"事件列表"中。

捕获结束时将会出现一个"缓冲区满"对话框。该对话框提示已达到事件数量的最大值，单击"查看先前的事件"按钮关闭对话框。

事件列表如图 7-62 所示。

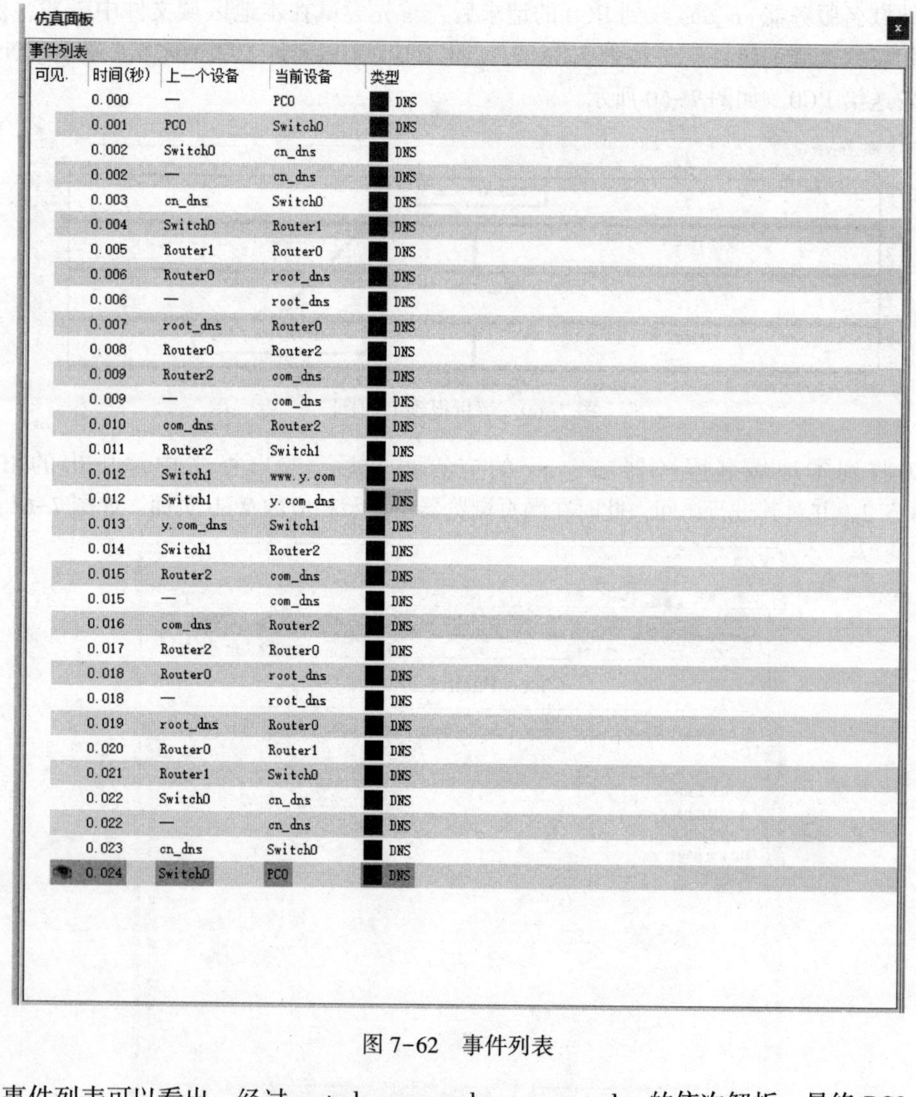

可见	时间(秒)	上一个设备	当前设备	类型
	0.000	—	PC0	DNS
	0.001	PC0	Switch0	DNS
	0.002	Switch0	cn_dns	DNS
	0.002	—	cn_dns	DNS
	0.003	cn_dns	Switch0	DNS
	0.004	Switch0	Router1	DNS
	0.005	Router1	Router0	DNS
	0.006	Router0	root_dns	DNS
	0.006	—	root_dns	DNS
	0.007	root_dns	Router0	DNS
	0.008	Router0	Router2	DNS
	0.009	Router2	com_dns	DNS
	0.009	—	com_dns	DNS
	0.010	com_dns	Router2	DNS
	0.011	Router2	Switch1	DNS
	0.012	Switch1	www.y.com	DNS
	0.012	Switch1	y.com_dns	DNS
	0.013	y.com_dns	Switch1	DNS
	0.014	Switch1	Router2	DNS
	0.015	Router2	com_dns	DNS
	0.015	—	com_dns	DNS
	0.016	com_dns	Router2	DNS
	0.017	Router2	Router0	DNS
	0.018	Router0	root_dns	DNS
	0.018	—	root_dns	DNS
	0.019	root_dns	Router0	DNS
	0.020	Router0	Router1	DNS
	0.021	Router1	Switch0	DNS
	0.022	Switch0	cn_dns	DNS
	0.022	—	cn_dns	DNS
	0.023	cn_dns	Switch0	DNS
	0.024	Switch0	PC0	DNS

图 7-62　事件列表

由事件列表可以看出，经过 root_dns、com_dns、y.com_dns 的依次解析，最终 PC0 收到本地域名服务器 cn_dns 的应答报文后，得到 www.y.com 的 IP 地址为 192.168.6.2，如图 7-63 所示。利用解析得到的 IP 地址，PC0 即可进行 Web 访问，显示相应的 Web 页面，如图 7-64 所示。

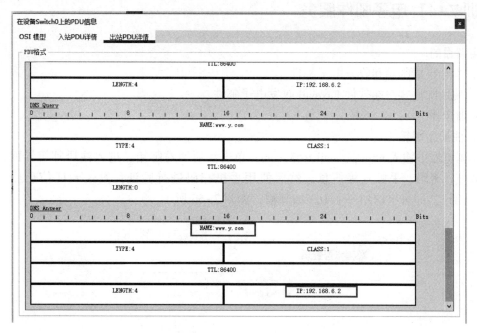

图 7-63　解析获得 IP 地址

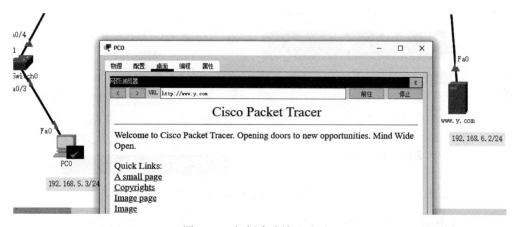

图 7-64　解析成功并显示页面

最后，通过"查看"工具按钮 🔍 可查看到 cn_dns 的缓存中的信息，如图 7-65 所示。

图 7-65　cn_dns 的缓存记录

【实训7-4】电子邮件服务

实训目的

1. 学会申请邮箱和收发电子邮件。
2. 使用邮件客户端软件 Foxmail 收发电子邮件。

实训步骤

1. 注册新邮箱

在浏览器中输入 https://mail.163.com，单击注册网易邮箱，进入注册邮箱界面，输入邮箱地址、密码、手机号等信息，然后使用手机扫码进行验证；发送验证信息后，单击"立即注册"，即可申请到一个163的邮箱，如图7-66所示。

图7-66 注册电子邮箱

2. 收发电子邮件

（1）发送电子邮件

注册成功后，在弹出的界面中单击"进入邮箱"，或在 mail.163.com 主页输入用户名和密码进行登录。单击"写信"按钮，进入邮件编辑界面，输入要发送电子邮件的邮箱地址、邮件主题、邮件内容并添加附件等，邮件编辑好后单击"发送"按钮即可完成邮件发送，如图7-67所示。

（2）接收电子邮件

单击"收信"按钮，打开收件箱，根据需要选择所需邮件即可，如图7-68所示。

3. 邮件客户端软件 Foxmail 的使用

（1）开启邮箱的 POP3/SMTP/IMAP

登录邮箱，选择设置——POP3/SMTP/IMAP，开启 IMAP/SMTP 和 POP3/SMTP 服务，

图 7-67　发送电子邮件

图 7-68　接收电子邮件

在开通过程中需要使用手机扫描二维码进行账号安全认证，如图 7-69 所示。

图 7-69　开启邮箱的 POP3/SMTP/IMAP

成功开启服务后，生成授权密码，记录下授权密码，用于 Foxmail 客户端登录，如图 7-70 所示。

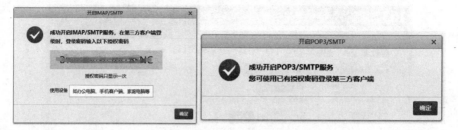

图 7-70　生成授权密码

（2）新建账号

在 Foxmail 中，新建账号，输入 e-mail 地址和密码（授权密码），完成登录，如图 7-71 所示。登录成功后可查看服务器信息，如图 7-72 所示。

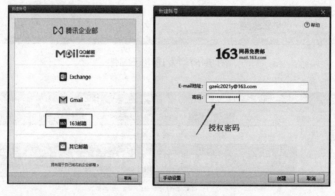

图 7-71　新建账号

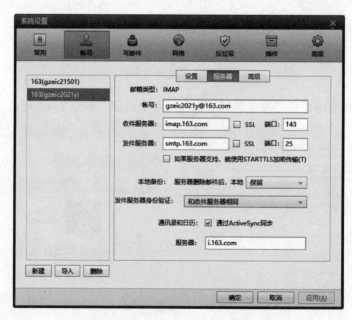

图 7-72　在 Foxmail 中查看服务器信息

4. 收发邮件

使用邮件客户端收发电子邮件，配置好邮件客户端后，就可以在邮件客户端进行邮件的收发操作了。图 7-73 所示为编辑电子邮件界面。

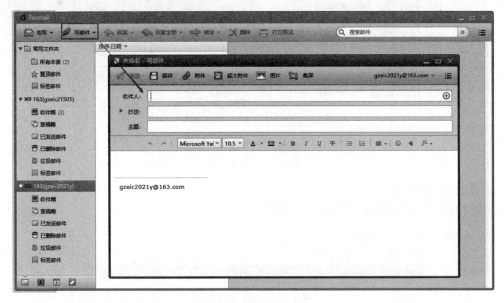

图 7-73　编辑电子邮件界面

【实训 7-5】 DHCP 服务器搭建

实训目的

1. 理解 DHCP 的作用。

2. 熟悉 DHCP 的工作过程。

实训步骤

1. 实训拓扑

配置 DHCP 的实训拓扑和 IP 地址规划如图 7-74 所示。

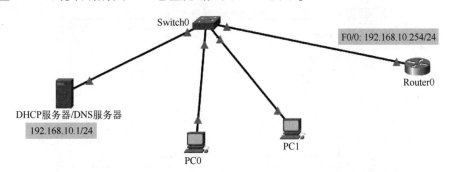

图 7-74　配置 DHCP 服务的实训拓扑和 IP 地址规则

2. 配置网关地址

配置 Router 路由器 F0/0 接口的 IP 地址 192.168.10.254，如图 7-75 所示。

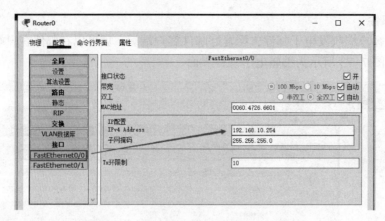

图 7-75　设置 Router 路由器接口的 IP 地址

3. 配置静态 IP 地址

配置 DHCP 服务器静态 IP 地址，如图 7-76 所示。

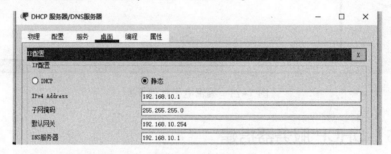

图 7-76　配置 DHCP 服务器静态 IP 地址

4. 配置 PHCP 服务器和地址池

启动 DHCP 服务器的 DHCP 服务和配置地址池，如图 7-77 所示。地址池名称使用默认

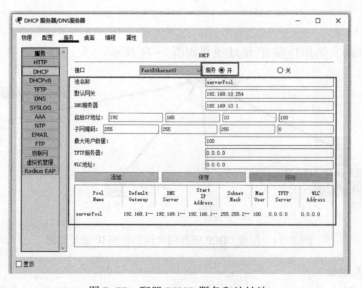

图 7-77　配置 DHCP 服务和地址池

的 serverPool，默认网关为 192.168.10.254，DNS 地址为 192.168.10.1，起始 IP 地址为 192.168.10.100，子网掩码为 255.255.255.0，最大用户数为 100，然后单击"保存"按钮。

5. 配置 PC 自动获取 IP 地址

配置 PC0 和 PC1 自动获取地址。以 PC0 为例，自动获取 IP 地址信息的配置如图 7-78 所示。

图 7-78　配置 PC0 自动获取 IP 地址

【巩固提高】

项目 7 习题

一、单选题

1. 顶级域名 edu 代表（　　）。

A. 教育机构　　　　　　B. 商业机构　　　　　　C. 政府部门　　　　　　D. 国家代码

2. 顶级域名 gov 代表（　　）。

A. 教育机构　　　　　　B. 商业机构　　　　　　C. 政府部门　　　　　　D. 国家代码

3. 顶级域名 com 代表（　　）。

A. 教育机构　　　　　　B. 商业机构　　　　　　C. 政府部门　　　　　　D. 国家代码

4. 在 Internet 域名体系中，域的下面可以划分子域，各级域名用圆点分开，按照（　　　　）。

A. 从左到右越来越小的方式分 4 层排列

B. 从左到右越来越小的方式分多层排列

C. 从右到左越来越小的方式分 4 层排列

D. 从右到左越来越小的方式分多层排列

5. 下列名字中，不符合 TCP/IP 域名系统要求的是（　　　　）。

A. www-hcit-edu-cn   B. www. hcit. edu. cn

C. netlab. hcit. edu. cn   D. www. netlab. hcit. edu. cn

6. 以 HTTP 协议按超文本方式在 Internet 上提供的服务是（　　　　）。

A. FTP   B. BBS   C. WWW   D. telnet

7. 在 Internet 网络上，服务器组织 Web 要发布的信息使用的是（　　　　）。

A. HTML 标记语言   B. VB   C. JAVA   D. C++

8. Web 的工作模式是（　　　　）。

A. 主从模式   B. 对等模式

C. 客户-服务器模式   D. 点对点模式

9. DHCP 称为（　　　　）。

A. 静态主机配置协议   B. 动态主机配置协议

C. 主机配置协议   D. IP 地址应用协议

10. 应用层协议（　　　　）通常用于支持客户端与服务器之间的文件传输。

A. FTP   B. HTTP   C. TELNET   D. DNS

11. （　　　　）实现将域名解析为 IP 地址。

A. HTTP   B. SSH   C. DNS   D. SMTP

12. （　　　　）用于在服务器之间转发邮件。

A. TCP   B. SMTP   C. ICMP   D. FTP

二、填空题

1. DHCP 的全称为＿＿＿＿＿＿＿＿，是一种可以自动分配 IP 地址的通信协议，它基于传输层＿＿＿＿＿协议进行通信。

2. SMTP 的邮件传输主要包括 3 个阶段：＿＿＿＿＿、＿＿＿＿＿、＿＿＿＿＿。

3. 电子邮件系统主要由 3 部分组成：＿＿＿＿＿、＿＿＿＿＿、＿＿＿＿＿。

4. telnet 使用传输层＿＿＿＿＿协议，端口号是＿＿＿＿＿。

5. 常用的网络服务模式有 3 种：＿＿＿＿＿、＿＿＿＿＿、＿＿＿＿＿。

三、简答题

1. DNS 域名解析有两种方式，试简要说明。

2. 简述电子邮件的工作方式。

3. 列举你所知道的电子邮件协议及其主要作用。

4. 简要描述 HTTP 和 HTTPS 的区别。

5. 简述使用域名访问 Web 服务器的过程。

6. 简述 DHCP 的工作过程。

项目 8　网络管理与网络安全

【学习目标】

☑ 了解：网络存在的威胁、入侵检测技术、网络安全标准、防病毒技术。
☑ 理解：网络管理与网络安全、加密技术基础。
☑ 掌握：网络管理模型、防火墙的功能与分类。

【知识导图】

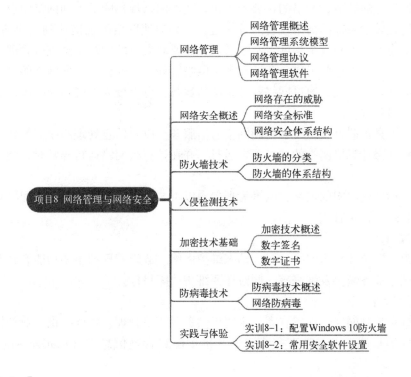

【项目导入】

随着网络技术的发展及网络的规模日益扩大，其结构也更加复杂，支持的用户和提供的服务也越来越多，人们越来越意识到网络管理的重要性。与早期设备类型单一、应用简单的小型网络的分布式管理不同，网络管理需要提供对复杂网络的集中维护、远程监控等功能。

同时，随着科技的快速发展，人们生活与网络的联系越来越紧密，工作、娱乐、交流、购物等都已经离不开它。在"互联网+"时代下，许多行业已经开始"变革"，如快递、餐饮、出行等，这些都给人们带来了生活上的巨大便利。但是，网络的开放性和自由性也使个人信息和保密数据面临被破坏或窃取的风险，网络的安全问题日益凸显。

"没有网络安全就没有国家安全"，网络安全已经成为影响国计民生的重要因素，其重要性也得到了全世界各国的公认。在本项目中，我们将对网络管理和网络安全相关知识进行阐述。

【项目知识点】

8.1　网络管理

8.1.1　网络管理概述

在网络规模较小的时候，网络管理员承担着网络管理的角色，负责完成网络中设备的配置维护、网络故障的排除、网络的扩展和优化。随着网络规模的扩大和网络中设备种类的日益增多，如何有效地保证网络中设备的可靠运行，如何使网络的性能达到用户的满意程度，网络管理者工作的范围和复杂程度也不断增长，需要对大量的网络信息进行管理。为了便于网络管理者更好地完成这些工作，逐渐出现了网络管理系统的概念，即网络的管理工作不再是全部由网络管理员完成，通过网络管理系统的运行，可以极大地提高网络维护的效率，实现智能化的网络管理。

网络管理就是指监督、组织和控制网络通信服务，以及信息处理所必需的各种活动的总称，其目标是确保计算机网络的持续正常运行，并在计算机网络运行异常时，能够及时响应和排除故障。

根据国际标准化组织的定义，网络管理包含以下 5 大功能：故障管理、配置管理、性能管理、安全管理和计费管理。

（1）故障管理

迅速发现、定位和排除网络故障，动态维护网络。故障管理的主要功能有告警检测、故障定位、测试、业务恢复及维修等，同时还要维护故障目标。

（2）配置管理

负责监测和控制网络的配置状态，主要提供资源清单管理、资源提供、业务提供及网络拓扑结构服务等功能，配置管理完成建立和维护配置管理信息库（management information base，MIB）。

（3）性能管理

网络性能管理保证网络的有效运行和提供约定的服务质量，并在保证各种业务服务质量的同时，尽量提高网络资源的利用率。性能管理主要包括性能检测、性能分析和性能管理控制等内容。性能管理在性能指标监测、分析和控制时要访问 MIB。当发现网络性能恶化时，性能管理便与故障管理互通。

（4）安全管理

网络安全管理提供信息的保密、认证和完整性保护机制，使网络中的服务数据和系统免受侵扰和破坏。安全管理主要包括风险分析、安全服务、告警、日志和报告功能，以及网络管理系统保护功能。

（5）计费管理

计费管理负责监视和记录用户对网络资源的使用，对其收取合理的费用，其主要功能包括收集计费记录、计算用户账单、提供运行和维护网络的相关费用的合理分配，同时可以帮助管理者进行网络经营预算，考察资费变更对网络运营的影响。

8.1.2 网络管理系统模型

可以把一个网络中的网络设备看作被管理的对象，网络中有一台主机用来作为网络管理主机或管理者，在管理者或被管理者上都运行网络管理软件，通过两者之间的接口建立通信连接，实现网络管理信息的传递和处理。这些包含网络管理软件的设备称为网络管理实体，一般管理系统的网络管理实体被称为是代理模块或简称代理（agent）。管理者和被管理系统的通信通过应用程序级别的网络管理协议来实现。图 8-1 所示为网络管理系统模型。

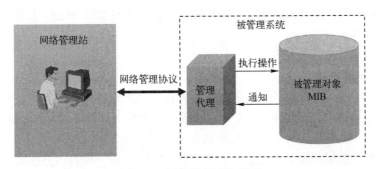

图 8-1 网络管理系统模型

由图 8-1 可以看出，网络管理系统模型包含网络管理站、管理代理、管理信息库（MIB）和网络管理协议。

（1）网络管理站

可以是工作站或微机等，一般位于网络的主干或接近主干的位置，它是网络管理员到网络管理系统的接口。它应该具有网络管理应用软件，同时负责发出管理操作的命令，并接收来自代理的信息。

（2）管理代理

位于被管理设备的内部，把来自管理者的命令或信息请求转换为本被管理设备特有的指令，完成管理者的指令，或返回它所在设备的信息。另外，代理也可以把自身系统中发生的事件主动通知给管理者。管理者将管理要求通过指令传送给位于被管理系统中的代理，代理则直接管理被管理设备。代理可能因为某种原因（如安全）拒绝管理者的指令。

（3）管理信息库（MIB）

任何一个被管理的资源都表示成一个对象，称为被管理对象。MIB 是被管理对象的集合，它定义了被管理对象的一系列属性，如对象的名称、对象的访问权限和对象的数据类型等。每个代理都有自己的管理信息库，通过管理信息库，网络管理站可以对管理代理中的每一个被管理对象进行读/写操作，从而达到管理和监控设备的目的。

下面将详细介绍网络管理协议。

8.1.3 网络管理协议

1. 网络管理协议的发展

在 TCP/IP 协议发展历程中，直到 20 世纪 80 年代才出现了网络管理协议。在 20 世纪 70 年代后期，网络管理人员可以使用互联网控制消息协议（ICMP）来检测网络运行情况，ping 即是其中的一个典型应用。随着网络复杂性的增长，促进了网络管理标准化协议的产生。1987 年 11 月推出的简单网关管理协议（simper gateway management protocol，SGMP）是 1988 年 8 月发布的被广泛应用的简单网络管理协议（simple network management protocol，SNMP）的基础。与 SNMP 相比较，ISO 开发的 OSI 网络管理协议未能得到广泛使用。不论是 SNMP，还是 OSI 网络管理协议，都定义了一种管理信息结构（structure of management information，SMI）和管理信息库（MIB）。

远程监视（remote monitoring，RMON）规范定义了对 SNMP MIB 的补充，RMON 使网络管理员可以把子网视为一个整体来监视，使得 SNMP 的功能得到了十分重要的增强。

后来，针对 SNMP 协议的缺陷，SNMP 协议在新版本中做了改进。目前，SNMP 有 V1、V2 和 V3 三个版本。

2. SNMP 协议

（1）SNMP MIB

MIB 是一个树状结构的数据库，它定义了被管理对象的各种管理变量，每个被管理对象对应树状结构的一个叶子节点称为一个 object 或一个 MIB。如图 8-2 所示，被管理对象 B 可以用一串数字唯一确定 {1,2,1,1}，这串数字是被管理对象的对象标识符（object identify）。被管理对象 A 的对象标识符为 {1,2,1,1,5} 或 {B 5}，后一种表示方法表示 A 是 B 的第 5 个子节点。

（2）SNMP 操作模型

目前计算机网络中应用得最广泛的网络管理协议是 SNMP，其操作模型如图 8-3 所示。

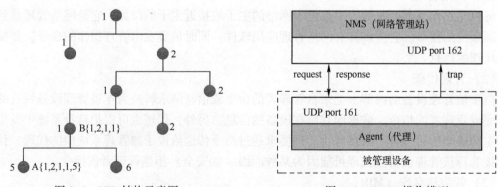

图 8-2 MIB 结构示意图 　　　　　　　图 8-3 SNMP 操作模型

由图 8-3 可以看出，SNMP 的结构分为 NMS 和 Agent 两部分，网络管理站 NMS 向 Agent 发请求，Agent 是驻留在被管理设备上的一个进程或任务，它负责处理来自 NMS 的请求报文，进行解码分析，然后从设备上的相关模块中取出管理变更的值，生成 Response

报文，编码返回 NMS。代理通过 Trap 报文主动向管理站报告网络异常情况，如接口故障或阈值告警等。

SNMP 使用 UDP 协议的 161 和 162 端口进行信息传输。代理在 161 端口侦听 Request 消息，管理站在 162 端口侦听传来的 Trap 报文。

SNMP 中，网络管理站和管理代理中传递 5 种报文实现对变量的操作，具体如下。

① GetRequest 报文：用于管理站从代理处获取指定管理变量的值。

② GetNextRequest 报文：用于管理站从代理连续获取一组管理变量的值。

③ GetResponse 报文：用于代理响应管理站的请求，返回请求值或错误类型等。

④ SetRequest 报文：用于管理站设置代理中的指定的管理变量的值。

⑤ Trap 报文：用于代理向管理站发送非请求的管理变量的值。

SNMP 使用 Get/Set 报文对管理信息变量进行操作，通过读取 MIB 中对象的值，网络管理站完成网络监视，也通过修改这些值来控制系统中的资源。SNMP 的协议框架如图 8-4 所示。

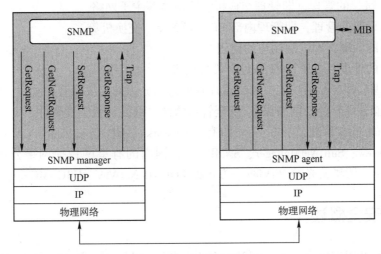

图 8-4   SNMP 的协议框架

3. 远程网络监视

由于 SNMP 使用轮询机制采集设备数据，也就是说使用 SNMP，必须发出请求以取得响应。这种类型的轮询将产生大量的网络管理报文，一方面可能导致网络拥塞，另一方面也可能引起网管工作站的崩溃。

另外，SNMP 还有一些众所周知的缺点：它只具有一般的验证功能，无法提供可靠的安全保证；不支持分布式管理，而采用集中式管理。这使得数据采集和数据分析完全由网管工作站承担，所以网管工作站的处理能力可能成为瓶颈。

RMON 可以较好地解决 SNMP 在日益扩大的分布式网络中面临的局限性，可以提高传送管理报文的有效性、减少网管工作站的负载、满足网络管理员监控子网性能的需求。RMON 的优势促进了它在网络管理中的大量应用，从而使之真正成为众多厂家支持的标准网络监控规范。

MIB 由监控网络中某个设备接口（某个点）的众多参数构成。相比之下，RMON 则由监控网络上线路的众多参数构成。RMON 中可监控的信息从原来的一个点扩展到了一条线上，这样可以更高效地监控网络，可监控的内容也增加了很多从用户角度看极为有意义的信息，如网络流量统计等。

通过 RMON 可以监控某个特定的主机在哪里通过什么样的协议正在与谁进行通信并进行统计，从而可以更加详细地了解网络上成为负荷的主体并进行后续分析。

RMON 中，从当前使用状况到通信方向性为止，可以终端为单位，也可以协议为单位进行监控。此外，它不仅仅可以用于网络监控，以后还可以用于收集网络扩展和变更时期更为有意义的数据。尤其是通过 WAN 线路或服务器段部分的网络流量信息，可以统计网络利用率，还可以定位负载较大的主机及其协议相关信息。因此，RMON 是判断当前网络是否被充分利用的重要资料。

8.1.4 网络管理软件

从网络管理范畴来分类，网络管理软件可分为以下几种。

① 对网"路"的管理，即管理交换机、路由器等主干网络。

② 对接入设备的管理，即管理内部 PC、服务器、交换机等。

③ 对行为的管理，即管理用户的使用。

④ 对资产的管理，如统计 IT 软件、硬件信息。

按网络管理软件产品的功能，网络管理软件可以分为网络故障管理软件、网络配置管理软件、网络性能管理软件、网络服务/安全管理软件、网络计费管理软件。

比较典型的网络管理软件，国外的有 Ciscoworks、HP OpenView、CA Unicener TNG、IBM Tivoli NetView、Sun NetManager、SNMPc 等，国内的有星网锐捷网络公司的 StarView、华为的 Quidview、清华紫光的 BitView、方正的 FOUND NetWay、H3C iMC 等。

8.2 网络安全概述

网络安全涉及国家安全、个人利益、企业生存等方方面面，因此它是信息化进程中具有重大战略意义的问题。

参照国际标准化组织给出的计算机网络安全定义，计算机网络安全是指"保护计算机网络系统中的硬件、软件和数据资源，不因偶然或恶意的原因遭到破坏、更改、泄露，使网络系统连续可靠地正常运行，网络服务正常有序"。广义来说，凡是涉及网络上信息的保密性、完整性、真实性和可控性的相关技术和理论，都是网络安全研究的领域。

网络安全是网络必须面对的一个实际问题，同时网络安全又是一个综合性的技术，网络安全关注的范围如下。

① 保护网络物理线路不会轻易遭受攻击：物理安全策略的目的是保护计算机系统、网络服务器、打印机等硬件实体和链路免受自然灾害、人为破坏和搭线攻击，确保计算机系统有一个良好的电磁兼容工作环境；建立完备的安全管理制度，防止非法进入计算机控制室和各种偷窃、破坏活动的发生。

② 有效识别合法和非法的用户：验证用户的身份和使用权限、防止用户越权操作。

③ 实现有效的访问控制：访问控制策略是网络安全防范和保护的主要策略，其目的保证网络资源不被非法使用和非法访问。访问控制策略包括入网访问控制策略、操作权限控制策略、目录安全控制策略、属性安全控制策略、网络服务器安全控制策略、网络监测、锁定控制策略和防火墙控制策略等方面的内容。

④ 保证内部网络的隐蔽性：通过 NAT 等技术保护网络的隐蔽性。

⑤ 有效防伪手段，重要的数据重点保护：采用 IPSec 技术对传输数据加密。

⑥ 对网络设备、网络拓扑的安全管理：部署网管软件对全网设备进行监控。

⑦ 病毒防范：加强对网络中的病毒进行实时防御。

⑧ 提高安全防范意识：制定信息安全管理制度，赏罚分明，提高全员安全防范意识。

8.2.1　网络存在的威胁

如何保护机密信息不受黑客和间谍的入侵已成为 Internet 重要事情之一。一般认为，目前网络存在的威胁主要表现在以下几点。

1. 非授权访问

非授权访问是指没有预先经过同意就使用网络或计算机资源，例如，有意避开系统访问控制机制，对网络设备及资源进行非正常使用或擅自扩大权限、越权访问信息等。它主要有以下几种形式：假冒、身份攻击、非法用户进入网络系统违法操作、合法用户以未授权方式操作等。

2. 信息泄露或丢失

信息泄露或丢失是指敏感数据在有意或无意中被泄露出去或丢失，通常包括信息在传输中丢失或泄露（如黑客利用网络监听、电磁泄露或搭线窃听等方式可截获机密信息，如用户口令、账号等信息，或通过信息流向、流量、通信频度和长度等参数的分析，推测出有用信息）、信息在存储介质中丢失或泄露、建立隐蔽隧道等窃取敏感信息等。

3. 破坏数据完整性

破坏数据完整性是指以非法手段窃得对数据的使用权，删除、修改、插入或重发某些重要信息，以取得有益于攻击者的响应；恶意添加、修改数据，干扰用户的正常使用。

典型的拒绝服务（denial of service，DoS）攻击指不断干扰网络服务系统，改变其正常的作业流程，执行无关程序，使系统响应减慢甚至瘫痪，影响正常用户的使用，甚至使合法用户被排斥而不能进入计算机网络系统或不能得到相应的服务。

4. 利用网络传播病毒

通过网络传播计算机病毒，破坏性大大高于单机系统，而且用户很难防范。

8.2.2　网络安全标准

1. 国外网络安全标准

美国的可信计算机系统评价准则（trusted computer system evaluation criteria，TCSEC），又称为橘皮书，是计算机系统安全评估的第一个正式标准，它将计算机系统的安全等级划分为 A、B、C、D 共 4 类 7 个级别，其中，A 类安全等级最高，D 类安全等级最低，见表 8-1。

表 8-1　橘皮书安全等级

类　　别	级　　别	名　　称	主　要　特　征
A	A	验证设计	形式化的最高级描述和验证
B	B3	安全区域	存取监督，安全内核，高抗渗透能力
	B2	结构保护	面向安全的体系结构，较好的抗渗透能力
	B1	标识安全保护	强制存取控制，安全标识
C	C2	访问控制保护	存取控制以用户为单位，广泛的审计、跟踪
	C1	选择性安全保护	有选择的存取控制，用户与数据分离
D	D	低级保护	没有安全保护

该准则于 1970 年由美国国防科学委员会提出，并于 1985 年 12 月由美国国防部公布。TCSEC 最初只是军用标准，后来扩展到民用领域。

早期的操作系统如 DOS、Windows 95 等都为 D 级，当前的 UNIX、Linux、Windows NT 等为 C2 级。

2. 国内网络安全标准

我国的网络安全标准主要是于 2001 年 1 月 1 日起实施的由公安部主持制定、国家技术标准局发布的《计算机信息系统安全保护等级划分准则》（GB 17859—1999，以下简称《准则》）。

《准则》规定了计算机系统安全保护能力的五个等级。

第一级：用户自主保护级

本级的计算机信息系统可信计算机通过隔离用户与数据，使用户具备自主安全保护能力。

第二级：系统审计保护级

与用户自主保护级相比，本级的计算机信息系统可信计算机实施了粒度更细的自主访问控制，它通过登录规程、审计安全性相关事件和隔离资源，使用户对自己的行为负责。

第三级：安全标记保护级

本级的计算机信息系统可信计算机具有系统审计保护级所有功能。此外，还提供有关安全策略模型、数据标记，以及主休对客体强制访问控制的非形式化描述；具有准确地标记输出信息的能力；消除通过测试发现的任何错误。

第四级：结构化保护级

本级的计算机信息系统可信计算机建立于一个明确定义的形式化安全策略模型之上，它要求将第三级系统中的自主和强制访问控制扩展到所有主体和客体。

第五级：访问验证保护级

本级的计算机信息系统可信计算机满足访问监控器需求。访问监控器仲裁主体对客体的全部访问。访问监控器本身是抗篡改的；必须足够小，能够分析和测试。系统具有很高的抗渗透能力。

8.2.3　网络安全体系结构

OSI 安全体系包含 7 个层次：物理层、数据链路层、网络层、传输层、会话层、表示层、应用层，如图 8-5 所示。加密技术是确保信息安全的核心技术；安全技术是对信息系统进行安全检查和防护的主要手段；安全协议本质上是关于某种应用的一系列规定，通信各方只有共同遵守协议，才能安全地相互操作。

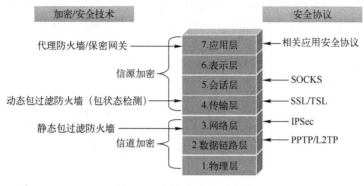

图 8-5　网络安全体系结构

8.3　防火墙技术

防火墙是一个由软件和硬件设备组合而成的、在内部网和外部网之间及专用网与公共网之间的边界上构造的保护屏障。防火墙是一种安全策略，是一类防范措施的总称，事实上，有人把凡是能保护网络不受外部侵犯而采取的应对措施都称为防火墙。防火墙是一种访问控制技术，用于加强两个网络或多个网络之间的访问控制，防火墙在需要保护的内部网络与有攻击的外部网络之间设置一道隔离墙，监测并过滤所有从外部网络传来的信息和通向外部网络的信息，保护内部敏感数据不被偷窃和破坏。

防火墙作为内部网络和外部网络之间的隔离设备，是由一组能够提供网络安全保障的硬件、软件构成的系统，如图 8-6 所示。

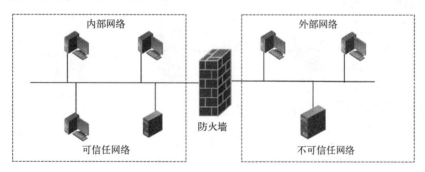

图 8-6　防火墙

防火墙的主要功能有以下几个方面。

① 可以限制未授权的用户进入内部网络，过滤掉不安全的服务和非法用户。

② 防止入侵者接近网络防御设施。

③ 限制内部用户访问特殊站点。

没有万能的网络安全技术，防火墙也不例外，防火墙的局限性体现在以下几个方面：

- 防火墙不能防范网络内部的攻击，比如：防火墙无法禁止变节者或内部间谍将敏感数据拷贝到 U 盘上。
- 防火墙也不能防范那些伪装成超级用户或诈称新雇员的黑客们劝说没有防范心理的用户公开其口令，并授予其临时的网络访问权限。
- 防火墙不能防止传送已感染病毒的软件或文件，不能期望防火墙对每一个文件进行扫描，查出潜在病毒。

8.3.1　防火墙的分类

防火墙发展至今已经经历了三代，分类方法也各式各样，例如，按照形态划分可以分为硬件防火墙和软件防火墙；按照保护对象划分为单机防火墙和网络防火墙。最主流的分类方式是按处理方式划分为包过滤防火墙、应用代理防火墙和状态检测防火墙。

1. 包过滤防火墙

包过滤（packet filtering）技术是一种基于网络层的防火墙技术。防火墙在网络层中根据数据包头信息有选择地实施允许通过或阻断。依据防火墙内事先设定的过滤规则，检查数据流中每个数据包头部，根据数据包源地址、目的地址、TCP/UDP 源端口号、TCP/UDP 目的端口号及数据包头中的各种标志位等因素来确定是否允许数据包通过，其核心是安全策略即过滤规则的设计，如图 8-7 所示。一般来说，不保留前后连接信息，利用包过滤技术很容易实现允许和禁止访问。

源IP	目的IP	源端口	目的端口	协议类型	动作
10.1.1.1	*	*	*	TCP	允许
*	10.1.1.1	20	*	TCP	允许
*	10.1.1.1	20	<1024	TCP	禁止

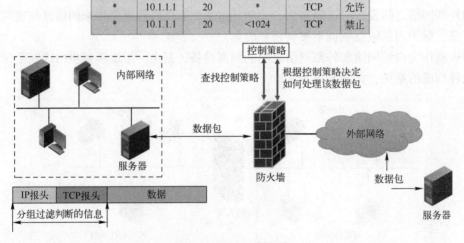

图 8-7　包过滤防火墙

包过滤防火墙设计简单、易于实现，而且价格便宜，但有以下几个缺点。

- 随着访问规则（ACL）复杂度和长度的增加，其过滤性能呈指数下降的趋势。
- 手动配置的访问规则难以适应动态的安全要求。
- 包过滤不检查会话状态，也不分析数据，这很容易让黑客蒙混过关。例如，攻击者可以使用假冒地址进行欺骗，通过把自己主机的 IP 地址设置成一个合法的 IP 地址，就能很轻易地通过报文过滤器。

2. 应用代理防火墙

应用代理是运行在防火墙上的一种服务器程序，防火墙主机可以是一个具的两个网络接口的双宿主主机，也可以是一个堡垒主机。代理服务器被放置在内部服务器和外部服务器之间，用于转接内外主机之间的通信，它可以根据安全策略来决定是否为用户运行代理服务。代理服务器运行在应用层，因此又被称为应用网关（application gateway）。

数据流的实际内容很重要，可以使用代理来控制数据流。例如，一个应用代理可以限制 FTP 用户只能够从 Internet 上获取文件，而不能将文件上传到 Internet 上。应用代理防火墙的基本原理如图 8-8 所示。

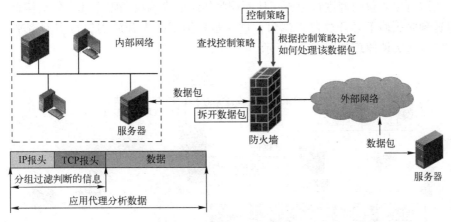

图 8-8　应用代理防火墙

代理服务器位于客户机与服务器之间，完全阻挡了二者间的数据交流，从客户机来看，代理服务器相当于一台真正的服务器。而从服务器来看代理服务器又是一台真正的客户机。当客户机需要使用服务器上的数据时，首先将数据请求发给代理服务器，代理服务器再根据这一请求向服务器索取数据，然后再由代理服务器将数据传输给客户机。由于外部系统与内部服务器之间没有直接的数据通信，外部的恶意侵害也就很难伤害到企业内部网络系统。

代理防火墙能够完全控制网络信息的交换、控制会话过程，具有较高的安全性。其缺点主要表现为以下两点。

✦ 通常利用软件实现、限制了处理速度，易于遭受拒绝服务攻击。

✦ 需要针对每一种协议开发应用层代理，开发周期长，而且升级很困难。

一个实际的应用代理防火墙结构如图 8-9 所示。

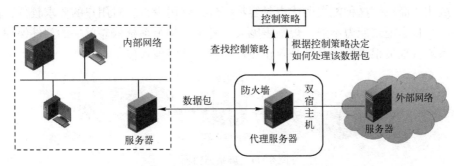

图 8-9　应用代理防火墙的实际结构

3. 状态检测防火墙

状态检测（stateful inspection）防火墙，是一种相当于 4、5 层的过滤技术。它不限于包过滤防火墙的 3、4 层的过滤，又不需要应用层网关防火墙的 5 层过滤，既提供了比包过滤防火墙更高的安全性和更灵活的处理，也避免了应用层网关防火墙带来的速度降低问题。

要实现状态检测防火墙，最重要的是实现连接的跟踪功能。在不影响网络安全正常工作的前提下，采用抽取相关数据的方法对网络通信的各个层次实施监测。检测每一个有效连接的状态，根据这些信息决定网络数据包是否能通过防火墙，并根据各种过滤规则作出安全决策。状态监测可以对包内容进行分析，从而摆脱传统防火墙仅局限于几个包头信息的检测弱点，而且这种防火墙不必开放过多端口，进一步杜绝了因为开放端口过多而带来的安全隐患。状态检测防火墙原理如图 8-10 所示。

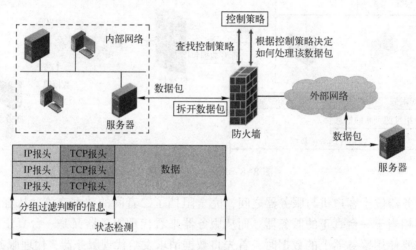

图 8-10　状态检测防火墙

8.3.2　防火墙的体系结构

1. 屏蔽路由器

屏蔽路由器是防火墙最基本的构件，是最简单也是最常见的防火墙，屏蔽路由器作为内外连接的唯一通道，要求所有的报文都必须在此通过检查，如图 8-11 所示。路由器上可以安装基于 IP 层的报文过滤软件，实现报文过滤功能，许多路由器本身带有报文过滤配置选项，但一般比较简单，这种配置的优点是容易实现、费用少，且对用户的要求较低，使用方便。其缺点是日志记录能力不强，规则表庞大、复杂，整个系统依靠单一的部件保护，一旦被攻击，系统管理员很难确定系统是否正在被入侵或已经被入侵。

图 8-11　屏蔽路由器

2. 双宿主机网关

双宿主机是一台安装有两块网卡的计算机，每块网卡有各自的 IP 地址，并分别与受保护网和外部网相连。外部网络上的计算机想与内部网络上的计算机通信，它就必须与双宿主机上与外部网络相连接的 IP 地址联系，代理服务器软件再通过另一块网卡与内部网络相连接，也就是说外部网络与内部网络不能直接通信，它们之间的通信必须经过双宿主机的过滤和控制，如图 8-12 所示。

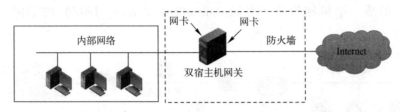

图 8-12　双宿主机网关

网关可将受保护网络与外界完全隔离：代理服务器可提供日志，有助于网络管理员确认哪些主机可能已被入侵。由于它本身是一台主机，所以可用于诸如身份验证服务器及代理服务器，使其具有多种功能。它的缺点是双宿主机的每项服务必须使用专门设计的代理服务器，即使较新的代理服务器能处理几项服务，也不能同时进行，另外一旦双宿主机受到攻击并使其只具有路由功能，那么任何网上用户都可以随便访问内部网络，这将严重损害网络的安全性。

3. 屏蔽主机网关

双宿主机体系结构防火墙没有使用路由器。而屏蔽主机网关则使用一个路由器把内部网络和外部网络隔离开，如图 8-13 所示。在这种结构中包括堡垒主机，堡垒主机是 Internet 上的主机能连接到的唯一的内部网络上的系统。任何外部的系统要访问内部的系统或服务都必须先连接到这台主机。因此堡垒主机要保持更高等级的主机安全。在屏蔽路由器上设置数据包过滤策略，让所有的外部连接只能到达内部堡垒主机，比如收发电子邮件。

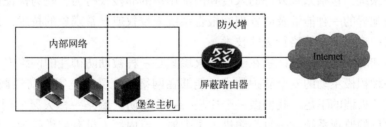

图 8-13　屏蔽主机网关

屏蔽主机网关由屏蔽路由器和应用网关组成，屏蔽路由器的作用是包过滤，应用网关的作用是代理服务。这样，在内部网络和外部网络之间建立了两道安全屏障，既实现了网络层安全又实现了应用层安全。来自外部网络的所有通信都会连接到屏蔽路由器，它根据所设置的规则过滤这些通信，在多数情况下，与应用网关之外的机器的通信，都会被拒绝。网关的代理服务器软件使用自己的规则，将被允许的通信传送到受保护的网络上，应用网关只有一块网卡，因此它不是双宿主机网关。

屏蔽主机网关比双宿主机网关设置更加灵活，它可以设置成屏蔽路由器将某些通信直接传到内部网络的站点，而不是传到应用层网关。另外，屏蔽主机网关具有双重保护，安全性更高。它的缺点主要是由于要求对两个部件配置，使它们能协同工作，所以屏蔽主机网关的配置工作较复杂，另外，如果攻击者成功入侵了应用网关或屏蔽路由器，则内部网络的主机将失去任何的安全保护，整个网络将对攻击者敞开。

4. 屏蔽子网

屏蔽子网系统结构是在屏蔽主机网关的基础上再添加一个屏蔽路由器，两个路由器放在子网的两端，形成一个被称为非军事区（demilitarized zone，DMZ）的子网，如图 8-14 所示。

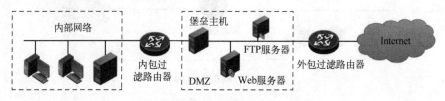

图 8-14 屏蔽子网

这种方法在内部网络和外部网络之间建立了一个被隔离的子网。用两台屏蔽路由器将这一个子网与内部网络和外部网络分开。内部网络和外部网络均可访问被屏蔽子网，但禁止它们穿过被屏蔽子网通信。外部屏蔽路由器和应用网关与在屏蔽主机网关中的功能相同。内部屏蔽路由器在应用网关和受保护网络之间提供附加保护。

8.4 入侵检测技术

入侵检测是从计算机网络或计算机系统中的若干关键点搜集信息并对其进行分析，从中发现网络或系统中是否有违反安全策略的行为或遭到袭击的迹象的一种机制。入侵检测系统（intrusion detection system，IDS）可以定义为对计算机和网络资源的恶意使用行为进行识别和响应处理的系统，包括系统外部的入侵和内部用户的非授权行为，是为保证计算机系统的安全而设计与配置的一种能够及时发现并报告系统未授权或异常现象的技术，是一种用于检测计算机网络中违反安全策略行为的技术。

入侵检测和防火墙最大的区别在于，防火墙只是一种被动防御性的网络安全工具，而入侵检测作为一种积极主动的安全防护技术，能够在网络系统受到危害之前拦截和响应入侵，很好地弥补了防火墙的不足。我们做一个比喻——假如防火墙是一幢大厦的门锁，那么 IDS 就是这幢大厦里的监视系统。一旦小偷进入了大厦，或内部人员有越界行为，只有实时监视系统才能发现情况并发出警告。

根据入侵检测的信息来源不同，可以将入侵检测系统分为两类：基于主机的入侵检测系统和基于网络的入侵检测系统。

（1）基于网络的入侵检测系统

基于网络的入侵检测系统（NIDS）可以在网络的多个位置进行部署。这里部署主要指对网络入侵检测器的部署。根据检测器部署位置的不同，入侵检测系统有不同的工作特点，用户需要根据自己的网络环境以及安全需求进行网络部署，以达到预定的网络安全需求。总体来讲，入侵检测的部署点可以划分为 4 个位置：DMZ、外网入口、内网主干、关键子网，如图 8-15 所示。

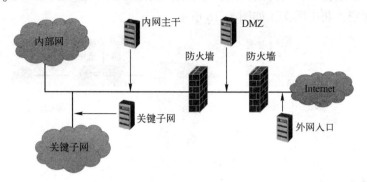

图 8-15 基于网络的入侵检测部署位置

（2）基于主机的入侵检测系统

基于主机的入侵检测系统（HIDS）主要安装在关键的主机上，这样可以减少规划部署的花费，使管理的精力集中在最重要、最需要保护的主机上。可监视系统记录，当有文件被修改时，IDS 将新的记录条目与已知的攻击特征相比较，看它们是否匹配。如果匹配，就会向系统管理员报警或者做出适当的响应。

8.5 加密技术基础

信息保密技术是利用数学或物理手段，对电子信息在存储体内和传输过程中进行保护，以防止泄露的技术。保密通信、计算机密钥、防复制软件等都属于信息保密技术。信息保密技术是保障信息安全最基本、最重要的技术，一般采用国际上公认的安全加密算法实现。在多数情况下，信息保密技术被认为是保证信息机密性的唯一方法，其特点是用最小的代价来获得最大的安全保护。

信息保密技术主要包括信息加密技术和信息隐藏技术。信息加密技术旨在将明文信息通过加密算法转换为看似无用的乱码，使攻击者无法读懂信息，从而保证信息安全。信息隐藏技术是将有用的信息隐藏在其他信息中，避免攻击者发现信息。

8.5.1 加密技术概述

1. 加密系统的组成

加密系统由以下 5 部分组成。

① 明文（plaintext）：伪装前的原始信息，即未经过任何处理的原始报文。

② 密文（ciphertext）：被伪装的原始信息，即经过加密技术处理后的报文。

③ 密钥（secret key）：密钥也是算法的输入，算法进行的具体替换和转换取决于这个密钥。

④ 加密算法：对明文进行各种替换和转换。

⑤ 解密算法：它使用密文和密钥产生原始明文，本质上是加密算法的反向执行。

2. 加密的过程

加密技术中的信息传输流程为：发送端在传输原始报文之前先使用加密密钥，通过加密算法对其加密，形成密文，后经由网络传输，递交给接收方；接收方使用解密密钥，通过解密算法对密文解密，获得明文，如图 8-16 所示。

图 8-16 加密与解密过程

3. 加密技术的种类

到目前为止，已公开发表的加密算法多达数百种，若按照加密密钥和解密密钥是否相同，可将加密技术分为对称加密技术和非对称加密技术。

（1）对称加密

对称加密技术的主要特点是发送方的加密和接收方的解密使用相同的密钥，发送方用密钥对明文加密，接收方在收到密文后，使用同一个密钥解密，实现容易，速度快，是加密大量数据的一种有效方法。对称加密最大的挑战是如何保证密钥的安全传输，即如何保证密钥从发送方传递给接收方过程中的安全性。如图 8-17 所示。常见的对称加密算法有：DES（data encryption standard，数据加密标准），速度较快，适用于加密大量数据的场合；3DES（triple DES，三倍 DES），基于 DES，对一块数据用三个不同的密钥进行三次加密，强度更高。AES（advanced encryption standard，高级加密标准），是下一代的加密算法标准，速度快，安全级别高。

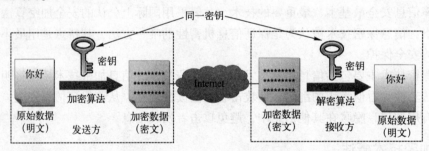

图 8-17 对称加密

（2）非对称加密

非对称加密技术中使用一对密钥：公钥和私钥。若使用公钥加密数据，只有对应的私钥可以解密；如果使用私钥加密数据，只有对应的公钥才可以解密。因为加密和解密的过程中分别使用不同的密钥，所以称为非对称加密方式，也称为公钥加密方式。

使用非对称加密时，一般情况下，发送方使用公钥进行加密，而接收方使用私钥进行解密，相比对称加密方式，非对称加密方式在加密和解密上需要花费的时间较长，加密数据速率低，算法复杂。

其加密过程如图 8-18 所示。

① 每个用户都生成一对密钥。

② 每个用户都把其中一个密钥放在一个公用的可访问的文件夹或者通过 Web 公开发

布，作为公钥，剩下一个自己保存为私钥，每个用户都保存着别人的公钥。

③ 如果用户 A 要给用户 B 发送消息，则 A 在自己或公共的公钥库里找出 B 的公钥，并用 B 的公钥将发送的消息转换为密文，然后将其发送给 B。

④ B 收到密文后，用自己的私钥将收到的密文解密为明文消息。私钥只有接收者拥有，所以别人不能将密文解密。

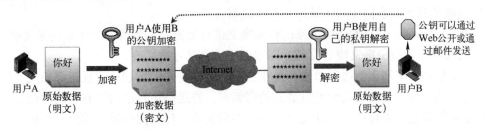

图 8-18 非对称加密

非对称加密技术算法与对称加密技术相比，它不要求通信双方事先传递密钥或做任何约定就能完成保密信息。能适应网络开放性的要求，是一种适合于计算机网络的安全加密法。目前最有代表性的对称加密算法是 RSA。

非对称加密算法的密钥管理简单，广泛应用于身份认证、数字签名等对安全性要求较高的领域。

8.5.2 数字签名

数字签名的主要功能是保证信息传输的完整性、发送者的身份认证、防止交易中的抵赖发生。数字签名与手写签名一样，都具有身份认证，防止抵赖和防篡改功能，数字签名技术是在网络虚拟环境中确认身份的重要技术，完全可以代替现实过程中的"亲笔签字"。

数字签名技术中使用了 Hash 函数和非对称加密算法，其操作分为数字签名和数字签名验证两个过程，如图 8-19 所示。

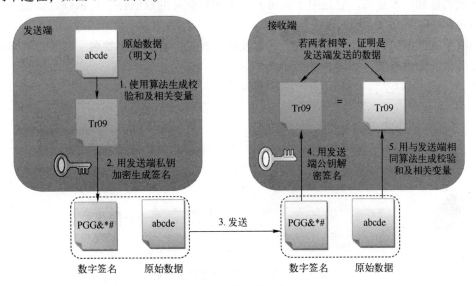

图 8-19 数字签名技术

数字签名这一过程发生在发送端，具体过程如下。

① 发送端利用数字摘要技术（单向 Hash 函数）生成报文摘要。

② 采用非对称加密技术中的私钥对报文摘要进行加密。

③ 将原文和加密后的摘要一起发送给接收端。

数字签名验证这一过程发生在接收端，具体过程如下。

① 接收端利用数字摘要技术从原文中生成报文摘要。

② 接收端采用公钥对发送端发来的摘要密文进行解密，得到发送端生成的报文摘要。

③ 接收端对比两份报文摘要，若相同则说明信息没有被篡改。

数字签名和数字加密的过程虽然都使用公开密钥体系，但实现的过程正好相反，使用的密钥对也不同。数字签名使用的是发送方的密钥对，发送端用自己的私有密钥加密，接收端用发送端的公开密钥进行解密，这是一个一对多的关系，任何拥有发送端公开密钥的人都可以验证数字签名的正确性。数字加密则使用的接收方的密钥对，这是多对一的关系。任何知道接收端公开密钥的人都可以向接收端发送加密信息，只有唯一拥有接收端私有密钥的人才能对信息解密。

8.5.3　数字证书

在生活中，我们会经常使用网上银行或各类电子商务网站进行购物。那如何保证网上交易的安全性呢？为了保证 Internet 上电子交易及支付的安全性、保密性等，防范交易及支付过程的欺诈行为，必须在网上建立一种信任机制，这就要求参加电子商务的买方和卖方都必须拥有合法的身份，并且在网上能够有效无误地被进行验证，这就需要数字证书。

数字证书是由权威机构——证书授权（certificate authority，CA）中心发行的，能提供在 Internet 上进行身份验证的一种权威性电子文档，人们可以在互联网交往中用它来证明自己的身份和识别对方的身份。CA 为电子政务、电子商务等网络环境中各个实体颁发数字证书，以证明身份的真实性，并负责在交易中检验和管理证书。CA 对数字证书的签名使得第三者不能伪造和篡改证书。它是电子商务和网上银行交易的权威性、可依赖性及公正性的第三方机构。

最简单的证书包含一个公开密钥、名称及证书授权中心的数字签名，此外，数字证书只在特定的时间段内有效，如图 8-20 所示。

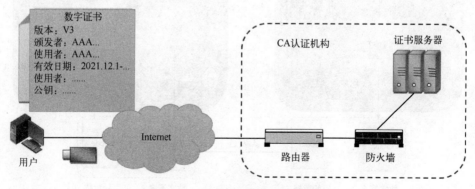

图 8-20　数字证书与 CA 认证机构

　　数字证书可用于发送安全的电子邮件、访问安全站点、网上证券交易、网上招标采购、网上办公、网上保险、网上税务、网上签约、网上银行等安全电子交易活动。如图 8-21 所示为百度的证书信息。

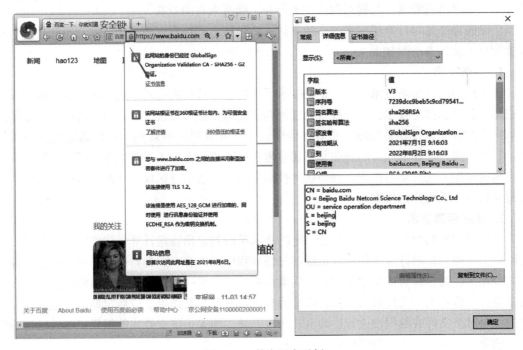

图 8-21　数字证书示例

8.6　防病毒技术

8.6.1　防病毒技术概述

　　代码是指计算机程序代码，可以被执行完成特定功能。任何事物都有两面性，计算机程序也不例外，在软件工程师们编写了大量的有用软件（操作系统、应用软件、数据库系统等）的同时，黑客们却在编写着扰乱社会和他人，甚至起着破坏作用的计算机程序，这就是恶意代码。例如：特洛伊木马、逻辑炸弹、后门、蠕虫等都是常见的恶意代码。

　　计算机病毒是一种能破坏计算机系统资源的特殊计算机程序。它像生物病毒一样，可在系统中生存、繁殖和传播。计算机病毒具有隐蔽性、传播性、潜伏性、触发性和破坏性。它一旦发作，轻者会影响系统的工作效率，占用系统资源，重者会毁坏系统的重要信息，甚至使整个网络系统陷于瘫痪。

　　计算机病毒是恶意代码的一种，即可感染的依附性恶意代码，这是纯粹意义上的计算机病毒概念，实际上，目前发现的恶意代码几乎都是混合型计算机病毒，即除了具有病毒特征外，还带有其他类型恶意代码的特征。蠕虫病毒是最典型的和最常见的恶意代码之一，它是蠕虫和病毒的混合体。"病毒"一词非常形象且很具感染力，因此，媒体、杂志，包括很多专业文章和书籍都喜欢用"计算机病毒"来指学术上的恶意代码。在这个意义上讲，"计算机病毒"一词就不仅限于纯粹的计算机病毒，而是指混合型的计算机病毒。

恶意代码或计算机病毒（这里把两者基本等同起来）带来的危害已严重地影响了人们的工作和生活，威胁着社会的秩序和安全，全球对防治病毒的关注和重视不断升温，病毒防治技术也随之迅速发展，与病毒制造技术展开了前所未有的竞赛。

从反病毒产品对计算机病毒的作用来讲，防毒技术可以直观地分为：病毒预防技术、病毒检测技术及病毒清除技术。

1. 预防技术

计算机病毒的预防技术通过一定的技术手段防止计算机病毒对系统的传染和破坏。实际上这是一种动态判定技术，即一种行为规则判定技术。也就是说，计算机病毒的预防是指通过对病毒的规则进行分类处理，而后在程序运作中凡有类似的规则出现则认定是计算机病毒。具体来说，计算机病毒的预防是指通过阻止计算机病毒进入系统内存或阻止计算机病毒对磁盘的操作，尤其是写操作。预防病毒技术包括：磁盘引导区保护、加密可执行程序、读写控制技术、系统监控技术等。

2. 检测病毒技术

计算机病毒的检测技术是指通过一定的技术手段判定出特定计算机病毒的一种技术。它有两种：一种是根据计算机病毒的关键字、特征程序段内容、病毒特征及传染方式、文件长度的变化，在特征分类的基础上建立的病毒检测技术；另一种是不针对具体病毒程序的自身校验技术。即对某个文件或数据段进行检验和计算并保存其结果，以后定期或不定期地以保存的结果对该文件或数据段进行检验，若出现差异，即表示该文件或数据段完整性已遭到破坏，感染上了病毒，从而检测到病毒的存在。

3. 清除病毒技术

计算机病毒的清除技术是计算机病毒检测技术发展的必然结果，是计算机病毒传染程序的一种逆过程。目前，清除病毒大都是在某种病毒出现后，通过对其进行分析研究而研制出来的具有相应解毒功能的软件。这类软件技术发展往往是被动的，带有滞后性。而且由于计算机软件所要求的精确性，解毒软件有其局限性，对有些变种病毒的清除无能为力。

8.6.2 网络防病毒

网络防病毒是指在全网范围内建立起一套全方位、具备实时检测能力的防病毒体系，实现从服务器到工作站再到客户端的全方位病毒防护及集中管理。

与传统单机防毒不同的是，网络防毒体系需要统一管理、统一规划。管理者应对网络结构了如指掌，细到了解内部服务器和客户机个数，进而能够通过可控的中央管理平台，统一安装客户端的防毒产品，掌握病毒发作情况、防毒产品狙击病毒的运行情况，管理各设备代码库更新工作等。

每一系列的产品都有一个自己的管理平台，与其他系列的产品管理平台互不联系，只能一个管理平台管理一个系列的产品，管理平台是嵌入到产品内部的。这种管理模式适用于服务器较少的小型局域网，目前很多国内外厂商的防毒产品都采取这种模式。

把所有的系列产品集中在一个单独设立的防毒服务器上发布和管理，典型的代表是Symantec 控制中心（Symantec System Center, SSC）。Symantec 对于网络各层次的防毒产品，是由该控制中心为企业网络防毒的安装、维护、更新及报表等，提供集中管理工具，其中防火墙、网关、Lotus Notes 以及 Microsoft Exchange 防毒产品均采用基于 Web 的管理方式，因此可以实现远程管理。这种管理模式比较适合服务器较多的中型局域网。

【实践与体验】

【实训 8-1】 配置 Windows 10 防火墙

实训目的

1. 理解防火墙的原理。
2. 掌握防火墙的应用。
3. 启动和关闭 Windows 10 防火墙。
4. 学会设置防火墙允许和阻止应用。

实训步骤

打开"控制面板"，单击"系统和安全"选项，进入"系统和安全"界面，找到"Windows Defender 防火墙"图标，如图 8-22 所示。

图 8-22　系统和安全设置界面

单击"Windows Defender 防火墙"，进入防火墙设置界面，如图 8-23 所示。从图中可以知道，可对防火墙进行以下设置：允许应用或功能通过 Windows 防火墙、更改通知设置、打开或关闭防火墙、还原默认设置、高级设置。

选择左侧边栏中的"启用或关闭 Windows Defender 防火墙"，进入防火墙自定义设置界面，如图 8-24 所示。可以针对专用网络或公用网络设置启用或关闭防火墙，单击"确定"按钮完成设置。

返回 Windows 防火墙界面，选择"允许应用或功能"通过 Windows Defender 防火墙，可进入允许的应用窗口，如图 8-25 所示。在允许的应用窗口中，可更改允许通过的应用和功能的设置，也可以允许其他应用。

图 8-23　防火墙设置界面

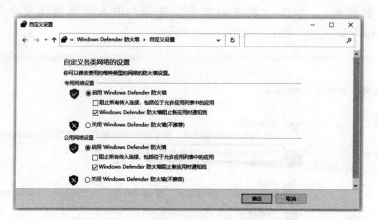

图 8-24　开启或关闭防火墙设置

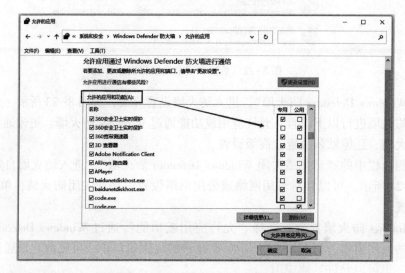

图 8-25　防火墙允许的应用和功能设置

【实训 8-2】常用安全软件设置

实训目的

1. 培养网络安全意识。

2. 掌握 360 安全卫士使用。

实训步骤

作为普通的网络用户，如何才能够让自己所处的网络环境更加安全？有别于传统安全软件，360 安全卫士依托 360 安全大脑的大数据、人工智能、云计算、IoT 智能感知、区域链等新技术，不仅可以智能识别多种攻击场景，而且提升了病毒查杀、系统修复、优化加速和电脑清理等功能的检测和处理能力。其软件首页如图 8-26 所示。

图 8-26　360 安全卫士主页面

1. 体检

在主界面中，选择立即体检即可进行智能扫描，如图 8-27 所示，扫描结束后，可选择"一键修复"进行修复。

2. 木马查杀

木马查杀功能通过数以亿计的安全大脑智能终端的数据信息采集和智能分析能力，智能感知计算机的安全风险，为用户提供更快速、更直观的风险评估和解决方案，其功能界面如图 8-28 所示。支持对计算机全盘杀毒或者指定位置进行扫描，当扫描到危险的文件之后，会进行提示，然后将文件放到隔离区，当确认文件安全之后，可以移到信任区，还可以对杀毒引擎进行更新。此外在网络上进行文件下载时会进行文件查杀。

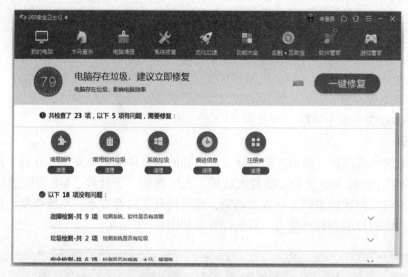

图 8-27　计算机体检

图 8-28　木马查杀功能

3. 系统修复

高危漏洞一直是用户最为关心的计算机安全问题，近来，病毒木马一直不断，"永恒之蓝"勒索病毒更是肆虐全球，为了让用户更方便、及时地修复高危漏洞，又不耽误正常使用计算机，全新升级的"后台修复"能够让用户有更好的体验，其功能界面如图 8-29 所示。

4. 安全防护中心

新版 360 安全卫士有五大安全引擎和四项防护体系，不仅可在计算机受到威胁时进行毫秒级应急响应，更是依托 360 安全大脑的超前感知、智能追踪和深度溯源能力，为用户提供无声且坚定的安全守护，其功能界面如图 8-30 所示。

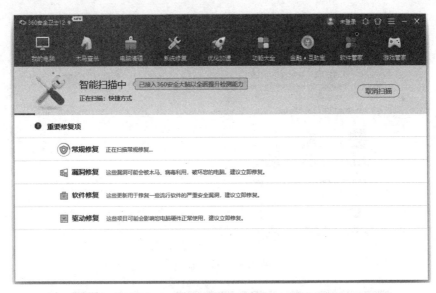

图 8-29　系统修复

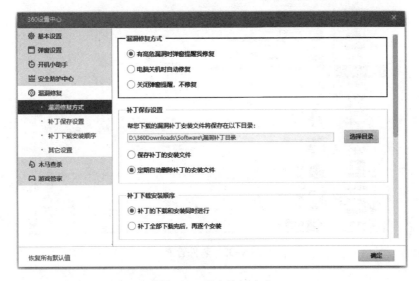

图 8-30　安全防护中心

5. 系统优化加速

除了保护用户的计算机安全，360 安全卫士可帮助用户提高计算机使用效率，优化加速功能可以提升开机、运行速度，让计算机快如闪电。同时优化网络配置，硬盘传输效率，全面提升计算机性能，其功能界面如图 8-31 所示。

6. 软件管家

软件管家里面提供了常用的软件，需要应用的软件可以在这里进行下载和安装，也可以单击"软件卸载"删除计算机里面不需要的软件，如图 8-32 所示。

图 8-31　优化加速

图 8-32　软件管家

【巩固提高】

项目 8 习题

一、单选题

1. 代理防火墙工作在（　　　）。

A. 物理层　　　　　　B. 数据链路层　　　　　　C. 网络层　　　　　　D. 应用层

2. 包过滤防火墙工作在（　　　）。

A. 物理层　　　　　　B. 数据链路层　　　　　　C. 网络层　　　　　　D. 应用层

3. 以下关于数字签名说法正确的是（　　　　）。

A. 数字签名是在所传输的数据后附加上一段和传输数据毫无关系的数字信息

B. 数字签名能够解决数据的加密传输，即安全传输问题

C. 数字签名一般采用对称加密机制

D. 数字签名能够解决篡改、伪造等安全性问题

4. 防火墙通常被比喻为网络安全的大门，但它不能（　　　　）。

A. 阻止基于 IP 包头的攻击

B. 阻止非信任地址的访问

C. 鉴别什么样的数据包可以进出企业内部网

D. 阻止病毒入侵

5. 数字签名是用来作为（　　　　）。

A. 身份鉴别　　　　B. 加密数据　　　　C. 传输数据　　　　D. 访问控制

二、填空题

1. 根据密钥的使用方式加密技术分为_____和_____。

2. 入侵检测系统通常分为基于_____和基于_____两类。

3. 数字签名用_____加密，而用_____解密。

4. 非对称加密一般情况下，用_____加密，用_____解密。

5. 网络管理包括：_____、_____、_____、_____、_____。

三、简答题

1. 什么是网络管理？网络的 5 大管理功能是什么？

2. 在加密系统中，明文、密文、密钥、加密算法、解密算法称为五元组，试说明这 5 个基本概念。

3. 简述数字签名的过程。

4. 简述防火墙的分类。

5. 简述网络安全体系结构。

参 考 文 献

[1] 阚宝朋. 计算机网络技术基础. 2 版. 北京：高等教育出版社，2019.

[2] 谢希仁. 计算机网络. 7 版. 北京：电子工业出版社，2017.

[3] 蒋建峰. 计算机网络基础项目化教程. 北京：高等教育出版社，2019.

[4] 王苒. 计算机网络技术基础项目化教程. 北京：中国工信出版集团，2021.

[5] 新华三大学. 路由交换技术详解与实践：第 1 卷. 北京：清华大学出版社，2017.

[6] 罗群. 计算机网络基础项目化教程. 上海：复旦大学出版社，2020.

[7] 叶阿勇. 计算机网络实验与学习指导：基于 Cisco Packet Tracer 模拟器. 2 版. 北京：中国工信出版集团，2017.

[8] 张国清. 网络设备配置与调试项目实训. 4 版. 北京：中国工信出版集团，2019.

[9] 陈雪蓉. 计算机网络技术及应用. 3 版. 北京：高等教育出版社，2020.